让Python遇上Office

从编程入门到自动化办公实践

潘美冰 ◎ 著

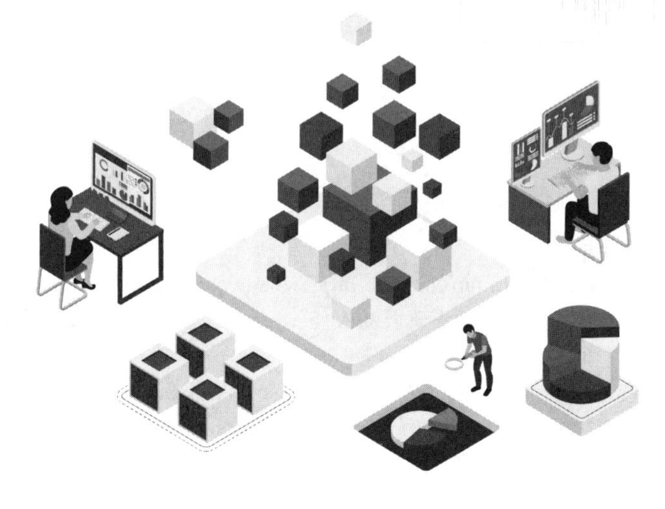

清華大学出版社

北 京

内 容 简 介

Python是目前最流行的编程语言之一。本书将从零开始教读者如何通过Python实现办公自动化。全书共10章，分为3部分：第一部分（第1~5章）包括从零基础入门Python的基础知识（数据类型、函数、类与对象、捕获异常、文件操作、管理模块等）；第二部分（第6~9章）以操作办公文档为主，介绍如何使用Python代码处理Word、Excel、PPT、PDF文档，实现文档办公自动化；第三部分（第10章）为进阶部分，内容涉及桌面自动化、发送邮件、网络请求、定时任务、GUI、打包程序等，可以帮助读者进一步提高工作效率。本书代码逻辑完整清晰，强调各种易错点，以便读者在学习过程中实现效率最大化。读者可以将本书案例当成模板。

本书适合想要学习Python语言的在校师生或职场办公人员，也适合零基础的学习者入门python编程。

图书在版编目（CIP）数据

让Python遇上Office：从编程入门到自动化办公实践 / 潘美冰著. —北京：清华大学出版社，2023.7

ISBN 978-7-302-63788-2

Ⅰ. ①让… Ⅱ. ①潘… Ⅲ. ①软件工具－程序设计②办公自动化－应用软件 Ⅳ. ① TP311.561 ② TP317.1

中国国家版本馆CIP数据核字(2023)第101409号

责任编辑：杜　杨
封面设计：杨玉兰
版式设计：方加青
责任校对：胡伟民
责任印制：曹婉颖

出版发行：清华大学出版社
网　　址：http://www.tup.com.cn，http://www.wqbook.com
地　　址：北京清华大学学研大厦A座　　邮　　编：100084
社 总 机：010-83470000　　邮　　购：010-62786544
投稿与读者服务：010-62776969，c-service@tup.tsinghua.edu.cn
质 量 反 馈：010-62772015，zhiliang@tup.tsinghua.edu.cn
印 装 者：大厂回族自治县彩虹印刷有限公司
经　　销：全国新华书店
开　　本：170mm×240mm　　印　　张：22.75　　字　　数：550千字
版　　次：2023年8月第1版　　印　　次：2023年8月第1次印刷
定　　价：89.00元

产品编号：099264-01

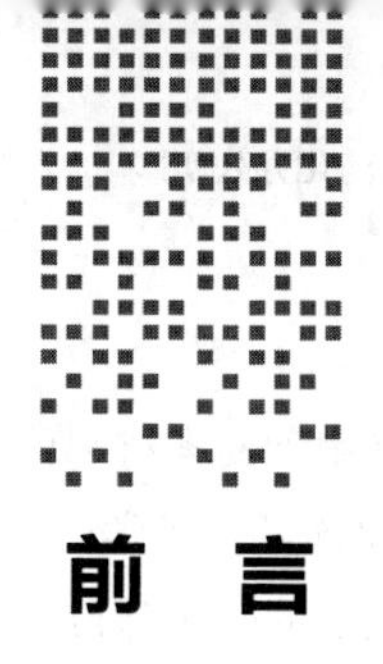

前　言

我接触 Python 也有很多年了，从 Python 2 到 Python 3，这些年与它离少聚多。刚开始学习 Python 的时候，我对它真的感觉很喜欢，因为相比 C、C#、Java 等语言，Python 简直就是“善解人意”，后来与它相处久了，就真的爱上它了。但你也不要以为我那时候学习 Python 觉得很容易。那时候我刚上大学，也是一个编程菜鸟，学了多天依旧感觉只会打印“Hello world”。这种迷茫并不是你觉得 Python 好用就不会有了，毕竟 Python 只是一个工具，想要写好一个程序，最主要的还是要有编程思维。当然你也不要担心，因为那时候我是自学的，所以作为一个小白的我，确实踩了很多坑，现在，我将用我多年的经验，助你避开我曾踩过的坑，带你走上一条相对比较轻松的学习之路。

读者对象

本书适合想要提高工作效率的读者，比如在校学生、职场办公人员，或者纯属想要增加 Python 技能的人员。本书从零开始讲解 Python 办公，不管你是文科生还是理科生，即使你从来没有接触过编程，只要你有一台电脑，并且你会操作电脑，那就可以跟着我的步骤一点一点学会 Python，并且使用 Python 办公或者使用 Python 做其他于你有利的事。

本书内容

在动手写本书之前，我也看了一些有关 Python 办公方面的书籍，它们大部分都侧重办公，但是我知道，Python 部分也同等重要，如果没有掌握好 Python，那就没必要硬着头皮往下学了。我会把本书分为 Python 和办公两部分，这两部分的篇幅各占一半，因为它们同等重要。前半部分是从零开始学习 Python，包括安装环境、数据结构、函数、类与对象、文件读写、异常捕获等，内容循序渐进，难度呈梯度上升，以轻松对话的方式慢慢引导你进入 Python 的世界；后半部分是办公部分，主要内容包括使用 Python 操作 Excel、Word、PowerPoint、PDF，掌握了这些将对你的职场办公有很大的帮助，最后还有一点拓展部分，教你学会定时任务、发送邮件、做成界面软件、打包成可执行文件，进一步让 Python 为己所用，具体内容等你慢慢探索。

源码下载

本书用到的全部案例代码以及使用到的素材都已经统一上传，可以扫描下方的二维码获取。请注意，这些代码仅为了方便读者参考学习，千万不要复制粘贴就当自己学会了，建议你跟着本书的步骤，把所有出现过的代码都自己录入一遍，眼会了但手却不会是没有什么用的，只有自己动手练习和思考才能真的学会。

2023 年 5 月

潘美冰

目录

第一部分　Python 基础知识

第 1 章　Python 安装环境

第 2 章　数据结构

第3章 函数

第 4 章 类与对象

第 5 章 其他知识点

第二部分 Python 办公知识

第 6 章 操作 Excel

第 7 章 操作 Word

第 8 章 操作 PPT

第 9 章 操作 PDF

第三部分 进阶内容

第 10 章 其他操作

第一部分　Python 基础知识

第 1 章　Python 安装环境

1.1　认识 Python

Python 是什么？既然你打开了这本书就说明你已经对这个问题有所了解了，笔者就不做过多介绍……算了，万一因为你是冰冰的真爱粉才买了这本书，然后对 Python 并不了解却一不小心学完了也不怎么好。

Python 是一门比较流行的编程语言，没错，是一门语言，本质上跟你学的汉语、英语一样，都是用来交流的，所以不要一听到“编程”就开始自我暗示它有多难。其实 Python 很简单的，跟着本书学习，你不需要拥有多好的数学基础或英语基础。

人与人之间交流可以使用汉语，若干个词语连在一起就形成一种有效表达。但计算机只懂电信号，即通电和断电两种信号，分别用 0 和 1 表示，如果人要与计算机交流，可记不住那么多 0、1，所以我们要找到一种双方都懂的中间语言，那就是编程语言。只要符合某些规则，人可以看懂和编写代码，计算机可以顺利执行代码，从此新一代农民群体产生！先来回顾一下语言的大致分类，最刚开始的时候人们编程是直接写二进制代码的，例如 101001011…，我们把它称为机器语言，后来增加了一些助记符号，稍微降低了一些难度和复杂度，我们称之为汇编语言。但不管是机器语言还是汇编语言，写起来还是很难，而且对硬件的依赖性都太大了，所以再后来，出现了一些更方便人类阅读和编写的语言，我们称之为高级语言，例如 C、Java、C#、JS 以及我们正要学习的 Python，这些语言各有优缺点，我们作为初学者，也不用太深入对比哪个更好，能真正为己所用的语言就是好语言。

我觉得你选择 Python 的原因是，语法优美、简单易学，当然也可能你什么都不知道，只知道别人都学 Python 也就跟着学了，不管原因为何，学了肯定比没学好。Python 的流行趋势排名在 2018 年开始呈现明显上升趋势，到 2021 年 10 月，Python 在 Tiobe（一个比较权威的排名机构，https://www.tiobe.com/tiobe-index）上排名超过长期霸榜的 Java 和 C，跃居第一，成为最受欢迎的编程语言，截至当前写书时间（2022 年 12 月），我又去偷偷瞄了一眼，Python 依然排名第一。Python 的流行得益于近几年大数据、云计算、高效办公等业务的蓬勃发展，因为用 Python 可以快速便捷地处理数据（并不是指运算速度快），当然这只是其中一个原因，同时也可能是你拿起本书的原因。Python 的缺点也很明显，那就是执行速度很慢，相比编译型语言，可能慢了上百倍，这也是 Python 发展了十多年依旧赶不上 Java 等语言的主要原因，但随着技术的发展，如今硬件性能已普遍提高，该短板也得到相应改善。另外，如果只是个人使用，其实速度慢的影响并不大，比如说，你用 C 语言处理一份文件需要 0.001 秒，用 Python 需要 0.1 秒，即使存在一百倍的差距对于人类也是察觉不到的，所以对于非企业生产环境，大家可以放心忽略 Python 速度慢的缺点，更何况 Python 简洁优美的语法以及大量实用的库大大提高了我们编写代码的效率，民间传说“人生苦短，我用 Python”并不是没有道理的。

Python 是“蟒蛇”的意思，但除了图标是一条可爱的蟒蛇，其他方面与蟒蛇没有任何关系。Python 的创始人是荷兰程序员吉多・范罗苏姆（Guido van Rossum），国内程序员一般称他为龟叔。龟叔在 1989 年圣诞节期间为了打发时间顺手创造了一门编程语言，又因为他是电视剧《蒙提・派森的飞行马戏团》(Monty Python and the Flying Circus) 的粉丝，所以又顺手把这门语言起名为 Python。虽然龟叔起名风格有点简单草率，但大佬就是大佬，他不但获得阿姆斯特丹大学数学和计算机科学硕士学位，之后在谷歌、微软等大公司任职，更重要的是，相比 C、Java 等语言的创始人，龟叔的发量是最多的！那些大佬都羡慕哭了！

1.2 安装 Python

既然我们要使用 Python，那肯定得要先安装好该软件。Python 的安装包可以在 Python 官网（www.python.org）免费下载，安装包一般才几十兆字节，相比 Java 等语言显得更加小巧。注意一下，Python 的版本非常多，总的来说分为 Python2 和 Python3 两大版本，Python2 的最新版本是 2.7.X（其中 X 代表小版本号），已经停止维护了，而 Python3 一直在迭代更新，截至目前写书时间（2022 年 12 月），最新版本是 3.11.X。Python 每个版本多多少少肯定会存在一些差异，所以不同版本之间可能会存在兼容性问题，本书采用的是 Python3.10 版本，为了避免一些语法上的差异，请大家使用 Python3.6 以上的版本，或者尽可能使用与我相同的版本。

另外提示一下，因为 Python 官网处于国外，所以在国内访问速度会很慢，可能需要等上几十秒才能打开，也可能访问失败，需要耐心点，可以尝试多刷新几下，而且直接使用浏览器自带的下载器下载的速度可能会很慢，建议获取到下载链接之后将其复制到迅雷等磁力软件中下载，可以把下载时间从半小时缩短到十几秒。

1.2.1 在 Windows 系统安装 Python

进入 Python 官网，在上面导航栏选择醒目的“Downloads”选项，选择下拉菜单里面的“Windows”选项，这里会列出很多版本，单击 3.10.5 版本的“Windows installer (64-bit)”按钮，即 64 位的安装程序，如图 1-1 所示。

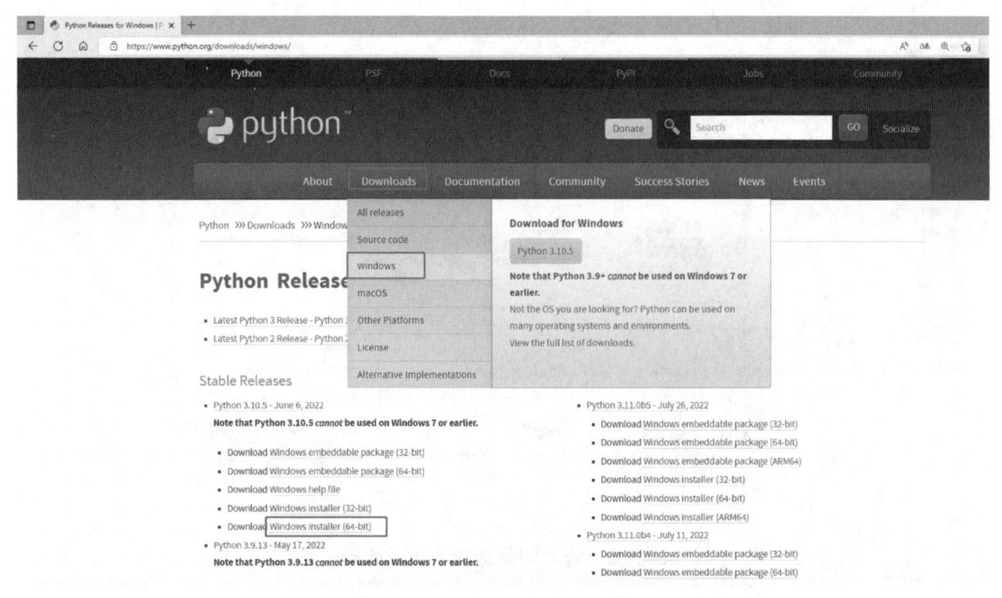

图 1-1　选择 64 位安装程序

下载好安装包之后双击鼠标左键运行它。注意，要选择“Add Python 3.10 to PATH”复选框，这个步骤是把 Python 安装路径添加到系统环境变量中，作用是每次在命令行使用 Python 时都不需要指定 Python 的安装路径。安装方式有默认安装和自定义安装，我们选择自定义安装（即“Customize installation”选项），如图 1-2 所示。

图 1-2　选择环境变量和自定义安装

接下来是选择要安装的模块，如图 1-3 所示，一定要选择“pip”复选框，其他模块按实际需求进行选择，如果不懂，那就全部都选择，反正不亏。

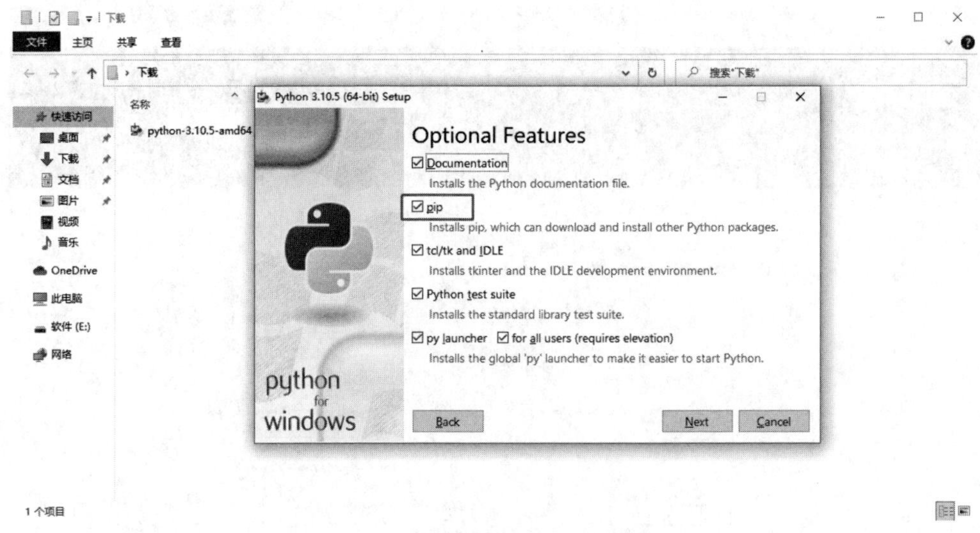

图 1-3　安装时要选择 pip 复选框

安装的高级选项挺多的，如图 1-4 所示，我们也不用操心，保持默认即可。如果需要更改安装路径的话可以单击“Browse”按钮进行更改，例如这里改成了“E:\Python310”。确认没有问题的话可以单击“Install”按钮开始安装。

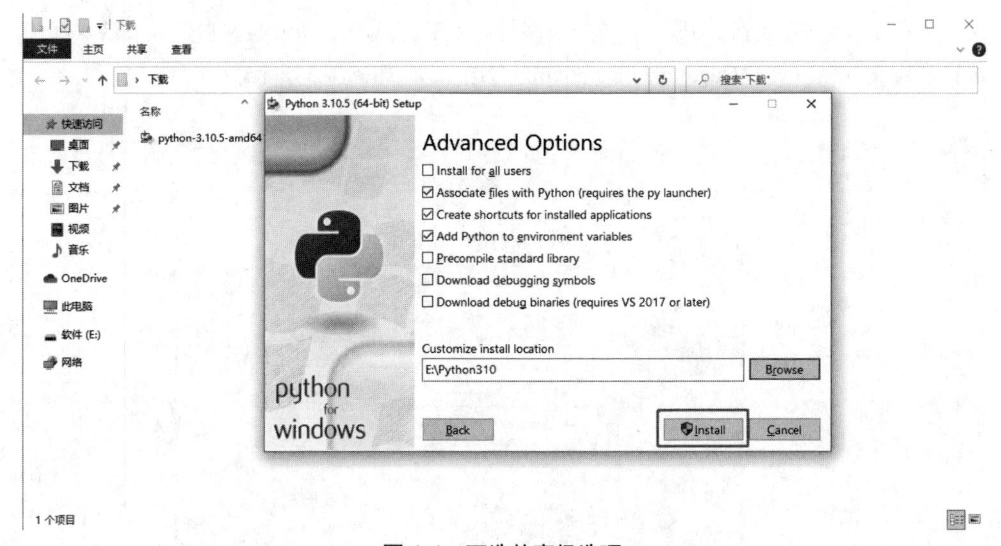

图 1-4　可选的高级选项

安装进度条结束之后可能会有系统环境变量长度限制的提示，如图 1-5 所示，单击“Disable path length limit”选项，这样可以避免某些不必要的问题，然后单击“Close”按钮关闭安装界面。

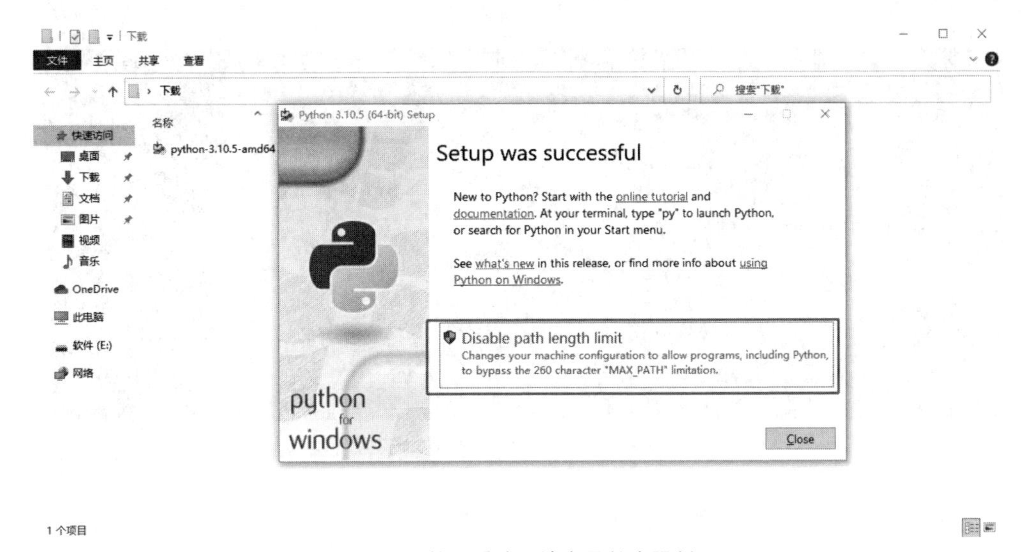

图 1-5　禁用系统环境变量长度限制

我们来验证一下是否安装成功。在开始菜单输入“cmd”会搜到 cmd（命令提示符）程序，如图 1-6 所示，然后按一下键盘上的回车键打开它。

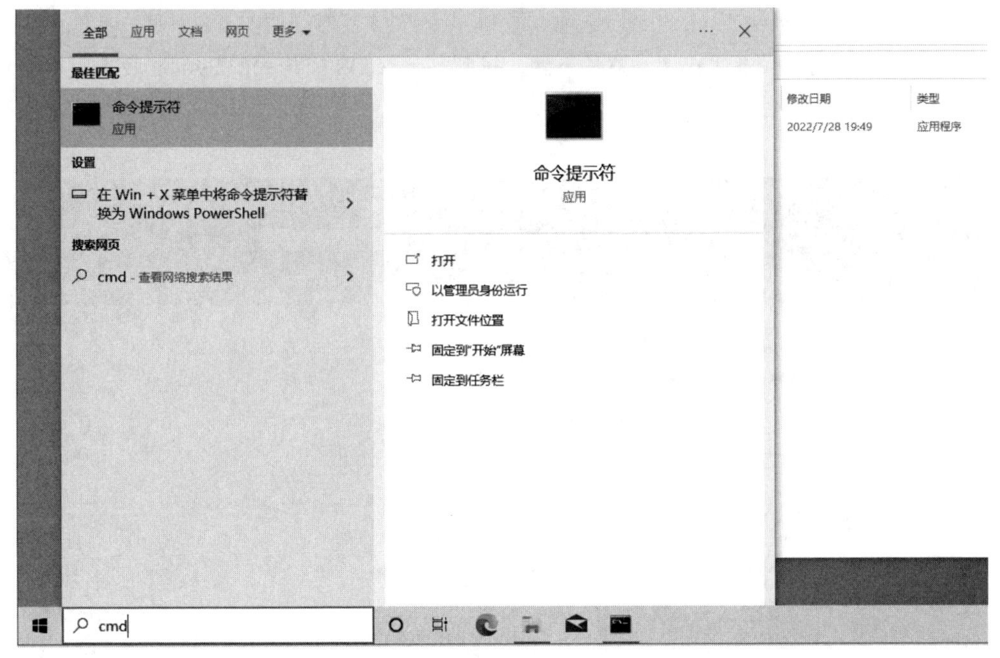

图 1-6　搜索并打开 cmd 窗口

在命令提示符窗口，输入“python”再按一下回车键，看是否能进入 Python 交互环境，若能则说明 Python 已安装成功，如图 1-7 所示。若不能很可能是你没有勾选添加到环境变量的选项，请手动把 Python 的路径添加到系统环境变量，如果你对电脑不熟悉，或许卸载重装 Python 会更容易点。

```
命令提示符 - python
Microsoft Windows [版本 10.0.19044.1288]
(c) Microsoft Corporation。保留所有权利。

C:\Users\pan>python
Python 3.10.5 (tags/v3.10.5:f377153, Jun  6 2022, 16:14:13) [MSC v.1929 64 bit (AMD64)] on win32
Type "help", "copyright", "credits" or "license" for more information.
>>> _
```

图 1-7 在 cmd 窗口进入 Python 交互环境

1.2.2 在 macOS 安装 Python

苹果系统版本的 Python 安装程序比 Windows 简单一点。一样地，进入 Python 官网，在上面导航栏选择醒目的“Downloads”选项卡，在下拉菜单里面选择“macOS”选项，它会列出很多版本，但每个版本可选的链接比 Windows 版少了很多，单击 3.10.5 版本的“macOS 64-bit universal2 installer”选项，即 64 位的安装程序，如图 1-8 所示。不过请注意，如果你的电脑版本比较老，请往下翻，找到与 mac OS X 相关的 Python 版本，根据你的电脑 CPU 型号进行下载即可。

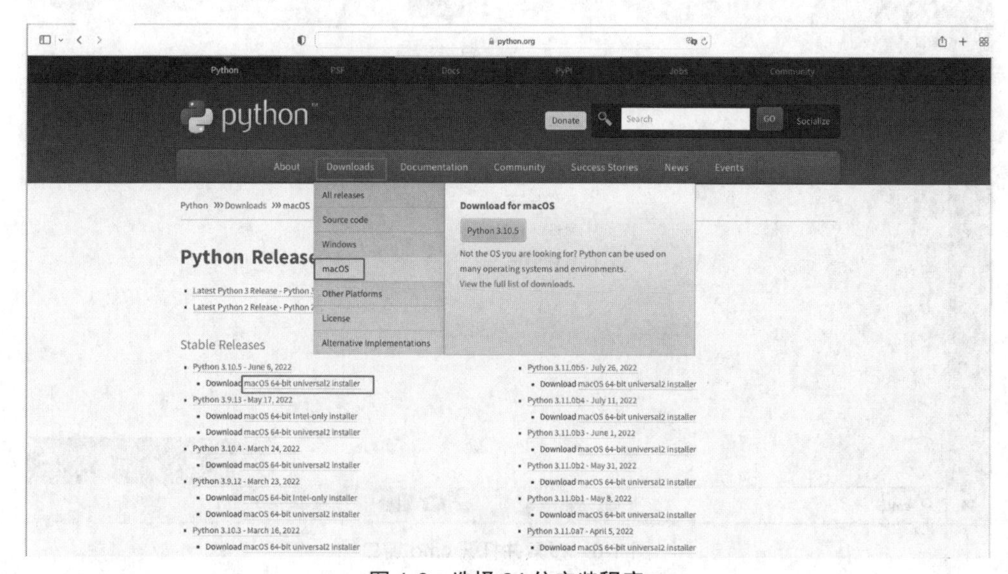

图 1-8 选择 64 位安装程序

下载好安装包之后，双击安装包启动安装向导，单击“继续”按钮，如图 1-9 所示。

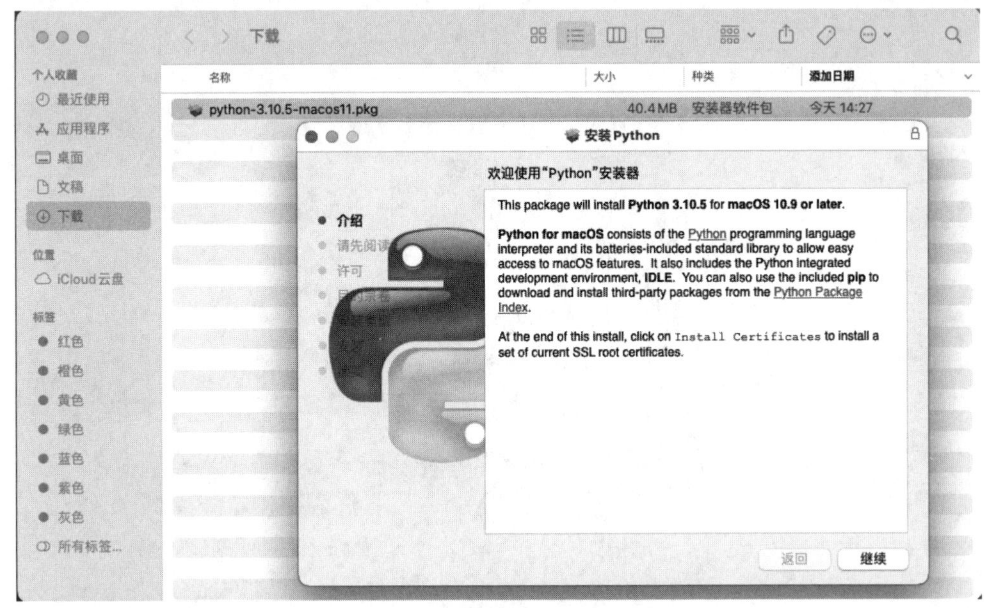

图 1-9　继续安装 Python

接下来是一些看起来很重要的信息，如图 1-10 所示，你可以选择找一个安静的午后泡杯茶，再把它阅读完之后单击“继续”按钮，我这里就以迅雷不及掩耳之势快速单击它。

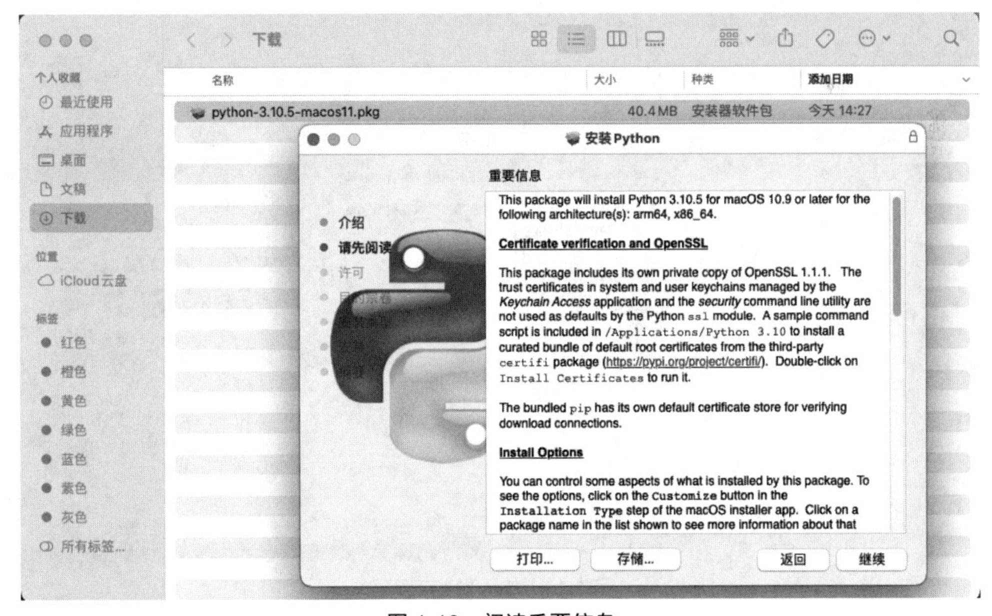

图 1-10　阅读重要信息

软件的许可协议，是英文版的，如图 1-11 所示，如果想练习英文的话也可以阅读一番，之后单击“同意”按钮。

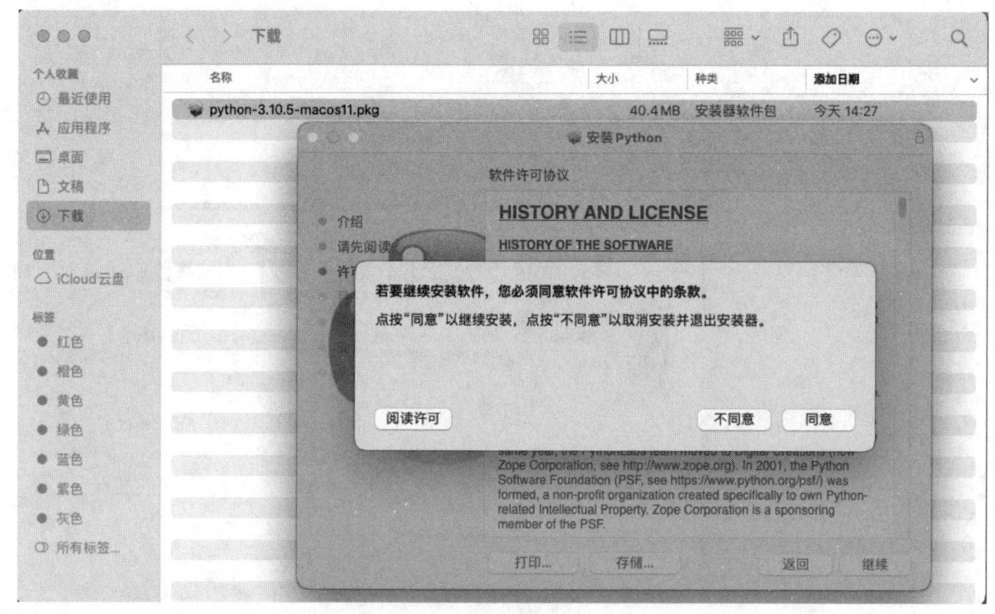

图 1-11 阅读协议并同意安装 Python

然后它会提示你要输入你的账户密码，如图 1-12 所示，输入之后单击“安装软件”按钮。

图 1-12 输入安装密码

如果出现如图 1-13 所示的界面的话，说明安装非常顺利，单击“关闭”按钮即可退出安装向导界面。

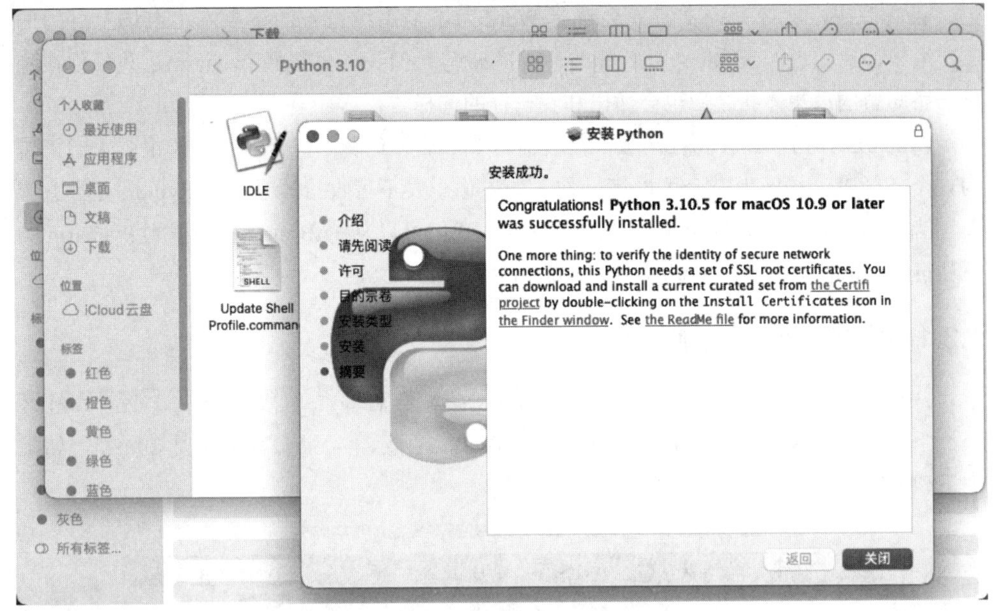

图 1-13　安装 Python 成功

虽然安装过程很顺利，不过我们还是要验证是否真的安装成功。在访达里找到“实用工具”，里面可以找到终端，然后在终端输入“python3”，按一下回车键，如果出现图 1-14 所示的界面，说明的确安装成功了。

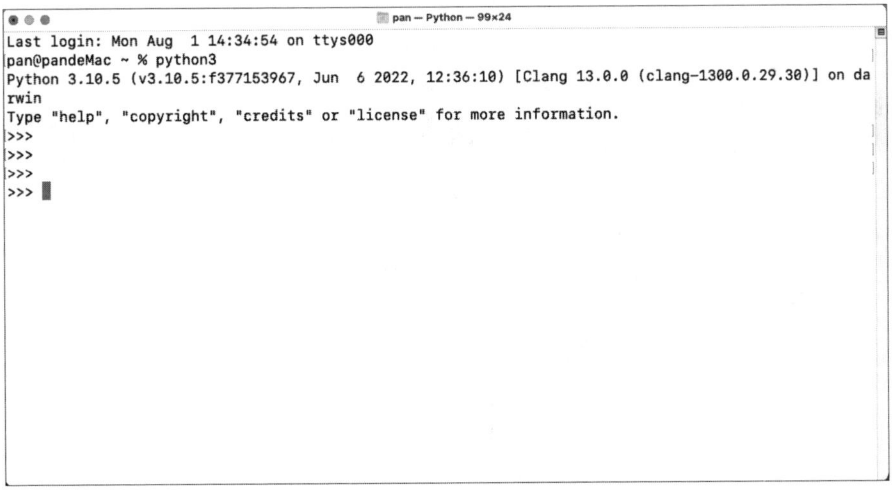

```
pan — Python — 99×24
Last login: Mon Aug  1 14:34:54 on ttys000
pan@pandeMac ~ % python3
Python 3.10.5 (v3.10.5:f377153967, Jun  6 2022, 12:36:10) [Clang 13.0.0 (clang-1300.0.29.30)] on da
rwin
Type "help", "copyright", "credits" or "license" for more information.
>>>
>>>
>>>
>>> 
```

图 1-14　从终端进入 Python 交互环境

1.3　安装 Pycharm

安装了 Python 后就可以写代码了，但工欲善其事必先利其器，我们还需要一个可以提高写代码效率的工具（就是集成开发环境，简称 IDE），比如说可以检查拼写、自动补全、查看源码，就像写论文我们会选择 Word 而不是系统自带的记事本。市场上好用的 IDE 很多，比如说 VSCode、Anaconda、Eclipse 等，但我这里选择 Pycharm，我猜你在经过一番短暂的思想挣扎之后也会做出和我一样的选择。

Pycharm 分为专业版和社区版，前者需付费，后者免费，但社区版已经很强大了，作为一个初学者，社区版完全可以满足你，如果你一发不可收拾地爱上了 Python 并且流年不利当了程序员，那时候再考虑使用专业版。我们可以从 JetBrains 官网找到 Pycharm 的下载链接（https://www.jetbrains.com/Pycharm/download/）。

1.3.1 安装 Windows 版 Pycharm

打开官网的下载页面，平台选择“Windows”，然后单击“Community”版（即社区版）下面的“Download”按钮开始下载，如图 1-15 所示。目前最新版本是 2022.2，如果你下载的时候版本更高那也不要紧，大同小异。

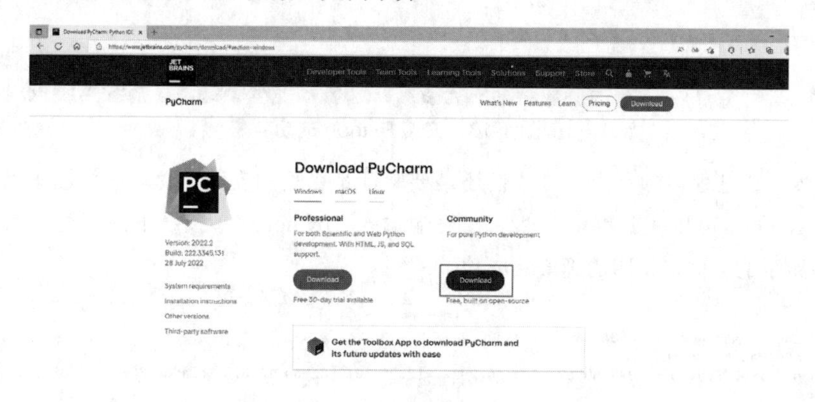

图 1-15 下载社区版 Pycharm

下载完之后我们开始安装，双击安装包启动安装向导界面，首先是欢迎界面，如图 1-16 所示，然后果断单击“Next”按钮。

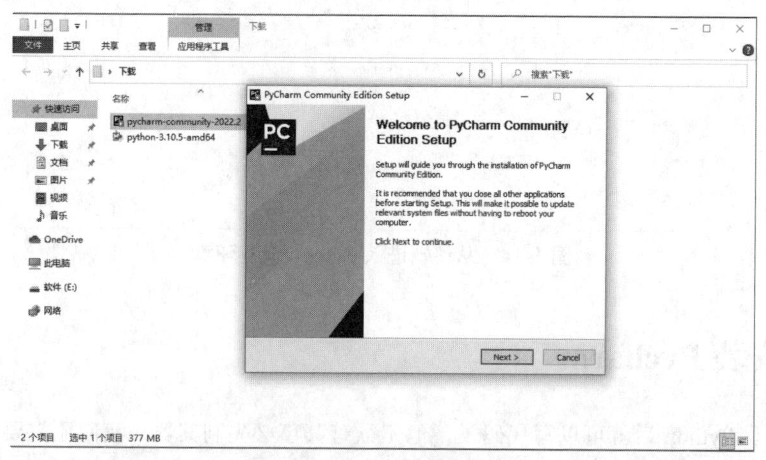

图 1-16 Pycharm 欢迎界面

安装的路径，默认是在 C 盘，我这里将其改成 E 盘，如图 1-17 所示，单击“Browse”按钮可以更改。

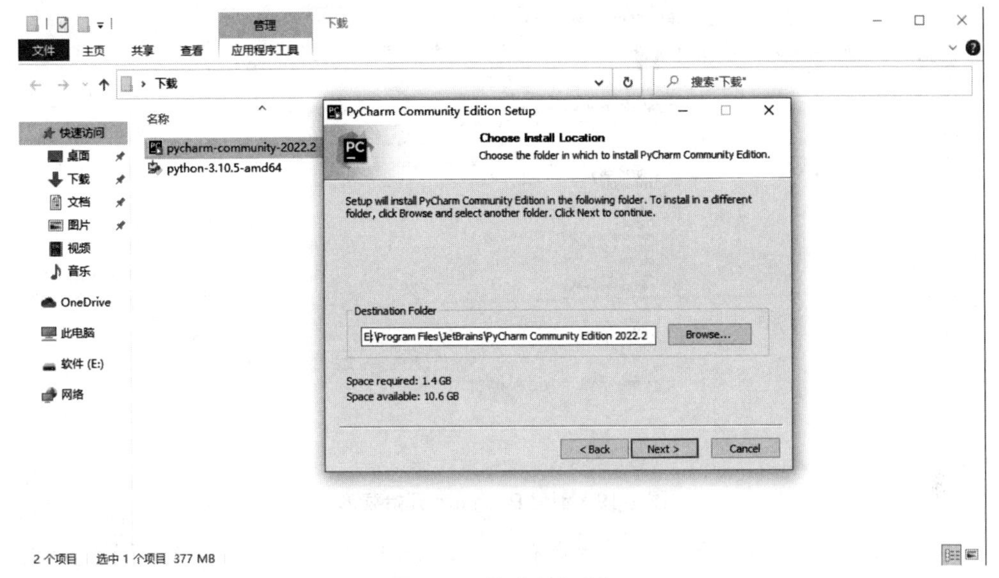

图 1-17　修改安装路径

安装选项，如图 1-18 所示，第一项是创建桌面快捷方式，你可以选择该复选框，其他的我们保持默认，即都不选，然后单击“Next”按钮。

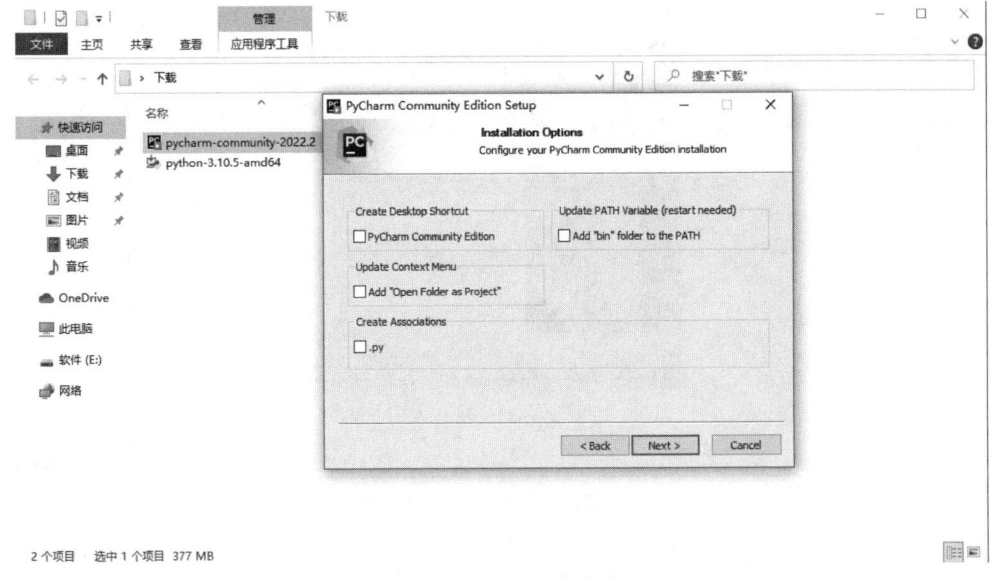

图 1-18　Pycharm 安装选项

创建开始菜单的选项，如图 1-19 所示，我们也保持默认设置，然后单击“Install”按钮开始安装。

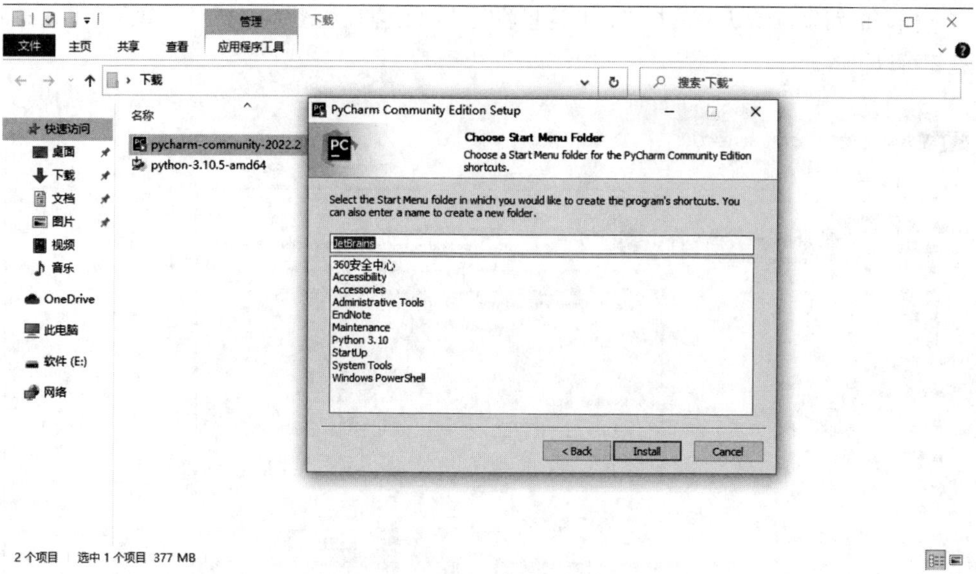

图 1-19 创建 Pycharm 开始菜单

静静地等安装进度条结束之后会有一个“Finish”按钮，如图 1-20 所示，单击“Finish”按钮就可以关闭安装向导界面了。

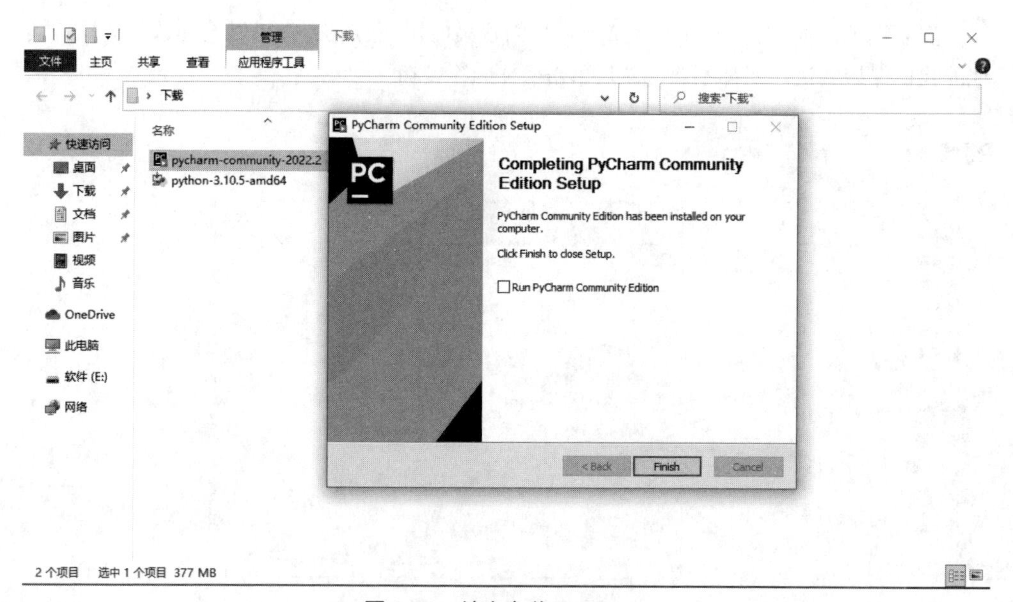

图 1-20 结束安装 Pycharm

如果你之前没有勾选创建桌面快捷方式，那么你可以在开始菜单中启动 Pycharm，如图 1-21 所示。

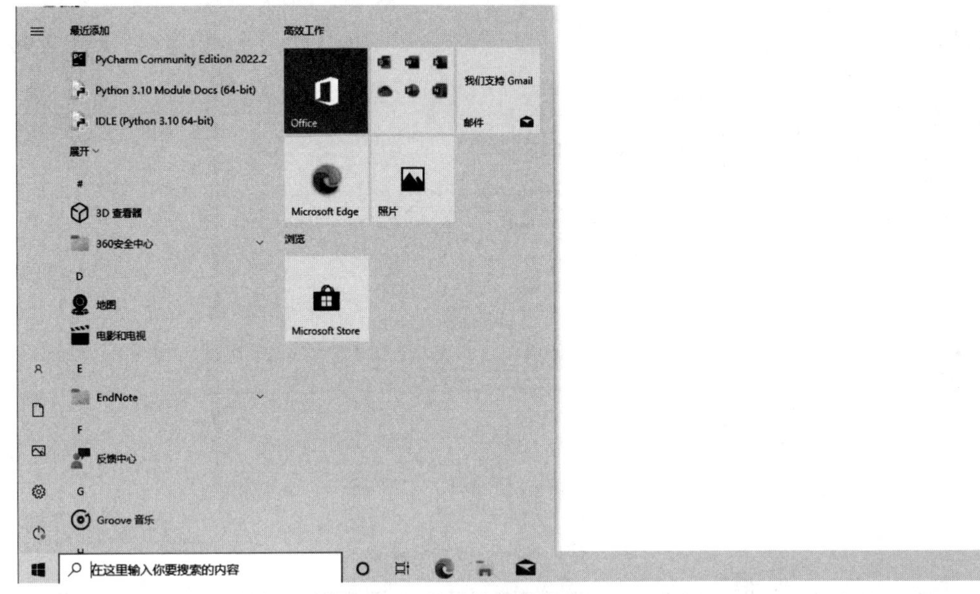

图 1-21　从开始菜单启动 Pycharm

第一次启动 Pycharm 的时候会提示你要同意用户协议，如图 1-22 所示，勾选左下角的同意协议的选项之后再单击“Continue”按钮。

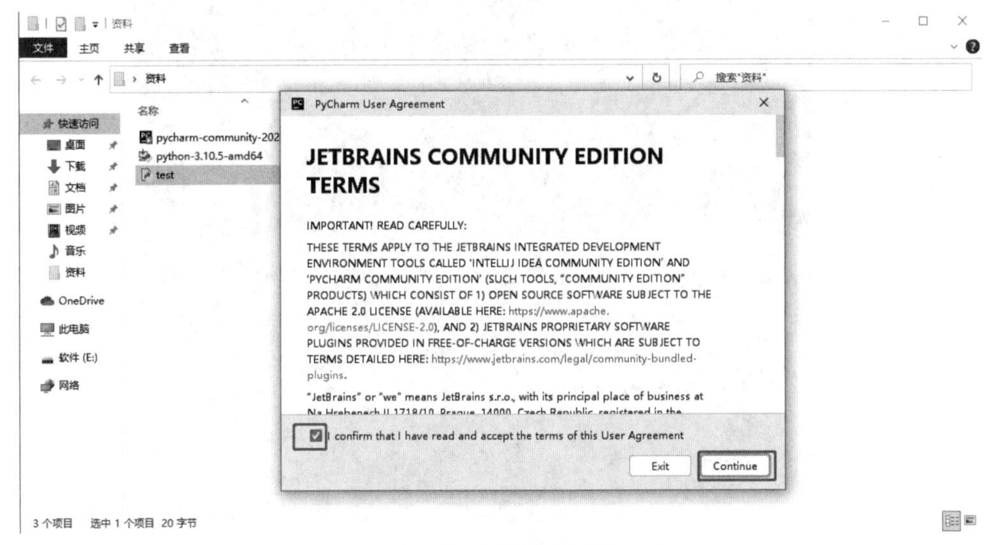

图 1-22　同意安装协议

之后会出现菜单让你选择是否分享数据，如图 1-23 所示，左边的按钮是不分享，右边的按钮是分享，这个没影响，随便单击一个选项即可进入软件。

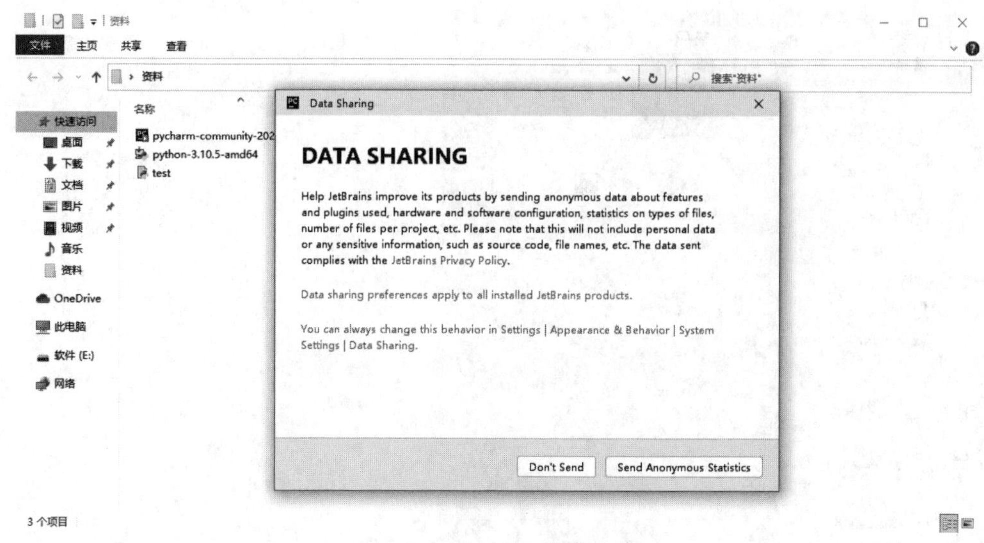

图 1-23 选择是否分享数据

如果你能进入如图 1-24 所示的界面就可以了，后面我们会创建一个 Pycharm 项目，先不要猴急，先喝一口快乐水，然后继续往下阅读吧。

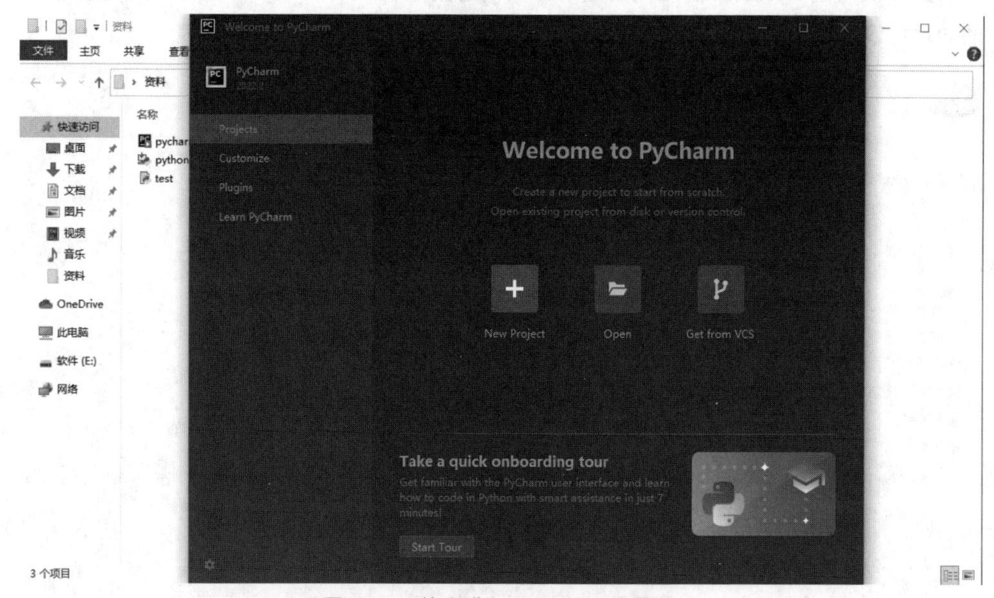

图 1-24 首次进入 Pycharm 的界面

1.3.2 安装 macOS 版 Pycharm

打开官网的下载页面，我们单击 macOS 选项里的“Community”（即社区版）下面的“Download”按钮开始下载，如图 1-25 所示。目前最新版本是 2022.2，如果你下载的时候版本更高那也不要紧，大同小异。

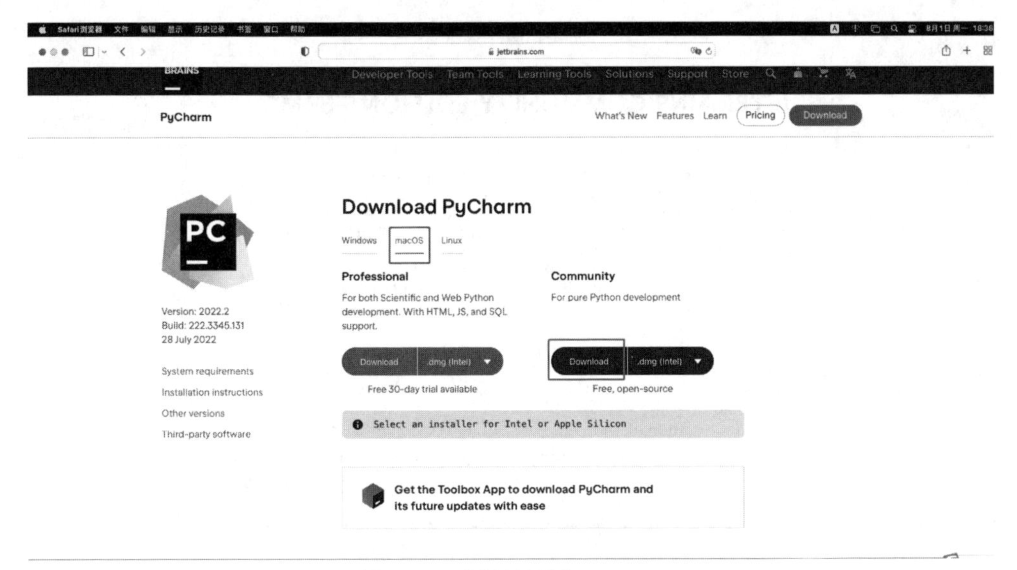

图 1-25　选择社区版 Pycharm

下载好之后双击安装包即可启动安装，与其他软件一样，只需要把它从左边拖到右边的“Applications”文件夹即可，如图 1-26 所示。

图 1-26　在 macOS 安装 Pycharm

等进度条结束之后，我们从启动台里找到 Pycharm，启动它。首次打开是需要同意协议的，勾选菜单下方的单选框，然后单击“Continue”按钮，如图 1-27 所示。

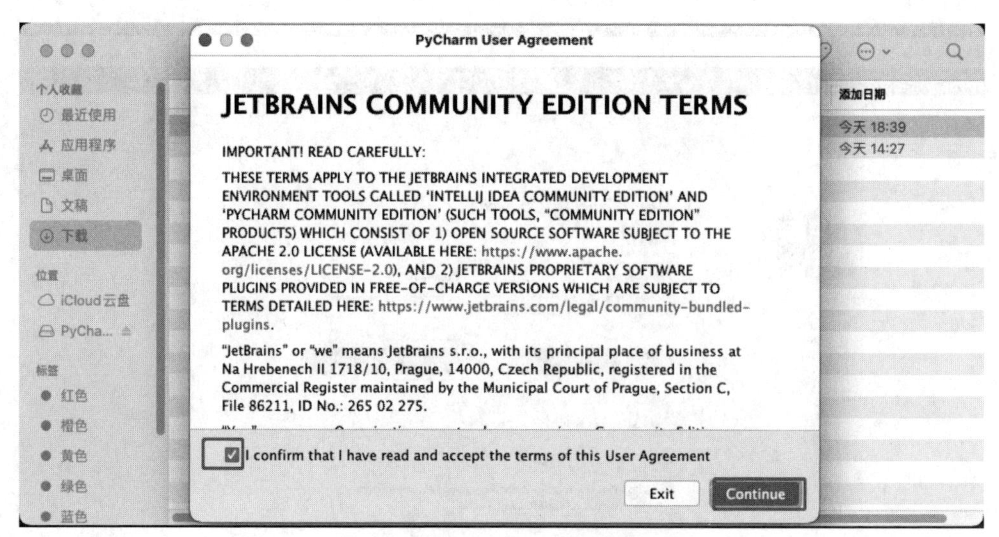

图 1-27 同意 Pycharm 使用协议

然后是一个分享使用数据的选项菜单，如图 1-28 所示，是否分享不重要，随便选择一个就行。

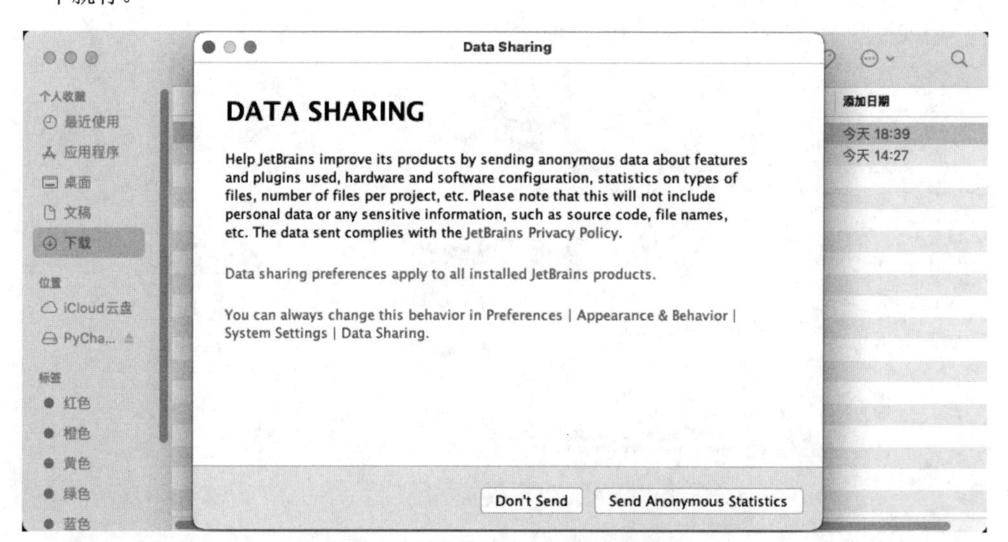

图 1-28 选择是否分享 Pycharm 使用数据

如果你能进入如图 1-29 所示的界面就说明安装好了，后面我们会用它创建一个 Python 项目。

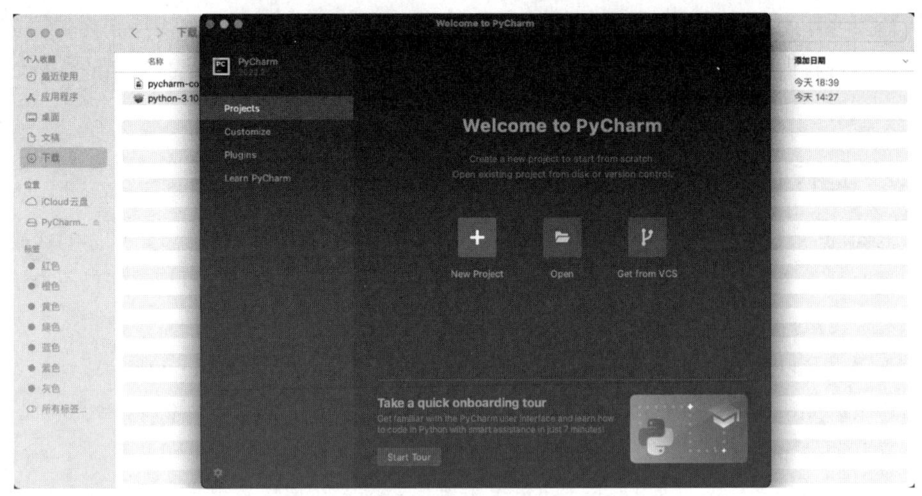

图 1-29　首次进入 Pycharm 的界面

1.4　第一行代码

Python 和 Pycharm 我们都已经安装好了，终于到了学习 Python 的部分了，从这节内容起我们开始写第一行代码。

1.4.1　交互环境

Python 有自带的写代码的工具，我们来体验一下。就像刚安装完 Python 的时候，我们打开 cmd 窗口或终端，输入“python”命令再按一下回车键就可以进入交互界面了，当出现“>>>”这个符号的时候说明当前可以输入代码，我们就输入“print("hello world")”然后按回车钮，它会返回一个“hello world”，如图 1-30 所示，这就是我们的第一行代码。

```
命令提示符 - python
Microsoft Windows [版本 10.0.22000.795]
(c) Microsoft Corporation。保留所有权利。

C:\Users\admin>python
Python 3.9.2 (tags/v3.9.2:1a79785, Feb 19 2021, 13:44:55) [MSC v.1928 64 bit (AMD64)] on win32
Type "help", "copyright", "credits" or "license" for more information.
>>>
>>>
>>> print("hello world")
hello world
>>>
>>>
>>>
```

图 1-30　在 Python 交互环境输入代码

需要注意的是，该行代码里的引号和括号都是半角的，即把输入法切换到英文状态再输入，以后我们代码出现的所有符号都是半角的，如果输入全角程序是会报错的，不信的话你试试看，我赌一包斗牛士。

1.4.2 运行 py 文件

上面的方式是输入一行代码再按一下回车键，就会执行一行代码，如果你的代码是成千上万行，用这种执行方式的话你的手肯定会起义造反的，我们可以把这些代码全都写在一个文件里，然后统一运行该文件里的所有代码。我们在开始菜单搜索“记事本”然后按回车键就可以打开系统自带的记事本，接着在里面输入“print("hello world")”，按一下 Ctrl+S 快捷键，选择一个位置保存一下，文件名可以随意，但我们写的是 Python 代码，所以建议以“.py”结尾，例如我这里将文件保存为“test.py”。保存好之后，在该文件所在位置空白处按住键盘上的 Shift 键再单击鼠标右键，在快捷菜单中选择“在此处打开 Powershell 窗口”选项（Powershell 窗口与 cmd 窗口类似），输入“python test.py”（注意“python”后面有个空格）可看到执行结果，如图 1-31 所示。该方法的好处是可以执行整个文件的代码且不用进入交互环境。

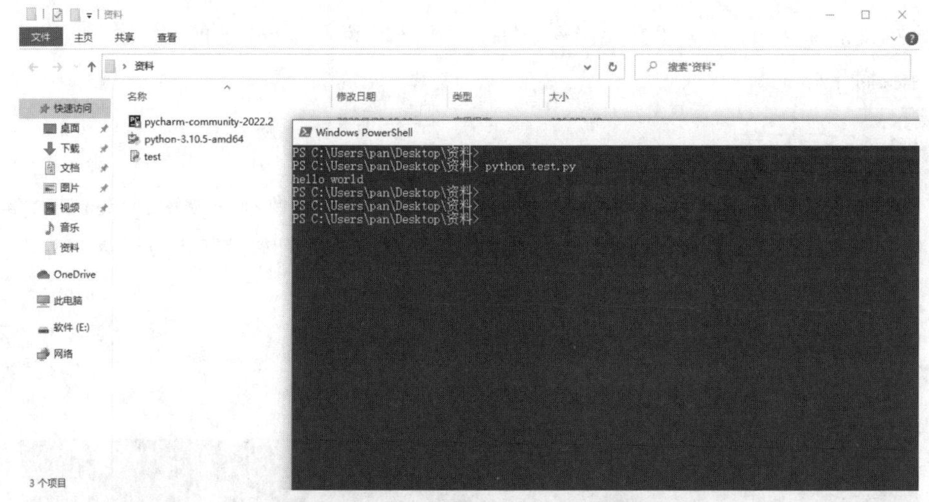

图 1-31 在命令行窗口执行 py 文件代码

如果没有执行成功，检查以下两点：

（1）python 是否已添加到环境变量，安装的时候要勾选添加到环境变量的选项，或在网上搜一下添加步骤，手动添加上去。

（2）当前工作路径是否与 py 文件所在路径一致，如果不一致，可以指定完整的 py 路径，例如“python C:\Users\pan\Desktop\ 资料 \test.py”。

1.4.3 在 Pycharm 中运行

上面的方式虽然都能执行代码，但我们还需要既方便写代码又方便执行代码的工具，这时我们之前安装的 Pycharm 就可以快乐上岗了。因为 Windows 版和 macOS 版 Pycharm 创建项目的方式类似，下面以 Windows 版为例。

先打开 Pycharm，在左侧的菜单选择“Projects”选项，然后单击“New Project”按钮，即新建一个项目，如图 1-32 所示。

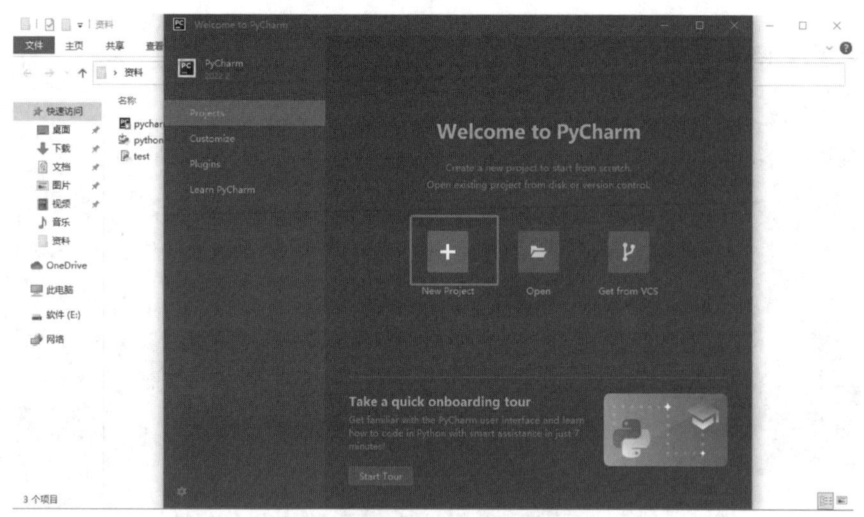

图 1-32　使用 Pycharm 新建项目

保存项目的路径可以由自己决定，比如说我这里将项目放在 E:\python_project。现在我们需要选择一个 Python 解释器，它会默认勾选新建一个虚拟环境解释器，如果你想使用虚拟环境，可以直接单击“Create”按钮完成创建。但我个人推荐使用我们自己安装的解释器，这样比较方便管理模块，后期我们会提到如何手动创建一个虚拟环境，所以这里就先勾选下面的“Previously configured interpreter”选项，然后选择“Add Interpreter”选项，在弹出的下拉菜单单击“Add Local Interpreter”按钮，如图 1-33 所示。

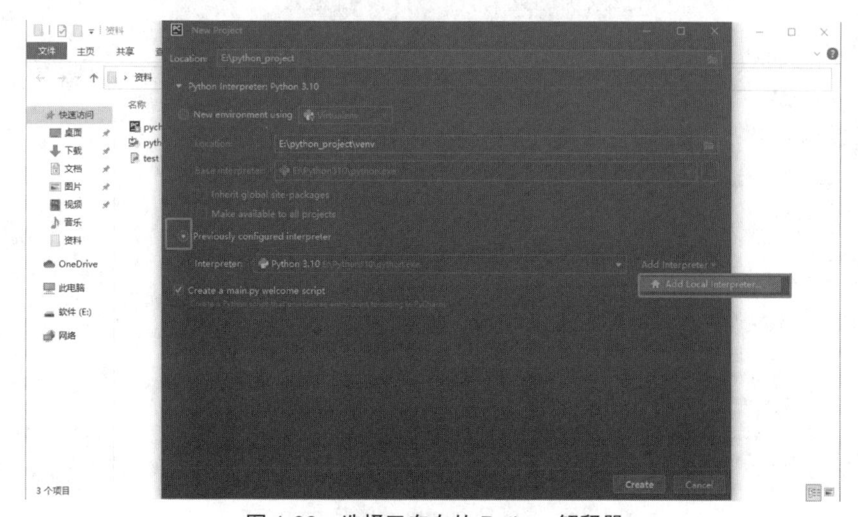

图 1-33　选择已存在的 Python 解释器

选择“Existing”单选按钮，然后再单击“Interpreter”输入框右侧的“...”按钮，这样就可以在弹出的菜单中选择自己的 Python 的安装位置了，比如说我这里是安装在 E:\Python310\python.exe，选择好之后别忘了单击“OK”按钮，最后单击“Create”按钮即可创建一个新的 Python 项目，如图 1-34 所示。

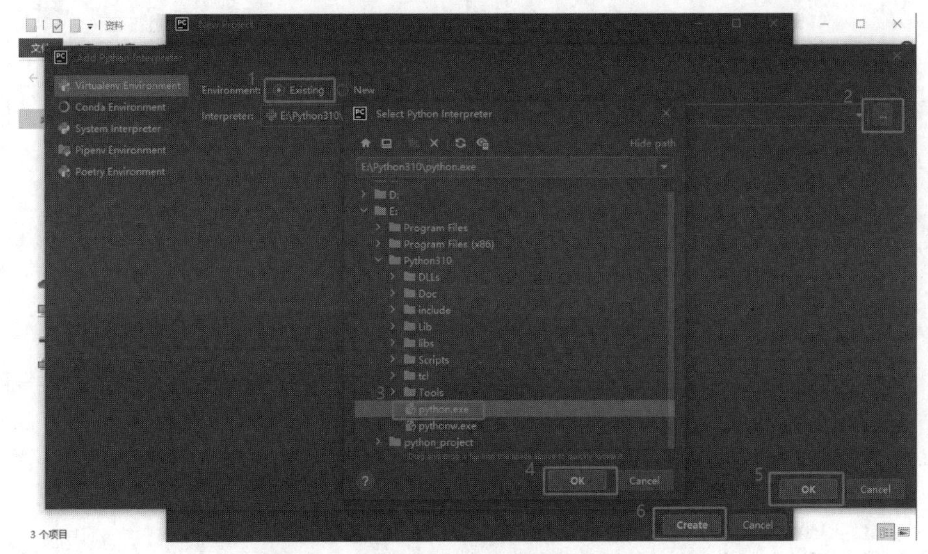

图 1-34　选择 Python 解释器并创建项目

默认情况下创建项目后会生成一个叫作“main.py”的文件，里面有一些初始代码，不用管它，我们自己新建一个文件。选中左边菜单中项目名，鼠标右键单击该项目，在快捷菜单中选择“New”选项，在级联菜单中选择“Python File”选项，如图 1-35 所示，文件名可以随意写，比如说这里输入“test”，然后回车即可新建一个 .py 文件。

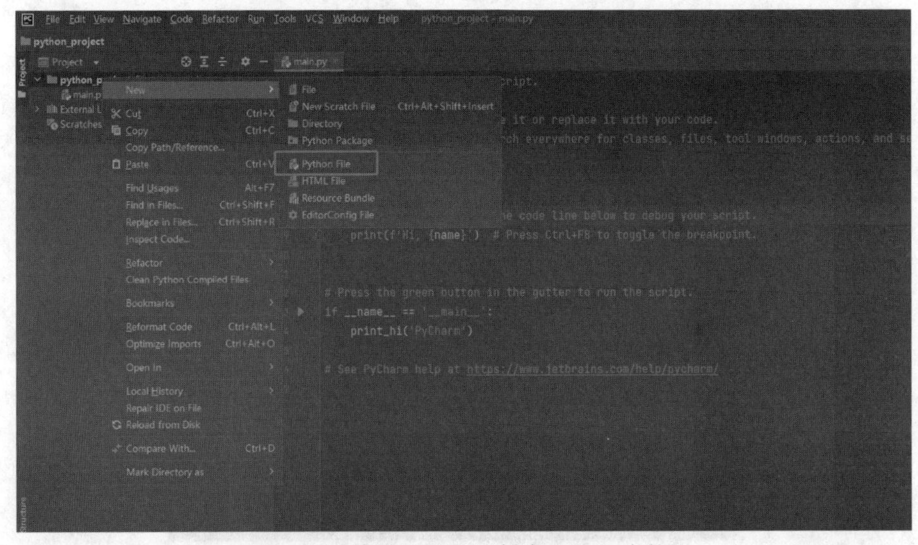

图 1-35　使用 Pycharm 新建 Python 文件

现在一个项目中有了多个文件，你要编辑哪个文件就双击切换到哪个文件，我这里双击的是刚刚新建的 test.py，然后输入“print("hello world")”，在代码编辑框里单击一下鼠标右键，在快捷菜单中选择“Run‘文件名’”选项即可运行该文件，如图 1-36 所示，最后可以在下面的输出窗口中看到执行的结果，也就是打印出了“hello world”。

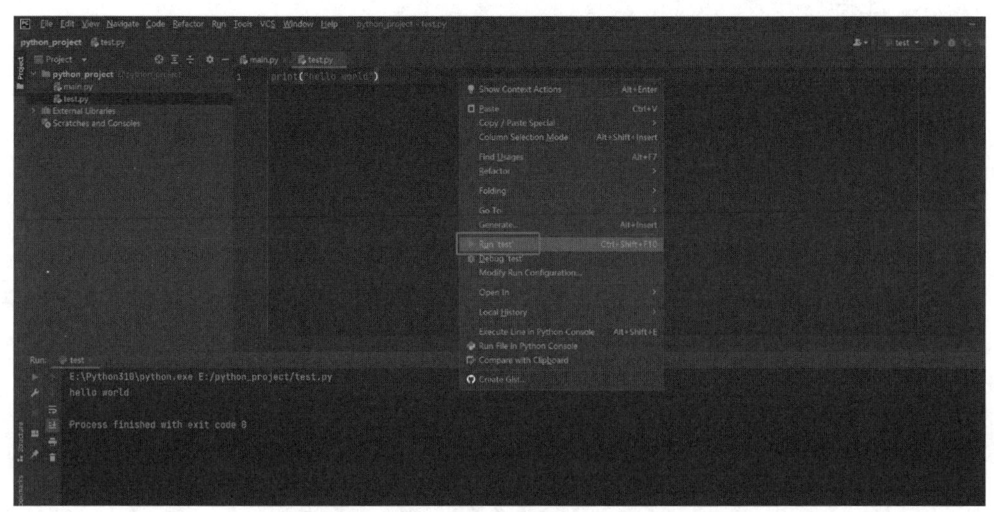

图 1-36　在 Pycharm 中执行 Python 代码

在新建项目的时候需要选择一个解释器（Interpreter），所谓的解释器就是 Python 程序，为什么叫解释器呢？因为 Python 是一门解释型语言，我们写的代码要交给解释器去解释（翻译）成机器语言才能被 CPU 执行，而且是逐行解释，即解释器解释一行，然后 CPU 执行一行，这也是 Python 速度比较慢的原因。但解释型语言的好处是比较灵活，可移植性更好，即同一套代码可以在 Windows、macOS、Linux 等平台运行。还有一种语言类型叫作编译型，比如说 C、Go 等语言，在执行之前代码会被编译器编译成一个可执行二进制文件（例如 exe 文件），好处是执行速度比较快，缺点是不能跨平台，比如说很多 Windows 版的软件都找不到 macOS 版。也有些两者兼顾的语言，例如 Java，既是解释型语言也是编译型语言，不过我们不用深入探究，大概了解一下就好。

上面还提到了虚拟环境，虚拟环境就是单独的 Python 环境，其实就是把安装好的 Python 环境再复制一份，就像复制了两份文件，分别修改这两份文件并不会互相干扰。一个稍大一点的项目一般会用到各种各样的库，如果你把所有库都安装到同一个 Python 环境，那就会变得臃肿，单独创建一个环境是比较好的选择，尤其是当项目对库版本有要求，你又不想改变当前版本的时候。创建虚拟环境的缺点也很明显，那就是数据冗余，几乎相同的文件就没必要复制那么多份了。现在我们刚开始接触 Python，就直接使用我们前面安装的解释器就行了，后面到了必要的时候我会再教你如何手动创建一个虚拟环境的。

至此，我们已经学会了如何执行 Python 代码，后面我们将开始学习 Python 的语法。

1.5 简单交互

本节内容来介绍一些 Python 的简单交互方式。

1.5.1 注释

在正式开始写代码之前我先给你讲一个知识点，叫作“注释”，注释是指解释字句的文字。我们平时写的代码可能会很多、很杂或者很高深，如果不写点说明性的文字在上面，也许过段时间可能会看不懂，但是直接在代码里写的文本不就是代码了吗？但实际上注释是给我们自己看的，而不是需要执行的代码，所以我们要用一个“#”区分注释和普通代码，“#”就是注释符。所谓的注释就是给我们自己做备注用的，解释器在解释代码的时候遇到“#”就会自动略过它后面的全部代码。举一个例子吧，下面的代码看起来有三行，但解释器只会执行第二行和第三行的“print("hello world")”，因为“#”后面不管写了什么，Python 解释器都不会关心。代码如下：

```
这行是注释，不会被执行
print("hello world")  # 111 从这里开始是注释，不会被执行
print("hello world")  # 222 从这里开始是注释，不会被执行
```

虽然注释符很简单，但我也建议尽量写得优雅一点。根据 PEP8 编程规范，“#”号注释的标准写法是:“#”距离左边代码 2 个空格，距离右边注释的内容 1 个空格。当然这只是一种规范不是规则，你不遵守也是可以的。

如果要把注释写在多行，那么一行一行加“#”似乎有点麻烦，所以一般 IDE 都会提供注释代码的快捷键，比如说 pycharm 和 vscode 的注释快捷键都是“Ctrl+/”。你可以同时选中多行代码按一次“Ctrl”键和“/”键，这样就能同时注释多行了，再按一次“Ctrl”键和“/”键则取消注释，这个操作你可以先自己练习一下，以后可能会经常用到。

1.5.2 输出

上面那行“print("hello world")”已经成为你的第一行代码了，它是什么意思呢？我们知道“print”是打印的意思，它的作用就像我们看到的那样，会把括号里的东西打印到控制台上。实际上，“print”是一个函数，括号里的是参数，注意这与数学课本上的函数不是一回事，现在你只需要记住这么用就可以了，关于函数的知识点我会在第 3 章讲到。

上面我们说了“print”的作用很简单，虽然简单，但开发过程中它的必要性也很明显的，我们可以通过它知道程序在运行过程中的某些信息，比如说执行到哪个函数、执行了哪个分支、处理了几个文档等，不然一个程序运行之后你啥也不知道就结束了，似乎不利于我们了解执行情况。

我们再回过头看一下“print”函数，括号内写的是一个用引号括起来的文本，这种用引号括起来的文本我们把它叫作字符串，字符串是 Python 六大数据类型之一，下一章我

们会学习数据类型。我们试着打印数字类型，代码如下：

```
print(11, 22)  # 输出：11 22
print(1 + 2)  # 输出：3
```

从上面的代码可以看出，“print”除了可以打印字符串，也支持打印其他的数据类型，而且你可以传入多个输入值，每个输入值之间使用逗号（半角）隔开即可，打印结果是用空格隔开的每个输出值。

再来看下面的代码，如果同时打印多个值，它默认是使用空格来隔开每个值，我们可以通过 sep 参数把分隔符改为逗号，输出的结果就是用逗号连接每个值了。代码如下：

```
print("hello", "world", "!")  # 输出：hello world !
print("hello", "world", "!", sep=",")  # 输出：hello,world,!
```

再看下面的代码，print 函数指定了一个控制结尾输出的 end 参数，它默认值是“\n”，“\n”表示换行，所以你看到每次 print 之后都会换行。这里我们将 end 参数值改为叹号，那么它打印结束后就不会换行而是用一个叹号结束。代码如下：

```
print("hello")
print("world")
print("hello", end="!")
print("world", end="!")
```

打印结果如下面代码所示，前两个打印完之后会换行，但后面两个不换行。

```
hello
world
hello!world!
```

“print”函数还有一个 file 参数可以把输出的结果保存为一个文件，但这个功能我们不怎么常用，如果你还记得的话，等后面学到文件操作的时候大家再回过头来用一下。

1.5.3　输入

上面演示了如何把打印结果输出到控制台方便我们查看信息，有很多时候我们还需要输入数据，我们可以使用“input”函数获取输入的文本。当你运行代码的时候，它会一直卡在等待输入状态，直到你输入完并按下回车键，代码才会继续往下执行。代码如下：

```
input()
```

如果只有上面那行代码，我们按完回车键之后就结束了，那么我们输入的值怎么被接收呢？而且如果只是一个输入光标在闪，用户也不清楚需要输入什么呀，是不是给点提示文字会更好？我们把代码改成这样下面会更好：

```
num = input("请输入你的学号：")
print("你输入的学号是：", num)

# 执行结果如下
# 请输入你的学号：5
# 你输入的学号是：5
```

上面代码的意思是把用户输入的内容保存到一个叫作“num”的变量中，相当于给用户输入的文本内容起了一个名字叫作“num”，名字而已，你也可以叫其他名，但是你要遵守一定的命名规则，Python 的命令规则有哪些呢？请伸个懒腰然后继续往下阅读。

1.5.4 变量

变量就是一个可以改变的量。运行程序的过程中所有的数据都会占用内存，即在内存中开辟一块空间进行存储，每块内存空间都会有一个内存地址，但地址很长。Python 是一门高级语言，在我们写代码的时候都用地址去访问数据显然不太友好，所以我们给数据取一个名字，就像我们生活中与人交流，我们会用名字指代他而不是念他家地址，这个名字就是变量名。变量名是不能乱取的，要遵守以下规则：

- 只能由字母、数字或下画线组成，例如“give_me_5”合法，“they_&”非法。
- 不能以数字开头，例如“name1”合法，“2b”非法。
- 区分大小写，例如 pan、PAN、Pan 都不是同一个变量。
- 不能与系统关键字一样，例如 if、when 等，这些都是关键字，不能用作变量名。

上面的是命名规则，既然是规则，就是必须要遵守的，不遵守规则程序就会罢工不干。

下面还有一些规范，可不遵守，但为了代码可读性，建议遵守：

- 普通变量全部小写，固定数值的变量全部大写。
- 多个单词用下画线分隔，例如“is_general”，也可以使用驼峰式命名，例如“isGeneral”。
- 变量名尽量顾名思义，例如“input_age”就比“abc”容易阅读。
- 当变量过长时可以适当缩写，例如“image_expire_time”可以写成“img_exp_time”。

知道了变量的意义和规则之后，我们来看看怎么使用变量。好吧，其实上面已经用过变量了，没错，就是使用一个“=”，注意这个等号与数学中的等号意义完全不一样，在编程语言中我们把等号叫作赋值号，作用是把等号右边的值赋值给左边的变量，即给右边的数据取了一个名字。另外根据规范，赋值号左右两边应该各有一个空格。我们可以用图 1-37 简单表示数据在内存中与变量名的关系（实际上更复杂）。

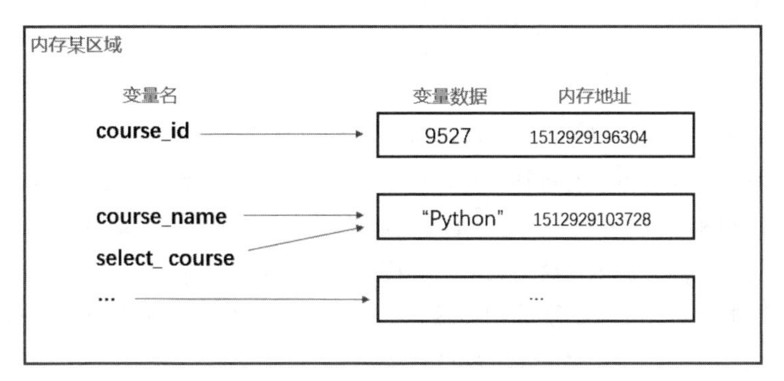

图 1-37　Python 的变量与内存关系

假设图 1-37 表示的是内存中的某一块区域，上面有很多数据，并且每个数据都有对应的内存地址，除此之外还有变量名指向数据，比如说将“9527”这个数据取名为“course_id”，将“Python”这个数据取名为 course_name 和 select_curse，没错，一个数据可以起多个变量名，就像一个人可以有多个名字一样。我们把图 1-37 用代码表示：

```
course_id = 9527
course_name = "Python"
select_name = "Python"
# 起多个变量名也可以连写，select_name = course_name = "Python"
print(id(course_id))  # 打印：1914990655408
print(id(course_name), id(select_name))  # 打印：2348198622768
2348198622768
```

我们可以使用 id() 这个函数获取某个变量的内存地址，分别打印出这三个变量的地址，不难发现，“course_name”和“select_name”的地址是一样的，证明这两个变量实际上是同一个。提示一下，由于 Python 底层设计的原因，用 id() 函数获取到的并非真实的内存地址，而是经过一些处理之后得到的值，不过如果你没有获取真实地址的需求，用它表示内存地址也没什么问题。

补充一个知识点，Python 的变量是弱类型，你不需要指定该变量是字符串还是数字类型，后期也可以随意更改类型。有些语言，例如 Java 的变量是强类型，在使用前就要声明变量类型，后期变量也只能被赋值该类型的变量值，例如 Java 中代码写法“private int age= 18;”，用 Python 写就是“age = 18”，是不是感觉 Python 的语法简洁明了多了？

第2章 数据结构

一门编程语言可以做很多事情，编程过程中我们要操作各种各样的数据，所以应该给它们进行分类，就像世界上有各种物种，有植物、动物、微生物等，每个物种都有自己的技能和特点，编程语言中的各种数据类型也是类似的。接下来我们要学习 Python 中比较常用的数据类型。温馨提示，这一章的内容比较多，而且非常非常重要，如果你连基础的数据类型都掌握不了，那么后面编程会感觉很吃力甚至看不懂，所以，这一章的内容要老老实实地学完，并且要多动手练习，熟能生巧。

Python 有六大数据类型，分别是 Number（数字）、String（字符串）、List（列表）、Tuple（元组）、Set（集合）、Dictionary（字典），当然还有其他类型，不要着急，我们一个一个认识一下它们。

2.1 数字类型

数字类型是最基础的类型，我们知道计算机最终是按 0 和 1 处理数据的，不过那是二进制的数据，为了方便人类，编程语言应该都是默认使用十进制数据的，所以经过一些处理之后，数字类型又可以细分为整型、浮点型、布尔型和复数。

2.1.1 整型

整型就是整数类型，在 Python 中用 int 表示。如果你想查看一个数据是什么类型，可以使用 type() 函数。int 类型可以是正数、负数和 0，比如 25、-63、0 都属于 int 类型。整数可以直接参与算术运算，在 Python 中分别用 +、-、*、/ 这四个符号表示加、减、乘、除运算，而且支持使用小括号，与数学中的运算一样，小括号表示优先计算，代码如下：

```
res = 64 + 32
print(type(res), res)  # 输出：<class 'int'> 96
print(64 - 32)  # 输出：32
print(32 * 2)  # 输出：64
print((2 + 6) * 2)  # 输出：16
print(32 / 2)  # 输出：16.0
```

从 32 / 2 输出的结果可以看出，两个整数进行除法运算得到的结果不再是整数，而是小数类型，即浮点型。

2.1.2 浮点型

如果你是第一次听到“浮点”这个词，千万不要被它的高大上吓到了，其实浮点型就是小数，比如 3.14、-6.66，之所以称为浮点型是因为小数用科学记数法表示时，小数点的位置是可以左右浮动的，例如 635826 可以表示为 6.35826×10^5 或 63.5826×10^4，两者是等价的。由于计算机存储机制的问题，浮点数是有一定精度的，即浮点型的小数部分参与运算得到的结果可能会不准确，看一下例子就知道了。代码如下：

```
res = 3.6 - 3.1
print(type(res), res)  # 输出：<class 'float'> 0.5
print(1.1 - 1)  # 输出：<class 'float'> 0.10000000000000009
print(0.1 + 0.1 + 0.1)  # 输出：0.30000000000000004
print(1 / 3)  # 输出：0.3333333333333333
```

比如说 1.1 减去 1 应该等于 0.1 才对，但 Python 运算的结果却是 0.10000000000000009，造成这种不准确的原因并不是 Python 的 Bug，而是计算机的二进制机制只能尽可能接近某个小数，所以，整型运算的结果是准确的，但浮点型可能存在误差。如果我们需要准确计算小数，比如说金钱，一分钱也不能出错，我们可以使用 Decimal 这个类型，之后在类与对象的部分会讲到 Decimal 的用法。

2.1.3 布尔型

布尔即 boolean，在 Python 中用 bool 表示，这种类型比较简单，只有 True 和 False 两个值，所以这种类型常用于表示是否、真假、对错，实际上 True 和 False 分别是数字 1 和 0，所以布尔类型也属于数字类型。在写法上注意首字母要大写。现在关于布尔类型我不好举例，先记住它有 True 和 False 两个值，后面学到条件判断的时候布尔类型就可以闪亮登场了。代码如下：

```
is_ok = True
print(type(is_ok), is_ok)  # 输出：<class 'bool'> True
has_data = False
print(type(has_data), has_data)  # 输出：<class 'bool'> False
```

2.1.4 复数

Python 中复数的概念与高中数学中的复数是一样的。什么？高中有学过复数吗？这里还是先来帮读者回忆一下吧，我们把形如 a+bi(a，b 均为实数) 的数称为复数，其中 a 称为实部，b 称为虚部，i 称为虚数单位（其中 $i^2=-1$）。在 Python 中，复数表示为“实部 + 虚部 j”，实部和虚部都是浮点型，并且虚部后面加上字母 j，下面的代码定义了 a、b 两个复数：

```
a = 1 + 2j
b = 2.3 + 3.2j
print(type(a))  # 输出: <class 'complex'>
print(type(b))  # 输出: <class 'complex'>
```

我们可以从代码中看出，Python 的复数是 complex 类型，这种类型提供了访问实部、虚部以及对应的共轭复数的属性，但一般我们不用单独对实部或虚部进行计算，因为 Python 的复数本来就支持算术运算，代码如下：

```
print("实部: ", a.real)  # 输出: 实部:  1.0
print("虚部: ", a.imag)  # 输出: 虚部:  2.0
print("共轭复数: ", a.conjugate())  # 输出: 共轭复数:  (1-2j)
print(a + b)  # 输出: (3.3+5.2j)
print(a - b)  # 输出: (-1.2999999999999998-1.2000000000000002j)
print(a * b)  # 输出: (-4.1000000000000005+7.8j)
print(a / b)  # 输出: (0.5602060528010303+0.09014810045074047j)
```

特别提醒，复数一般用于科学计算，因为本书的内容不会涉及复数的使用，所以如果读者确实搞不懂复数也没关系，直接愉快地跳过吧，接下来要讲的字符串是一个重点。

2.2 字符串

字符串是我们最常用的数据类型，也是六大类型中最重要、知识点最多的数据类型，所以，如果此刻的你正在犯困，请伸个懒腰，然后跟着我的步骤拿下字符串。顾名思义，所谓字符串就是一串字符，我想你应该知道什么是字符，如果不知道的话，我们有必要先来认识一下字符。

2.2.1 字符编码

前面我们说了，计算机只能识别通电和断电两种信号，这种特点被设计成由 0 和 1 组成的二进制数据，而二进制又可以轻易转换成十进制或其他进制，即扩展到整数。如果我们想表示字符，可以通过十进制数映射，比如说十进制 65 表示“A”，十进制 66表示“B”，这种映射我们把它叫作编码，比较典型的一种编码叫作 ASCII 编码，如表 2-1 所示。

表 2-1 ASCII 对照表

ASCII	字符	ASCII	字符	ASCII	字符	ASCII	字符	ASCII	字符	ASCII	字符
0	NUT	4	EOT	8	BS	12	FF	16	DLE	20	DC4
1	SOH	5	ENQ	9	HT	13	CR	17	DCI	21	NAK
2	STX	6	ACK	10	LF	14	SO	18	DC2	22	SYN
3	ETX	7	BEL	11	VT	15	SI	19	DC3	23	TB

续表

ASCII	字符	ASCII	字符	ASCII	字符	ASCII	字符	ASCII	字符	ASCII	字符
24	CAN	42	*	60	<	78	N	96	、	114	r
25	EM	43	+	61	=	79	O	97	a	115	s
26	SUB	44	,	62	>	80	P	98	b	116	t
27	ESC	45	-	63	?	81	Q	99	c	117	u
28	FS	46	.	64	@	82	R	100	d	118	v
29	GS	47	/	65	A	83	S	101	e	119	w
30	RS	48	0	66	B	84	T	102	f	120	x
31	US	49	1	67	C	85	U	103	g	121	y
32	SPANCE	50	2	68	D	86	V	104	h	122	z
33	!	51	3	69	E	87	W	105	i	123	{
34	“	52	4	70	F	88	X	106	j	124	|
35	#	53	5	71	G	89	Y	107	k	125	}
36	$	54	6	72	H	90	Z	108	l	126	`
37	%	55	7	73	I	91	[	109	m	127	DEL
38	&	56	8	74	J	92	/	110	n		
39	,	57	9	75	K	93	]	111	o		
40	(	58	:	76	L	94	^	112	p		
41	)	59	;	77	M	95	_	113	q		

在计算机中 1 个二进制数称为 1 位或 1 比特（Bit），8 比特表示 1 字节（Byte），即 8 个二进制数表示 1 字节，表示为 8Bit=1Byte，ASCII 编码是 7 位或 8 位表示一个字符，前者叫标准 ASCII，后者叫拓展 ASCII，所以拓展 ASCII 编码的每个字符占用一个字节。字符“A”对应的十进制是 65，二进制是 01000001，可以看出如果转换成二进制的数据后位数不够 8 位会在左边补 0。而 8 位二进制数的最大值是 11111111，即十进制的 255，换一句话说，ASCII 最多能表示 256（0~255）个字符，能满足英文编码，因为英文只有 26 个字母再加上其他一些符号，256 个字符基本够用了，但其他语言，比如说我们的汉字就有九万多个，更别说世界上还有那么多个国家和地区的语言符号，ASCII 明显不能满足编码需求。于是，很多国家都开始有了自己的编码，比如说中国用 gbk 编码表示中文字符，这样造成的结果就是编码混乱，所以你有时候打开一份文件看到的是乱码，很可能是没有指定正确的解码方式。

为了统一编码，后来出现了一种叫作 Unicode 的编码，意在用一种编码表示全世界的字符，虽然可行，但这种编码统一用 2 字节进行编码，本来 1 个英文字符只需要 1 字节就能表示，非要弄成 2 个字节，占用的资源就多了一倍，明显不太友好。后来又经过改善，出现了一种叫作 utf-8 的编码，这种编码可以动态改变字节数，比如说英文字符占用 1 字节，常用汉字占用 3 字节，偏僻汉字占用 4~6 字节，这样既能表示全世界的字符，又尽可能节省资源。正是由于 utf-8 这种可以节省资源的特性，现在该编码已经得到广泛应用，后面我们在进行文件操作的时候也经常使用这种编码。

说了那么多，大家应该已经了解什么是字符了，简单来说，字符就是经过某种编码得到的符号，比如字母、汉字、标点符号等都属于字符。我们记不住那么多字符，如果你想查看某个字符或编码的 ASCII 映射，我们可以通过 Python 提供的 ord() 和 chr() 函数，代码如下：

```
print(ord("A"))  # 输出：65
print(ord("a"))  # 输出：97
print(chr(65))  # 输出：A
```

从上面的代码可以看出字符“A”和字符“a”的 ASCII 是不一样的，这也是为什么 Python 要严格区分大小写的原因。

2.2.2 字符串

字符是单个的，如果把多个字符连在一起就成了字符串，所以本质上字符串就是字符。在 Python 中，字符串的类型是 str，写法是用半角引号把字符引起来，可以是单引号、双引号或者三引号，只要用了引号就是字符串。注意两点：引号必须是半角的，也必须成对出现。代码如下：

```
a = 'hello'
print(type(a), a)  # 输出：<class 'str'> hello
b = "hello"
print(type(b), b)  # <class 'str'> hello
c = '''Python'''
print(type(c), c)  # 输出：<class 'str'> Python
d = """Python"""
print(type(d), d)  # 输出：<class 'str'> Python
```

上面的代码中变量 a、b、c、d 都是字符串，a 和 b 完全等价，c 和 d 完全等价。在用法上，单引号和双引号没有任何区别，但三引号就不一样了，三引号可以保留换行而单引号和双引号不行，如果你需要在单引号或双引号里换行，要用到“\n”这个换行符，下面的两种写法是完全等价的。代码如下：

```
print("\n 谁言别后终无悔，\n 寒月清宵绮梦回。\n 深知身在情长在，\n 前尘不共彩
云飞。\n")


print("""
谁言别后终无悔，
```

```
寒月清宵绮梦回。
深知身在情长在，
前尘不共彩云飞。
""")
```

正是由于三引号里的字符串可以随意换行，所以很多人都喜欢把注释内容写在三引号里，因为如果使用“#”写注释，那么每行文本前面都要加上一个“#”，就显得有点麻烦了。

那么多种引号都能表示字符串，而引号又必须成对出现，所以我们要灵活使用引号。如果一个字符串里面需要用到引号，有两种解决办法：一种是改变最外层的引号，比如说字符串内部包含了单引号或三引号，可以使用双引号表示字符；另一种是在引号前面加一个反斜杠进行转义，代码如下：

```
print("It's very cool!")  # 输出：It's very cool!
print('It\'s very cool!')  # 输出：It's very cool!
```

第一种方法很容易理解，用最外面的一对双引号表示字符串，字符串里面就算有成对单引号或三引号，只要没有其他双引号，这个字符串就不会有问题。第二种写法是用最外面的一对单引号表示字符串，虽然内部也出现了单引号，但给这个单引号加了一个反斜杠，表示对其转义，即告诉 Python，内部的单引号只是一个普通的字符，不要与最左边的单引号进行配对。

2.2.3　转义字符

我们之前已经用过转义字符了，你应该还记得“\n”，“n”本来是一个普通字符，加上反斜杠之后就表示换行了，类似的还有“\t”表示制表符（即按一下键盘上的 Tab 键）。问题来了，有时候我就想打印出“\n”这个字符而不是让它换行那该怎么办呢？很简单，你在反斜杠前面再加一个反斜杠告诉 Python 这个反斜杠是普通字符，不表示转义，我这么描述你可能会有点懵，来看一下下面的代码就懂了：

```
print("我们知道"\n"表示换行")   # 输出：我们知道"
                                          "表示换行
print("我们知道"\\n"表示换行")  # 输出：我们知道"\n"表示换行
```

以后我们学到文件操作的时候经常需要写文件路径，不巧的是 Windows 系统的文件路径是使用反斜杠分隔的，如果你比较有耐心，在每一个反斜杠前面都手动加上一个反斜杠也是可以的。但为了效率，我还是建议使用在字符串前面加上一个“r”的写法，即告诉 Python 字符串里的所有反斜杠都是普通字符而不是转义字符。看一下例子，下面两种写法完全等价：

```
print("C:\\Users\\admin\\Documents\\WeChat Files\\Applet")
# 输出：C:\Users\admin\Documents\WeChat Files\Applet
print(r"C:\Users\admin\Documents\WeChat Files\Applet")
# 输出：C:\Users\admin\Documents\WeChat Files\Applet
```

2.2.4 字符串索引

一个字符串可以包含 0 个或多个字符，每一个字符也称为元素。如果你拿到一个数据是字符串类型，但只需要其中的某个字符，我们可以通过元素位置去访问字符。千万注意，与我们的生活习惯不同，编程语言的位置基本上都是从 0 开始的，即第 0 个元素、第 1 个元素、第 2 个元素 ......。如果要访问字符串某个位置的元素，可以使用半角的中括号，如下面的代码所示：

```
my_str = "Office很幸运，她遇上了 Python"
print(my_str[0])  # 输出：O
print(my_str[10])  # 输出：她
```

我想你应该看懂了，我们在字符串后面加上一个中括号，中括号里写你要访问第几个元素，“my_str[0]”表示访问字符串 my_str 的第 0 个元素，即字母“O”。你睡觉前可以偷偷从 0 开始数一下，看第 10 个元素是不是命中注定的“她”。

中括号里代表位置的数字，我们称之为下标或者索引，所以我下面提到的“位置”“下标”“索引”其实都是同一个意思。注意，字符串里每一个字符都对应一个索引，包括标点符号和空格，所以一个长度为 n 的字符串的最大索引应该是 n-1，如果超过索引的最大值，程序就会报“IndexError: string index out of range”的错误，你也可以自己用代码验证一下。

在写程序的时候也不可能去数字符串的长度啊，万一那个字符串有几万个字符怎么办？不要担心，我们可以通过 len() 函数获取字符串长度，把变量名写进括号里就会返回该字符串的长度了。另外你可以想一下，如果我们访问的是字符串中 0 这个索引有没有可能会报错？有可能的，如果该字符串是一个空字符串，则不存在第 0 个元素。所谓空字符串就是没有任何字符的字符串，下面的变量 a、b、c、d、e 都是空字符串，但 f 和 g 不是，因为 f 里面有一个空格，g 里面有一个换行符，毕竟空格和换行符都是字符。代码如下：

```
a = str()
b = ''
c = ""
d = ''''''
e = """"""
f = ' '
```

```
g = '\n'
print(len(a), len(b), len(c), len(d), len(e)) # 输出：0 0 0 0 0
print(len(f), len(g)) # 输出： 1 1
```

2.2.5 字符串切片

通过索引我们能访问元素，但每访问一个元素就写一个位置是不是太麻烦了。如果你想一次访问多个元素，我们可以使用切片，为了让你不被“切片”这个高大上的词吓跑，我们先看看切片的用法。代码如下：

```
my_str = "Office 很幸运，她遇上了 Python"
# 为了方便你数数，顺便列出几个字符的下标
# "Office 很幸运，她遇上了 Python"
# "012345 6 7 8 9"
print("my_str 长度：", len(my_str)) # 输出：my_str 长度： 20
print(my_str[0:20:]) # 输出：Office 很幸运，她遇上了 Python
print(my_str[6:9]) # 输出：很幸运
print(my_str[6:]) # 输出：很幸运，她遇上了 Python
print(my_str[:9]) # 输出：Office 很幸运
print(my_str[6:-1]) # 输出：很幸运，她遇上了 Pytho
print(my_str[8:5:-1]) # 输出：运幸很
print(my_str[0::2]) # 输出：Ofc 很运她上 Pto
```

切片的用法很简单，字符串的中括号里最多可以有三个参数，分别是开始位置、结束位置、步长，都是用半角冒号分隔。开始位置和结束位置都是下标，从 0 开始数，开始位置对应的元素包含在切片中，结束位置对应的元素不包含在切片中，比如说字符串 my_str = “Office 很幸运，她遇上了 Python”，索引 6 对应的是汉字“很”，索引 9 对应的是逗号“，”，而 my_str[6:9] 得到的是“很幸运”而不是“很幸运，”，这种现象我们称之为“左闭右开”，“闭”是取得到，“开”是取不到（即取到的是前一个字符“运”）。步长的默认值是 1，即每一个字符都取，如果指定步长为 2，就会隔一个字符取一次，如果指定步长为 3，那就隔两个字符取一次，比如说 my_str[0:20]、my_str[0:20:]、my_str[0:20:1] 三种写法效果是一样的，都会取所有字符，而 my_str[0:20:2] 得到的结果是“Ofc 很运她上 Pto”，my_str[0:20:3] 得到的结果是“Oi 很，上 yo”。

再说一下切片的三个参数的取值，可以分为 3 种情况。

（1）只要是整数都可以，包括正数和负数。对于正数的情况我们都理解了，符合我们的生活常识，就不再多说。负数就是从后往前取值，比如说 my_str[6:-1]，开始索引是 6，结束索引是 -1，表示从第 6 个索引开始一直取到倒数第一个索引，结果是“很幸运，她遇上了 Pytho”，因为左闭右开的原则，最后一个字符“n”取不到。再举一个例子，

my_str[8:5:-1] 的步长是 -1，即从后往前取，索引 8 和 5 分别对应的字符是“运”和“e”，因为左闭右开，最终取到的是“运幸很”。

（2）三个参数都可以省略不写。当不写开始索引，则是从第 0 个索引开始；当不写结束索引，则是取后面的全部字符；当不写步长，则步长为 1。举个例子，my_str[6:] 表示从索引 6 开始取完后面的所有字符，得到的结果是“很幸运，她遇上了 Python”。当三个参数全都不写，my_str[::] 得到的效果与 my_str 一样，即代表整个字符串。

（3）当索引超出范围不会报错，若取不到任何元素则返回空字符串。前面我们说了，通过索引访问字符串，当索引对应的元素不存在则会报“string index out of range”的错误导致程序终止运行，比如说长度是 20 的 my_str，你一意孤行要访问第 100 个元素 my_str[100] 肯定会报错的。但是如果你使用切片是不会报错的，比如说 my_str[6:100] 会返回从第 6 个索引开始的后面的所有字符。如果是开始索引和结束索引都超出范围也不会报错，比如说 my_str[99:100] 会返回一个空字符串。

2.2.6 查询元素

前面我们讲了如何通过下标访问字符串的元素，包括单个元素和多个元素，如果我想查询某个元素在不在字符串里该怎么办呢？ str 对象提供了 index() 和 find() 两个方法，用法是“对象 . 方法名 ()”，注意点和括号都是半角的，后面讲到的其他方法中的标点符号也是类似的用法。示例代码如下：

```
my_str = "Office 很幸运，她遇上了 Python"
print(my_str.index(" 很 "))  # 输出：6
print(my_str.index(" 很幸运 "))  # 输出：6
print(my_str.find(" 很 "))  # 输出：6
print(my_str.find(" 很幸运 "))  # 输出：6
```

观察一下上面的代码，我们主要得到两个信息：一个是 index() 和 find() 用法和结果一样；另一个是当查询多个字符的位置时它会返回第一个字符的位置。上面查询的都是字符串里存在的字符，如果字符不存在，index() 和 find() 这两个方法就不一样了。代码如下：

```
my_str = "Office 很幸运，她遇上了 Python"
print(my_str.find(" 爱 "))  # 输出：-1
print(my_str.index(" 爱 "))  # 报错：ValueError: substring not found
```

如果被查询的字符不在字符串里，find() 会返回 -1，而 index 则是直接报“ValueError: substring not found”的错误，程序也会因报错导致终止执行。

2.2.7　拼接字符串

如果你有多个字符串，想要把它们合并为一个字符串，我们可以直接将二者相加。代码如下：

```
my_str1 = "Office 很幸运 "
my_str2 = ", "
my_str3 = " 她遇上了 Python"
my_str = my_str1 + my_str2 + my_str3
print(my_str)  # 输出：Office 很幸运，她遇上了 Python
```

没想到除了数字类型，字符串也是可以相加的吧？其实字符串还可以相乘，比如说有一个字符串“*-”，我想让它重复出现 10 遍，则乘以 10 即可。代码如下：

```
char = "*-" * 10
print(char)  # 输出：*-*-*-*-*-*-*-*-*-*-
```

关于连接字符串，str 对象还提供了一个 join() 方法，比如说，我想在字符串的每一个元素中间都加上其他元素，比如都加上一个空格，可以这么写：

```
my_str = "Office 很幸运，她遇上了 Python"
my_str2 = " ".join(my_str)
print(my_str2)# 输出：O f f i c e 很 幸 运 ，她 遇 上 了 P y t h o n
```

2.2.8　类型转换

相加的对象如果是数字类型则会进行算术运算，如果是字符类型则会直接拼接字符串，如果是数字类型加上一个字符串类型会是什么样的呢？程序会直接报错的。如果你一定要尝试，不妨对其中一个对象进行类型转换，可以通过 str()、int()、float() 分别把其他类型强转成字符串、整型、浮点型。代码如下：

```
num = 520
print(type(num), num)  # 输出：<class 'int'> 520
# int 类型转换成 str 类型
num = str(num)
print(type(num), num)  # 输出： <class 'str'> 520
# str 类型转换成 int 类型
num = int(num)
print(type(num), num)  # 输出：<class 'int'> 520
```

```
# int 类型转换成 float 类型
num_float = float(num)
print(type(num_float), num_float)  # 输出: <class 'float'> 520.0
# int 类型转换成 float 类型
print(int(66.88))  # 输出: 66
```

使用这些方法可以随意转换以上三种类型，前提是长得像才能转换成功，比如说字符串“520”可以转换成 int 或 float 类型，但是字符串“我很帅”就不能转成 int 或 float，程序会报错的，你可以鼓起勇气试一下。为了防止把字符串转换成 int 类型的时候报错，转换之前最好看一下它是不是可以转换成 int 类型，我们可以通过字符串对象的 isdigit() 方法判断，如果能转成 init 则返回 True，不能的话就会返回 False，等以后我们学到了条件判断就可以控制是否要转换了，现在先记住这个方法。代码如下：

```
my_str = "520"
is_digit = my_str.isdigit()
print(is_digit)  # 输出: True
print("a1".isdigit())  # 输出: False
```

另外，如果是 float 类型数据转换成 int 类型数据，则会丢掉小数部分只保留整数。以后我们学到的更多数据类型也可以使用这种方法进行转换，但是能不能转换还是取决于该种类型是否支持转换。现在知道了类型转换之后，可以试一下使用字符串参与算术运算了。代码如下：

```
print(1 + 2)  # 输出: 3
print(1 + int("2"))  # 输出: 3
print(float("1") + float("2"))  # 输出: 3.0
```

2.2.9 替换字符串

如果你想更换字符串里的某些字符，可以通过 str 对象的 replace() 方法，该方法可以传入三个参数，第一个是原字符串，第二个是目标字符串，第三个是替换次数，如果不写替换次数就是全部替换，比如说我们把字符串 my_str 里的“遇”替换成“爱”，对比全部替换和替换一次的效果。代码如下：

```
my_str = "Office 很幸运，她遇上了 Python，命运让他们相遇 "
new_str = my_str.replace(" 遇 ", " 爱 ")
print(new_str)  # 输出 Office 很幸运，她爱上了 Python，命运让他们相爱
new_str2 = my_str.replace(" 遇 ", " 爱 ", 1)
print(new_str2)  # 输出: Office 很幸运，她爱上了 Python，命运让他们相遇
```

注意替换字符串并不是改变原来的字符串，而是返回一个新的字符串。

2.2.10　大小写转换

如果你的字符串里有字母，可以使用 str 对象的 lower() 和 upper() 方法轻松进行大小写转换。代码如下：

```
my_str = "Office 很幸运，她遇上了 Python"
new_str = my_str.lower()
print(new_str)  # 输出：office 很幸运，她遇上了 python
print(my_str.upper())  # 输出：OFFICE 很幸运，她遇上了 PYTHON
```

2.2.11　分割字符串

如果你想把字符串按照某个或某些字符进行分割，可以使用 str 对象的 split() 和 rsplit() 方法，这两个方法用法一样，区别是前者从左往右分割，后者是从右往左分割。split() 和 rsplit() 的参数是一样的，第一个参数是按什么字符串分割，第二个参数是最大分割次数，如果不指定最大分割次数则是分割所有。把字符串 my_str 按中文逗号进行分割，代码如下：

```
my_str = "Office 很幸运，她遇上了 Python，命运让他们相遇"
print(my_str.split("，", 1))
# 输出：['Office 很幸运', '她遇上了 Python，命运让他们相遇']
print(my_str.split("，"))
# 输出：['Office 很幸运', '她遇上了 Python', '命运让他们相遇']
print(my_str.rsplit("，", 1))
# 输出：['Office 很幸运，她遇上了 Python', '命运让他们相遇']
```

可以看到分割后得到的是一个列表，我们将在下一节学习列表，先简单知道列表是多个元素的集合，每个元素用半角逗号分开。my_str = "Office 很幸运，她遇上了 Python，命运让他们相遇"，my_str.split("，" , 1) 是指把字符串 my_str 按中文逗号从左边分割 1 次，则得到"Office 很幸运"和"她遇上了 Python，命运让他们相遇"两部分。因为 my_str 中有两个中文逗号，所以如果不指定最大分割次数则应该得到三个部分。

2.2.12　格式化字符串

所谓的格式化字符串其实就是把一些变量填充到字符串中，让字符串有一个统一的格式，有点像套模板。举一个例子，有一个字符串是"{} 很幸运，她遇上了 {}"，大括号表示待填写的数据，如果我有很多数据都按照这种形式填充，就相当于把这些数据格式化了。str() 对象有一个 format() 方法用来格式化字符串，看一下代码演示：

```
my_str = "{}很幸运，她遇上了{}"
name1 = "Office"
name2 = "Python"
print(my_str)  # 输出：{}很幸运，她遇上了{}
print(my_str.format(name1, name2))  # 输出：Office很幸运，她遇上了Python
print(my_str.format(name1))  # 报错
```

看了上面的代码，我想你应该已经理解什么是格式化了，简单来说字符串中每个大括号都是一个坑，后面使用数据把那些坑填了。但是你要注意，如果待格式化的字符串有多个大括号，但你填充的数据数量不够，程序是会报错的。另外我们还注意到，format() 方法里的数据是按从左到右的顺序一个一个填进待格式化的字符串的大括号里的，如果不想按顺序也是可以的，只要你在字符串的大括号里写上使用 format() 里的第几个参数，比如说第一个大括号和第三个大括号使用 format() 里的第 1 个参数，第二个大括号使用第 0 个参数，代码如下：

```
my_str = "{1}也很幸运，他遇上了{0}，所以{1}很开心"
print(my_str.format("Office", "Python"))
# 输出：Python也很幸运，他遇上了Office，所以Python很开心
```

虽然可以指定位置，但是如果字符串很长，变量也很多，在看代码的时候还要一个一个去数每个位置对应的变量是什么，就会很麻烦，但你只要在字符串前面加上一个字母“f”就可以指明哪个大括号被哪个变量填充了。代码如下：

```
name1 = "Office"
name2 = "Python"
my_str = f"{name2}也很幸运，他遇上了{name1}，所以{name2}很开心"
print(my_str)
# 输出： Python也很幸运，他遇上了Office，所以Python很开心
```

这种在字符串前面加上“f”的写法比 format() 方法显得更加简洁和直接，但是注意这种用法是 Python3.6 才开始支持的，即 Python3.5 和更早的版本不能用，所以从兼容性的角度来说，format() 更好，因为即使在旧版本的 Python 环境代码也能正常执行。

其实还有一种比较经典的写法，几乎所有的高级语言都支持，那就是使用占位符，Python 中用“%”连接待格式化字符串和数据，代码如下：

```
my_str = "%d年后，%s遇到了%s"
print(my_str % (5, "Office", "Python"))
# 输出：5年后，Office遇到了Python
```

代码中的 %d 代表用整型填充，%s 代表用字符串填充，类似的还有 %f，表示用浮点型填充，还有一些占位符就不列举了，感兴趣的朋友可以在网上搜一下。还需要补充的是 %f 是可以指定小数个数的，比如说“%.2f”（注意不要漏掉整数前面的小数点）就是填充的时候只保留两位小数。如果想输出“%”这个字符，那么就使用“%%”表示一个百分号。代码如下：

```
print("%.2f 是圆周率的近似值 " % 3.1415926)  # 输出：3.14 是圆周率的近似值
print(" 增长比例高达 %d%%" % 33.3)  # 输出：增长比例高达 33%
```

2.3　列表

前面学到的字符串是一种容器类型，容器类型就是指可以把多个元素整合在一起的类型，就像一个大包，可以把其他东西全丢进去。字符串只能把字符类型的元素整合在一起，如果想要把不同类型的元素整合在一起，可以使用列表。列表即 list，作用是可以把任何类型的元素按照从左到右的顺序放在一起，在写法上是用半角中括号表示一个列表，列表里的元素用半角逗号分隔，比如说 [66, 3.14,“Python”, [25,“Office”]] 就是一个列表，里面包含了整型、浮点型、字符串、列表，列表里面可以再放列表，所以只要你开心，列表是可以无限嵌套的。如果列表中没有嵌套列表，我们把它叫作一维列表，如果嵌套了一层，我们把它叫作二维列表，嵌套两层就是三维列表了，以此类推，生活中的四维、五维空间可能不好描述，但用列表描述一万维都很轻松。

2.3.1　新建列表

创建一个空列表可以使用半角中括号“[ ]”也可以使用“list()”，代码如下：

```
my_list1 = list()
my_list2 = []
print(type(my_list1), my_list1)  # 输出：<class 'list'> []
print(type(my_list2), my_list2)  # 输出：<class 'list'> []
```

如果你希望列表初始化的时候就有一些元素，可以把元素写在中括号里，代码如下：

```
my_list3 = ["A", 2, 3.0, []]
print(type(my_list3), my_list3)  # 输出：<class 'list'> ['A', 2, 3.0, []]
print("my_list3 有 {} 个元素 ".format(len(my_list3)))
# 输出：my_list3 有 4 个元素
```

2.3.2 查询列表元素

我想你应该还没有忘记可以使用索引和切片访问字符串的元素，这同样适用于列表，事实上，适用于所有容器类型。在讲字符串的时候，已经解释清楚索引和切片了，以后不再详细讲解它们的特点和用法，如果你是直接跳到这里的，麻烦你再原路跳回去，不用谢。来看看下面的代码：

```
type_list = [
    "水果",
    ["苹果", "梨", "蜜桃"],
    "设备",
    ["手机", "电脑", "平板"]
]
print(type_list[0])  # 输出：水果
print(type_list[1])  # 输出：['苹果', '梨', '蜜桃']
print(type_list[1][-1])  # 输出：蜜桃
sub_list = type_list[0:2]
print(sub_list)  # 输出：['水果', ['苹果', '梨', '蜜桃']]
```

上面是一个二维列表，第 0 个和第 2 个元素是字符串，第 1 和 3 个元素是列表。对于所有容器类型，都可以使用 len() 获取元素长度（即元素个数）。索引和切片的参数都支持正数和负数，0 代表第一个位置，-1 代表最后一个位置。注意一下，如果要访问嵌套列表的元素，需要一层一层去获取，例如 type_list[1][-1] 表示先访问列表 type_list 的第 1 个元素即 [“苹果”,“梨”,“蜜桃”]，再访问该元素的最后一个元素，即“蜜桃”。

还有一种情况是需要查询某个元素的索引，我们可以使用 list 对象的 index() 方法，该方法只要传入被查询的元素对象即可返回该元素的索引，但如果该元素不存在，则报错，与字符串的 index() 用法是一样的。代码如下：

```
type_list = [
    "水果",
    ["苹果", "梨", "蜜桃"],
    "设备",
    ["手机", "电脑", "平板"]
]
data_index = type_list.index("设备")
print(f'"设备"的索引是{data_index}')  # 输出："设备"的索引是2

print(type_list.index("苹果"))  # 报错，因为type_list[1]才有"苹果"
```

2.3.3 增加列表元素

如果想在列表末尾增加元素，可以使用 list 对象的 append() 方法，如果想在指定位置插入元素可以使用 list 对象的 insert() 方法。先看一下 append() 方法，代码如下：

```
my_list = [1, 2, 3]
my_list.append(4)
my_list.append(5)
my_list.append(["A"])  # 输出：[1, 2, 3, 4, 5, ['A']]
print(my_list)
```

再来看一下 insert() 方法，该方法可以传入两个参数：第一个参数是插入位置的下标，代表插入到第几个元素的前面，注意下标是从 0 开始的；第二个参数是插入的值，即插入哪个元素。代码如下：

```
my_list = ["A", "B", "C"]
my_list.insert(1, 20)
print(my_list)  # 输出：['A', 20, 'B', 'C']
my_list.insert(25, "30")
print(my_list)  # 输出：['A', 20, 'B', 'C', '30']
```

从代码中可以看出，my_list.insert(1, 20) 表示在列表 my_list 索引为 1 的元素（即“B”）的前面插入一个整型元素 20，我们还可以发现如果该索引超过了列表的最大长度，它不会报错，而是把元素插在了列表末尾。

2.3.4 修改列表元素

修改元素非常简单，都用索引访问到元素了，索性再给它重新赋个值不就是修改了吗？看一下下面的代码演示就秒懂了：

```
my_list = ["A", "B", "C"]
my_list[1] = "BBB"
print(my_list)  # 输出：['A', 'BBB', 'C']
```

2.3.5 删除列表元素

删除元素也有好几种方法，这里介绍三种比较常用的。

（1）如果你想删除某个指定的元素，可以使用 list 对象的 remove() 方法，该方法只要传入你要删除的元素对象即可，每调用一次删除一个元素，当要删除的元素不存在的时候，程序会报“ValueError: list.remove(x): x not in list”的错误。代码如下：

```
my_list = ["A", "B", "B", "B", "C"]
my_list.remove("B")
print(my_list)  # 输出：['A', 'B', 'B', 'C']
my_list.remove("B")
my_list.remove("B")
print(my_list)  # 输出：['A', 'C']
my_list.remove("B")  # 报错
```

（2）如果你想通过下标删除元素，可以使用 list 对象的 pop() 方法，该方法可以传入一个参数指定被删除元素的位置，如果不传入参数则删除最后一个元素，如果该位置对应的元素不存在则会报“IndexError: pop index out of range”的错误。另外还需要注意一下使用该方法删除元素成功之后会返回被删除的元素，我们可以使用变量去接收它。代码如下：

```
my_list = ["A", "B", "C", "D"]
my_list.pop(0)
print(my_list)  # 输出：['B', 'C', 'D']
del_data = my_list.pop()
print(del_data)  # 输出：D
print(my_list)  # 输出：['B', 'C']
my_list.pop(100)  # 报错
```

（3）还有一种删除的方法是调用 Python 的“del”关键字，它不仅能删除列表里的元素，也可以删除 Python 的任何变量，看一下下面的代码：

```
my_list = ["A", "B", "C", "D"]
del my_list[2]
print(my_list)  # 输出：['A', 'B', 'D']

del my_list
print(my_list)
```

代码中 my_list[2] 是指访问列表中索引为 2 的元素，即“C”，然后使用关键字“del”删掉该元素。如果你使用“del”删除掉整个 my_list 变量，后面你再去访问该变量的时候，程序就会报“NameError: name ‘my_list’ is not defined”的错误，所以“del”关键字一般用于手动释放内存，但 Python 有一套比较完善的内存管理机制，所以我们一般很少主动使用“del”关键字。另外再提一下，既然“del”是 Python 的关键字，那么它能被当作变量使用吗？如果你不能在 0.5 秒内想出答案，请翻回变量命名规则那里再复习一下。

如果想清空一个列表，或者说删除列表的所有元素，可以使用列表对象的 clear() 方法，代码如下：

```
my_list = ["A", "B", "C", "D"]
my_list.clear()
print(my_list)  # 输出：[]
```

2.3.6　合并多个列表

如果想把多个列表合并成一个列表，该怎么操作？还记得加号吗？数字类型可以相加，字符串也可以相加，其实列表也是可以相加的。代码如下：

```
my_list1 = ["A", "B", "C"]
my_lis2 = ["a", "b", "c"]
my_lis3 = my_list1 + my_lis2
print(my_lis3)  # 输出：['A', 'B', 'C', 'a', 'b', 'c']
```

列表相加不会改变原来的列表，而是会返回一个合并之后的新列表。另外列表也是可以相乘的，不管相加还是相乘，都不是对每一个元素进行算术运算，而是返回一个拥有重复元素的新列表。代码如下：

```
my_list1 = [1, 2, 3]
my_list2 = my_list1 * 3
print(my_list1)  # 输出：[1, 2, 3]
print(my_list2)  # 输出：[1, 2, 3, 1, 2, 3, 1, 2, 3]
```

2.3.7　列表元素统计

如果想统计某个列表的元素个数的话，可以使用前文所提的 len() 函数，只要是容器类型都可以使用 len() 函数统计该容器的长度。len() 函数是 Python 内置函数，比较常用的相似的函数还有 max() 和 min() 这两个函数，分别用来获取一个容器的最大值和最小值，代码如下：

```
min_data = min([1, 20, 0])
print(min_data)  # 输出 0
max_data = max(["A", "f", "2"])
print(max_data)  # 输出：f
```

上面的代码使用 min() 函数获取到列表 [1, 20, 0] 的最小值是 0，还是比较容易理解的，但是用 max() 函数获取列表 [“A” ,“f” ,“2”] 的最大值，返回的是字符“f”是为什么呢？因为当 max() 或 min() 函数的参数元素全部为字符串时，它们会全部比较元素的

ASCII，字符“A”“f”“2”对应 ASCII 分别是 65、102、50，所以 max() 函数返回的是“f”。如果这两个函数参数的元素既有数字类型又有字符串类型，程序是会报错的，不信的话可以动手试一下。

但如果是想知道某一个元素在列表里出现了几次，这时候 len() 函数就不适用了，但我们可以使用 list 对象的 count() 方法进行统计，代码如下：

```
my_list = ["A", "B", "B", "B", "C"]
print(my_list.count("B"))  # 输出：3
```

2.4 元组

元组即 tuple，它与列表非常相似，功能也一样，唯一不同的是列表可以随意修改元素，但元组在定义之后就不再可以修改，只能查询。很明显列表可以代替元组，那么为什么还使用元组呢？确实，大多数情况我们都会选择列表，但有些时候你确定一组数据只能查询不应该增删改，这时候果断选择元组，因为我们写的代码很多，有可能数据会被某些代码修改了，而你还在苦苦挣扎为什么执行的结果与你预期的不一致，但你使用元组就可以避免这个问题。

2.4.1 新建元组

元组使用半角圆括号表示，圆括号就是数学课本常说的小括号，为了方便记忆，我更推荐把它叫作“圆括号”，因为“元”和“圆”同音，方便记忆。元组里的每一个元素用半角逗号分隔，定义一个空元组可以使用“tuple()”或“()”，但特别注意，如果一个元组里面只有一个元素，一定要在该元素后面加一个半角逗号，如果不加，那么一个圆括号就表示优先计算，与数学上的 (2+5)*3 的圆括号有一样的效果，所以为了消除歧义，Python 规定只有一个元素的元组必须要加一个逗号。下面的代码会演示只有一个元素的元组写或不写逗号的区别：

```
my_tuple1 = tuple()
my_tuple2 = ()
my_tuple3 = (1,)
print(type(my_tuple1), my_tuple1)  # 输出：<class 'tuple'> ()
print(type(my_tuple2), my_tuple2)  # 输出： <class 'tuple'> ()
print(type(my_tuple3), my_tuple3)  # 输出：<class 'tuple'> (1,)
my_tuple4 = ("1")
print(type(my_tuple4), my_tuple4)  # 输出：<class 'str'> 1
```

2.4.2　访问元组

元组是一种不能被修改的容器，既然元组不能被修改，那就只能查询了，查询方式与列表一样，可以使用索引或者切片，如果到现在还对切片和索引不熟悉，请快马加鞭回到字符串那一节复习一下。这里用代码简单演示：

```
my_tuple = ('python', 5, True, ["aa", 6], (3, 25))
print(my_tuple[0])  # 输出: python
new_tuple = my_tuple[2:-1]
print(type(new_tuple), new_tuple)  # 输出: <class 'tuple'> (True,
['aa', 6])

my_tuple[-2][0] = "AA"
print(my_tuple)  # 输出: ('python', 5, True, ['AA', 6], (3, 25))
```

从上面的代码可以看到元组 my_tuple 的倒数第二个元素是一个列表，然后我又把这个列表里的第 0 个元素改成了“AA”，不是说元组在定义好了之后就不再可以修改吗？是的，元组的本身的元素不能被修改，比如说你不能把 my_tuple 的倒数第二个元素改成其他列表，但是这个列表的元素被修改却与 my_tuple 这个元组没有关系，因为该列表的元素属于列表，而不属于外面的元组，这点一定要注意区分。简单来说，如果一个元组 A 里面有一个列表 B，元组 A 的元素不能被修改，但列表 B 的元素可以被修改，因为列表属于可变类型。关于可变类型，后面我们会讲到。从内存的角度来讲，元组存储的不是变量的值而是内存引用（即内存地址）。

元组的其他查询方式与列表基本上一致，比如说获取元组长度、某个元素出现的次数或下标，你可以快速瞄一眼下面的代码就当复习了：

```
my_tuple = ('python', 5, True, ["aa", 6], (3, 25))
print(len(my_tuple))  # 输出: 5
print(my_tuple.count("python"))  # 输出: 1
print(my_tuple.index("python"))  # 输出: 0
```

2.5　字典

我想大家应该都用过字典，我已经让我家的那些字典在书柜里吃了多年的灰了，你还记不记得你最后一次碰字典是什么时候？让我们把时间倒退到小学，拿起一本新华字典查字，我们可以根据偏旁部首找到某个字的页码，然后翻到那一页就可以很快找到那个字了，而不是为了查找某个字从头到尾一页一页翻看整本字典。对应到 Python 的数据结构，对于字符串、列表、元组这些有序的容器类型，如果要查找某个元素，就像一页一页翻字典那样按顺序从头到尾访问每一个元素，直到找到那个元素或访问完全部元素为止，可想而知，如果一个列表有很多元素，查找效率是非常低的，所以 Python 提供了字典类型解决查询速度慢的问题。Python 的字典与生活上的字典是类似的，是通过某个键查找到对应的某个值，所以查找效率比有序容器类型要高很多，但它也有缺点，那就是失去了顺序，如果你要存储的数据不要求顺序，就推荐使用字典进行存储。

2.5.1 新建字典

字典即 dict，在 Python 中使用花括号表示，花括号就是数学课本上的大括号，至此，我们用到了小括号、中括号、大括号，大家千万不要记混了哈，我觉得新手很容易记混，因为我也经历过。我们来新建一个空字典，定义一个空字典可以使用“{}”或“dict()”，代码如下：

```
my_dict1 = dict()
my_dict2 = {}
print(type(my_dict1), my_dict1)  # 输出：<class 'dict'> {}
print(type(my_dict2), my_dict2)  # 输出：<class 'dict'> {}
```

字典是通过键值对的形式存储数据的，我们分别用 key、value 表示键、值，每一对 key-value 称为一个项（item），一个字典可以包含多个项，项之间用半角逗号分隔，所以字典的形式是 {key1:value1, key2:value2,...}。还需要注意的是，在一个字典中，每一个键都必须是唯一的，意味着，键是不能重复的，也必须是不可变类型。代码如下：

```
my_dict = {"A": 1, 2: "2", 3.0: 3, True: "4", (1,): 5}
print(type(my_dict), my_dict)
# 输出：<class 'dict'> {'A': 1, 2: '2', 3.0: 3, True: '4', (1,): 5}
```

从上面的代码中可以看到，字典的键可以是字符串、整型、浮点型、布尔型、元组，这些都是不可变类型，所以都能作为字典的键，但是我们一般使用字符串或数字类型作为键，因为使用起来更方便。字典的值是不限制类型的，而且也可以重复，你可以任性地存储任何你需要的数据。

如果你够细心的话，还可以从上面的代码看出一个问题，那就是打印出字典数据的顺序居然与定义字典的顺序一致，前面不是说字典是无序的吗？是的，当你打印一个字典的时候会看到它是有序的，但字典本身是无序的，因为字典的实现方式是哈希算法。不懂什么是哈希没关系，直接记住字典本身是无序的，我们看到的顺序只是 Python 为了优化字典在存储方式上做出的改变，而且是从 Python3.6 之后才可以看到字典的有序输出，如果是 Python3.5 或更早版本打印字典看到的可能是无序输出。

2.5.2 访问字典元素

之前学过的字符串、列表、元组等容器类型都是有序的，所以可以使用索引去访问元素，但字典是无序的，通过下标访问元素的方式自然是行不通的。但我们应该很容易想到使用字典的键去访问对应的值，在字典变量后面加一个带有键的半角中括号就可以访问，形式如“字典 [键]”，代码如下：

```
my_dict = {"name": "pan", "age": 18, "height": "未知"}
name = my_dict["name"]
print(name)  # 输出：pan
print(my_dict["age"])  # 输出：18
print(my_dict["height"])  # 输出：未知
print(my_dict["gender"])  # 报错
```

从上面的代码可以看到，访问字典元素和使用下标访问有序容器类型一样简单，但是如果要访问的键不存在则会报“KeyError: XXX”的错误，报错就会让程序被迫终止执行，这是我们不希望看到的，所以字典对象还提供了一个 get() 方法获取值，当键不存在的时候不会报错，而是可以返回一个你希望返回的默认值，如果不指定默认值，则返回一个 None 对象。在 Python 中 None 表示没有数据，关于 None，会在后面专门介绍，先来看一下字典的 get() 方法，代码如下：

```
my_dict = {"name": "pan", "age": 18, "height": "未知"}
name = my_dict.get("name")
print(name)  # 输出：pan
gender = my_dict.get("gender", "保密")
print(gender)  # 输出：保密
address = my_dict.get("address")
print(type(address), address)  # 输出：<class 'NoneType'> None
```

上面的查询方式前提是我们知道 key 然后再去取 value，如果想知道某个字典里有哪些 key、哪些 value 或者哪些 item，dict 对象也是有提供对应的方法的，分别是 keys()、values()、items()，看完下面的代码应该就懂了：

```
my_dict = {"name": "pan", "age": 18, "height": "未知"}
print(my_dict.keys())
# 输出：dict_keys(['name', 'age', 'height'])
print(my_dict.values())
# 输出：dict_values(['pan', 18, '未知'])
print(my_dict.items())
```

```
# 输出：dict_items([('name', 'pan'), ('age', 18), ('height', '未
知')])
```

2.5.3 增加字典元素

当我们使用中括号访问不存在的键时，程序会报错，但你可以给该键重新赋值，就相当于新增了一个元素，代码如下：

```
my_dict = {"name": "pan", "age": 18, "height": "未知"}
my_dict["gender"] = "男"
my_dict["phone"] = 13978414080
print(my_dict)  # 输出：{'name': 'pan', 'age': 18, 'height': '未
知', 'gender': '男', 'phone':
13978414080}
```

如果不喜欢用中括号，dict 对象也提供了 update() 方法增加元素，该方法的参数也是一个字典，相当于把另一个字典的全部元素合并到当前字典里，代码如下：

```
my_dict = {"name": "pan"}
my_dict.update({"age": "18", "height": "未知"})
print(my_dict)  # 输出：{'name': 'pan', 'age': '18', 'height':
'未知'}
```

dict 对象还提供了一个比较常用的方法可以增加元素，即 setdefault()，该方法需要传入键和值两个参数，另外从名字可以看出该方法是用来设置默认值的，所以如果传入的键不存在则是新增元素，若已存在则保留原来的值，代码如下：

```
my_dict = {"name": "pan", "age": 18}
my_dict.setdefault("age", 20)
my_dict.setdefault("height", "未知")
print(my_dict)  # 输出：{'name': 'pan', 'age': 18, 'height': '未
知'}
```

2.5.4 修改字典元素

还记得我们怎么修改列表元素吗？我们可以通过中括号访问元素，既然访问到了，那么我们给它重新赋值就是修改了，修改字典元素也是一样的，代码如下：

```
my_dict = {"name": "pan", "age": 18, "height": "未知"}
print(my_dict["age"])  # 输出：18
my_dict["age"] = 19
print(my_dict["age"])  # 输出：19
```

前面我们使用到的 update() 方法，从方法名就大概知道该方法也是可以用来修改元素的，当键不存在则新增，当键已存在就修改，代码如下：

```
my_dict = {"name": "pan", "age": 18}
my_dict.update({"age": 20, "height": "未知"})
print(my_dict)  # 输出：{'name': 'pan', 'age': 20, 'height': '未
知'}
```

2.5.5　删除字典元素

提到删除元素，大家应该还记得 Python 提供了 del 关键字用来删除数据，比如说删除列表元素，该关键字也可以用来删除字典元素，但是注意待删除键不存在的时候会报“KeyError: ‘XXX’”的错误，代码如下：

```
my_dict = {"name": "pan", "age": 18}
del my_dict["age"]
print(my_dict)  # 输出：{'name': 'pan'}
del my_dict["height"]  # 报错：KeyError: 'height'
```

也许你还记得删除列表元素还有一个 pop() 方法，该方法默认是删除列表的最后一个元素，字典也有 pop() 方法，把要删除的 key 传进去就行，但字典是无序的，不存在最后一个元素之说，所以在使用 pop() 的时候如果传入的键存在则删除元素并返回该元素，如果传入的键不存在，可以指定返回的默认值，若不指定，那 Python 就只能无奈地给你报错了。代码如下：

```
my_dict = {"name": "pan", "age": 18, "height": 180}
del_data1 = my_dict.pop("age")
print(del_data1, my_dict)  # 输出：18 {'name': 'pan', 'height':
180}
del_data2 = my_dict.pop("gender", "不存在的元素")
print(del_data2, my_dict)  # 输出：不存在的元素 {'name': 'pan',
'height': 180}
my_dict.pop("phone")  # 报错：KeyError: 'phone'
```

与列表的 clear() 方法类似，如果你想清空一个字典，或者说删除字典的所有项，可以使用 dict 对象提供的 clear() 方法，代码如下：

```
my_dict = {"name": "pan", "age": 18, "height": 180}
my_dict.clear()
print(my_dict)  # 输出：{}
```

2.6 集合

字典类型存储的是键值对数据，还有一种容器类型是只存储键而不存储值的，这种类型就是集合。学了字典之后就应该可以猜到，集合也是用花括号表示，集合的元素之间用半角逗号分隔，集合的元素不能重复且无序，所以如果要存储的数据是不能重复且无关顺序的话果断选择集合。其实 Python 的集合与数学课本上的集合是类似的，也存在交集、并集、补集等操作。

2.6.1 新建集合

集合即 set，新建一个空集合的时候可以通过“set()”实现，虽然集合也用花括号表示，但不能使用“{}”定义空集合，因为“{}”已经表示空字典了。代码如下：

```
my_set1 = set()
my_set2 = {12, 12, True, "12"}
print(type(my_set1), my_set1)  # 输出：<class 'set'> set()
print(type(my_set2), my_set2)  # 输出：<class 'set'> {True, 12,
'12'}
```

从上面的代码可以看到，即使定义 my_set2 的时候使用了重复的整型元素 12，但最后打印集合的时候只有一个 12，说明集合已经自动丢弃了重复元素，所以如果你有给列表去重的需求，可以按照下面的方法将列表强转成集合，再强转回列表，只是顺序会乱了。代码如下：

```
fruit_list = ["桃子", "西瓜", "香蕉", "哈密瓜", "哈密瓜", "西瓜"]
temp_set = set(fruit_list)
fruit_list = list(temp_set)
print(fruit_list)  # 输出：['西瓜', '桃子', '香蕉', '哈密瓜']
```

2.6.2 交差并补

多个集合之间有交集、差集、并集、补集等操作，不知道你还记不记得数学课上学过的集合操作，我猜你可能有点忘了，我简单帮你回忆一下。假设有两个集合A、B，交集是指A、B都有的元素；A-B的差集是A有但B没有的元素，B-A的差集就反过来；并集是指A、B包含的全部元素；补集就是差集，但A、B存在包含关系。下面我们用my_set1、my_set2两个集合演示，其中my_set1包含了my_set2（数学上表述为my_set2包含于my_set1），代码如下：

```
my_set1 = {1, 2, 3, 4, 5}
my_set2 = {2, 3, 4}
# 交集
my_set3 = my_set1 & my_set2
print(type(my_set3), my_set3)  # 输出：<class 'set'> {2, 3, 4}
# 差集
print(my_set1 - my_set2)  # 输出：{1, 5}
# 并集
print(my_set1 | my_set2)  # 输出：{1, 2, 3, 4, 5}
# 补集
print(my_set2 ^ my_set1)  # 输出：{1, 5}
# my_set1是否包含my_set2
print(my_set1 >= my_set2)  # 输出：True
# my_set2是否my_set1的子集
print(my_set2 <= my_set1)  # 输出：True
```

上面的写法是我比较推荐的，因为比较容易记住，但set对象也提供了intersection()、difference()、union()方法分别表示交、差、并操作，代码如下：

```
my_set1 = {1, 2, 3, 4, 5}
my_set2 = {2, 3, 4}
# 交集
my_set3 = my_set2.intersection(my_set2)
print(type(my_set3), my_set3)  # 输出：<class 'set'> {2, 3, 4}
# 差集
print(my_set1.difference(my_set2))  # 输出：{1, 5}
# 并集
print(my_set1.union(my_set2))  # 输出：{1, 2, 3, 4, 5}
# my_set2是否my_set1的子集
print(my_set2.issubset(my_set1))  # 输出：True
```

2.6.3 增加集合元素

交、差、并、补是集合之间的操作，如果想对一个集合的元素进行操作，set 对象也提供了相关的方法。首先是增加元素，如果想每次只增加一个元素，可以使用 set 对象的 add() 方法，如果想一次增加多个元素，可以使用 set 对象的 update() 方法，传入一个容器即可，注意因为集合的元素不能重复，所以重复添加元素是无效的，代码如下：

```
my_set = set()
my_set.add("西瓜")
my_set.add("西瓜")
my_set.add("桃子")
my_set.update(["西瓜", "哈密瓜"])
print(my_set)  # 输出：{'桃子', '哈密瓜', '西瓜'}
```

2.6.4 删除集合元素

字典有一个 pop() 方法可以删除指定的键对应的元素，集合也有 pop()，但集合的 pop() 只能随机删除一个元素，且当集合为空的时候会报错，代码如下：

```
my_dict = {'桃子', '哈密瓜', '西瓜'}
del_data = my_dict.pop()
print(del_data)  # 输出：西瓜
print(my_dict)  # 输出：{'哈密瓜', '桃子'}
my_dict.pop()
my_dict.pop()
my_dict.pop()  # 报错：KeyError: 'pop from an empty set'
```

如果你想删除指定的元素，可以使用 set 对象的 remove() 方法或者 discard() 方法，两者的区别是，当传入的元素不存在时，remove() 方法会报错，discard() 方法则不会报错，所以大多数情况还是推荐使用 discard()，代码如下：

```
my_dict = {'桃子', '哈密瓜', '西瓜'}
my_dict.discard("桃子")
my_dict.discard("龙眼")
print(my_dict)  # 输出：{'哈密瓜', '西瓜'}
my_dict.remove("西瓜")
print(my_dict)  # 输出：{'哈密瓜'}
my_dict.remove("龙眼")  # 报错：KeyError: '龙眼'
```

与列表、字典一样，如果你想清空整个集合，可以使用 set 对象的 clear() 方法，代码如下：

```
my_dict = {'桃子', '哈密瓜', '西瓜'}
my_dict.clear()
print(my_dict)  # 输出：set()
```

2.7　None 类型

前面我们有提到 None 这种类型，在 Python 中 None 表示没有数据。新手一定要注意，其他类型的空数据，比如说空字符串、空列表、空字典、数字类型的 0 等，都不是 None，虽然某种角度来说它们都可以表示没有数据，但 0 是整型，空字符串还是字符串，空列表也还是一个列表，你可以把 None 看成是一种特殊的数据类型，虽然这种数据类型只有它本身一个值。None 出现最多的情况是，当一个方法或函数执行完没有返回值的时候，就默认返回 None。再举一个例子，如果程序里需要一个变量，没有这个变量程序会报错，但你又不确定目前它应该是什么值，可以先赋值为 None，代码如下：

```
name = None
print(f"my name is {name}")  # 输出：my name is None
name = "pan"
print(f"my name is {name}")  # 输出：my name is pan
```

2.8　可变类型与拷贝

2.8.1　可变类型和不可变类型

到目前为止我们已经把 Python 的六大数据类型都学完了，如果我们把这些类型进一步划分，可以分为可变类型和不可变类型。不可变类型就是一旦在内存里生成了就不再可以改变，比如说整型、浮点型、字符串、布尔型、元组都是不可变类型；可变类型就是后期可以随意改变的类型，比如说列表、字典、集合。判断数据是否可变，用我们的老朋友 id() 函数看一下它们的内存地址是否一样就知道了。先看不可变类型，代码如下：

```
my_age = 18
your_age = 18
her_name = 18
print(id(my_age), id(your_age), id(her_name))
```

```
# 输出：1932505606992 1932505606992 1932505606992

your_name = my_name = "pan"
print(id(your_name), your_name)  # 输出：2679339847216 pan
print(id(my_name), my_name)  # 输出：2679339847216 pan
her_name = my_name.replace("p", "P")
print(id(my_name), my_name)  # 输出：2679339847216 pan
print(id(her_name), her_name)  # 输出：2679339878704 Pan
```

可以看到不可变类型一旦在内存里生成了，不管引用多少次都是同一个 id，即引用的都是同一个数据。拿字符串来说，如果拼接了字符串或替换了字符串，得到字符串的 id 与原来的不同了，即不是改变了原字符串，而是在内存中生成了一个新的字符串。

再来看一下可变类型的情况，我们拿列表来举例，改变列表元素看是否会改变列表的内存地址，代码如下：

```
fruit_list = ["菠萝", "香蕉", "哈密瓜"]
print(id(fruit_list))  # 输出：2679674978496
fruit_list[1] = "水蜜桃"
print(fruit_list) # 输出：['菠萝', '水蜜桃', '哈密瓜']
print(id(fruit_list))  # 输出：2679674978496
```

从代码可以看出，改变列表元素是不会改变列表的内存地址的，这不就跟不可变类型一样了吗？先别着急下定论，如果我们把一个列表赋值给多个变量就可以看出区别了，代码如下：

```
fruit1 = ["菠萝", "香蕉"]
fruit2 = fruit1
print(id(fruit1), fruit1)  # 输出：1648575529152 ['菠萝', '香蕉']
print(id(fruit2), fruit2)  # 输出：1648575529152 ['菠萝', '香蕉']
fruit1[0] = "水蜜桃"
print(id(fruit1), fruit1)  # 输出：1648575529152 ['水蜜桃', '香蕉']
print(id(fruit2), fruit2)  # 输出：1648575529152 ['水蜜桃', '香蕉']
```

这回应该可以看出区别了吧？把变量 fruit1 的值赋值给 friut2，那么 fruit2 就和 fruit1 一样了，后面我改变了 fruit1，但 fruit2 也一同发生改变了，所以对于可变类型，如果你想初始化两个相同的变量，不能直接把一个变量赋值给另一个变量，如果你知道初始值是什么的话，可以分别赋值，这样就会在内存里创建两个独立的变量了，它们的 id 地址自然是不同的，代码如下：

```
fruit1 = ["菠萝", "香蕉"]
fruit2 = ["菠萝", "香蕉"]
print(id(fruit1), fruit1)  # 输出：1302554951872 ['菠萝', '香蕉']
print(id(fruit2), fruit2)  # 输出：1302555381888 ['菠萝', '香蕉']
fruit1[0] = "水蜜桃"
print(id(fruit1), fruit1)  # 输出：1302554951872 ['水蜜桃', '香蕉']
print(id(fruit2), fruit2)  # 输出：1302555381888 ['菠萝', '香蕉']
```

2.8.2　浅拷贝与深拷贝

如果想初始化两个相同的可变类型的变量，上面的方法是分别赋值，但更多情况是不能把代码直接写死的，比如说你根本就不知道初始值是多少，又不能在变量之间直接赋值，还有其他方法吗？答案是肯定的。Python 提供了一个 copy 模块用于拷贝对象，“拷贝”是单词“copy”的音译，就是“复制”的意思，在使用 copy 模块之前需要先使用“import”关键字把该模块导入进来，关于什么是模块我们会在后面讲到，目前先记住写法。copy 模块里有 copy() 和 deepcopy() 两个方法分别表示浅拷贝和深拷贝，先来看一下浅拷贝，代码如下：

```
import copy

fruit1 = ["菠萝", "香蕉"]
fruit2 = copy.copy(fruit1)
print(id(fruit1), fruit1)  # 输出：1963184144960 ['菠萝', '香蕉']
print(id(fruit2), fruit2)  # 输出：1963184162176 ['菠萝', '香蕉']
fruit1[0] = "水蜜桃"
print(id(fruit1), fruit1)  # 输出：1963184144960 ['水蜜桃', '香蕉']
print(id(fruit2), fruit2)  # 输出：1963184162176 ['菠萝', '香蕉']
```

从上面的代码可以看出，即使我们不知道列表 fruit1 的值是多少，依旧可以使用 copy() 方法把 fruit1 的值复制一份给 fruit2，这样得到的 fruit1 和 fruit2 就是两份互不干扰的独立的数据了，那么它们是真的互不干扰吗？来看一下下面这种情况：

```
import copy

fruit1 = ["菠萝", ["手机", "电脑"]]
fruit2 = copy.copy(fruit1)
print(id(fruit1), fruit1)  # 输出：2033607511296 ['菠萝', ['手机',
'电脑']]
print(id(fruit2), fruit2)  # 输出：2033604892352 ['菠萝', ['手机',
```

```
'电脑']]
fruit1[1][0] = "平板"
print(id(fruit1), fruit1)  # 输出：2033607511296 ['菠萝', ['平板',
'电脑']]
print(id(fruit2), fruit2)  # 输出：2033604892352 ['菠萝', ['平板',
'电脑']]
```

从上面的代码中可以发现一个诡异的现象，从 id 地址可以知道经过 copy() 之后 fruit1 和 fruit2 明明是两个不同的变量，但我修改 fruit1 的元素之后 fruit2 也发生改变了，这就是我们接下来要学习的 copy 和 deepcopy 的区别了。copy() 方法只是进行了浅拷贝，意味着它只是拷贝一层，但如果该可变类型里还嵌套着其他可变类型它就不会继续拷贝了，拿列表 fruit1 来说，copy() 操作并不会复制 [“手机”,“电脑”] 这个列表，为了方便描述，暂且把 [“手机”,“电脑”] 这个列表称为“设备列表”，即得到的 fruit2 中的设备列表依然是 fruit1 中的设备列表，这也就解释得通为什么改变 fruit1 的设备列表而 fruit2 中的设备列表也发生改变了。所以，我们要怎么对待多层可变变量呢？当然是使用深拷贝啦，只要是可变变量，不管多少层，深拷贝都会全部复制为独立的变量存在内存中，那么该问题就可以使用 deepcopy() 解决了，代码如下：

```
import copy

fruit1 = ["菠萝", ["手机", "电脑"]]
fruit2 = copy.deepcopy(fruit1)
print(id(fruit1), fruit1)  # 输出：1789256467584 ['菠萝', ['手机',
'电脑']]
print(id(fruit2), fruit2)  # 输出：1789256469760 ['菠萝', ['手机',
'电脑']]
fruit1[1][0] = "平板"
print(id(fruit1), fruit1)  # 输出：1789256467584 ['菠萝', ['平板',
'电脑']]
print(id(fruit2), fruit2)  # 输出：1789256469760 ['菠萝', ['手机',
'电脑']]
```

Python 的浅拷贝和深拷贝都是针对可变类型的，对于不可变类型是永远都不会进行复制的，因为不可变的数据没有必要存在多份，不然只会消耗内存。至于可变类型，深拷贝虽然做到数据独立，但也会占用更多的内存，所以是否需要深拷贝取决于你的业务需求。

2.9 公共方法

我们已经把 Python 的基础数据类型学完了，我们再来回顾一下。首先是数字类型、布尔类型、None，这些都没什么好记的。然后是容器类型：字符串是用引号表示，是有序的不可变类型；列表是用中括号表示的有序可变类型；元组是用圆括号表示的有序不可变类型；再接下来是用花括号表示的存储键值对的字典，以及花括号里只存了键的集合，字典、集合都是无序的可变类型，所以我们学的东西不多啊，都很简单对吧？另外这些对象都有自己的操作方法，而且很多都是同名的，但参数可能会不一样，我给大家简单总结了一下我们学过的各种对象方法，注意，下面的表 2-2 仅供参考，并非全部，更多的方法或函数需要大家自己去探索。

表 2-2　Python 常用函数和方法

函数或方法	说明	对象
type()	返回数据类型	任何 Python 对象
len()	返回容器长度	字符串、列表、字典等容器类型
max()、min()	返回最大值、最小值	容器类型且元素全为数字或字符串
id()	返回内存地址	任何 Python 对象
ord()、chr()	返回对应的 ASCII、字符	字符或范围为 0~128 的整数
str()、int()、float()	定义或强转成 str、int、float	相似的不同类型数据
dict()、list()、tuple()、set()	定义或强转成 dict、list、tuple、set	相似的不同类型数据
append()	添加元素到列表末尾	list
insert()	在某个位置插入新元素	list
extend()	合并一个列表	list
reverse()	反向排序列表的元素	list
sort()	对列表元素排序	list
count()	统计某个元素出现的次数	list、tuple
index()	返回某个元素的下标	list、tuple
remove()	删除第一个匹配元素	list、set
get()	根据键取值	dict
clear()	删除容器的所有元素	list、dict、set
copy()	浅拷贝	list、dict、set
pop()	删除某个元素并且返回	list、dict、set
keys()、values()、items()	返回字典的键、值、键值对	dict
update()	更新或新增元素	dict、set
add()	新增一个元素	set

2.10　运算符

运算符就是用来运算的符号，数学上的加减乘除符号也是运算符，不过那属于算术运算符，Python 的运算符有多种，大家不要着急，我们分别学习一下。

2.10.1 算术运算符

之前我们已经接触过算术运算符了，主要是用于数字类型数据之间的计算，我们这里再总结一下，如表 2-3 所示。

表 2-3 算术运算符

运算符	说明	举例
+	加法操作	1+2 的值为 3
-	减法操作	5-3 的值为 2
*	乘法操作	2×3 的值为 6
/	除法操作	6/2 的值为 3.0
**	幂操作	2^3 的值为 8
//	整除操作	5//2 的值为 2
%	取余操作	8%3 的值为 2

代码演示如下：

```
# 加法
print(1 + 2)  # 输出：3
# 减法
print(5 - 3)  # 输出：2
# 乘法
print(2 * 3)  # 输出：6
# 除法
print(6 / 2)  # 输出：3.0
# 幂，如 2 的三次 3，即 2*2*2
print(2 ** 3)  # 输出：8
# 整除，只取结果的整数部分
print(5 // 2)  # 输出：2
# 取余数，如 10 除以 3 得到 3 余 1
print(10 % 3)  # 输出：1
```

2.10.2 比较运算符

比较运算符主要用于比较大小，得到的结果是布尔类型，即比较结果为真返回 True，否则返回 False，比较运算符如表 2-4 所示。

表 2-4 比较运算符

运算符	说明	举例
>	大于	2>3 返回 False
<	小于	2<3 返回 True

续表

运算符	说明	举例
==	等于	2==2 返回 True
>=	大于或等于	2>=3 返回 False
<=	小于或等于	2<=3 返回 True
!=	不等于	2!=3 返回 True

代码演示如下：

```
a = 2
b = 3
print(a > b)  # 输出：False
print(b > a)  # 输出：True
print(a < b)  # 输出：True
print(b < a)  # 输出：False
print(a == b)  # 输出：False
print(a == 2)  # 输出：True
print(a >= b)  # 输出：False
print(a <= b)  # 输出：True
print(a != b)  # 输出：True
```

需要注意，比较两个数是否相等要用两个等号“==”，因为一个等号已经用于表示赋值了，不等号的写法是“!=”（叹号是半角的），大于小于的写法应该不难记住。

2.10.3 赋值运算符

赋值运算符我们已经学了，就是“=”，作用是把等号右边的值赋值给左边的变量，而且该符号可以连续赋值，但是要注意可变类型带来的影响，代码如下：

```
a = b = c = 20
print(a, b, c)  # 输出：20 20 20
```

其实赋值运算符还可以与算术运算符搭配使用，比如说把一个变量 a 自身再加上 5，写法是“a = a + 5”，这个表达式的意思你能看懂吗？假设变量 a 的值是 2，等号右边的“a+5”得到的值是 7，然后再把 7 赋值给等号左边的变量 a，即 a 最后的值是 7，这就是自身加上 5 的意思。现在你还可以把“a=a+5”写成“a += 5”，在 Python 中这两种写法是完全等价的，但在其他某些语言后者执行效率更高，也推荐大家养成这种写法习惯吧。类似地，其他算术运算符也可以这么写，请参考表 2-5。

表 2-5 赋值运算符

运算符	说明	举例
=	赋值运算符	a = 2
+=	加法赋值运算符	a += 5，等价于 a = a + 5
-=	减法赋值运算符	a -= 2，等价于 a = a - 2
*=	乘法赋值运算符	a *= 2，等价于 a = a * 2
/=	除法赋值运算符	a /= 2，等价于 a = a / 2
%=	取余赋值运算符	b %= 3，等价于 b = b % 3
**=	幂赋值运算符	b **= 3，等价于 $b = b^3$
//=	整除赋值运算符	b //= 2，等价于 b = b // 2

代码演示如下：

```
a = 2
a += 5  # 等价于 a = a + 5
print(a)  # 输出：7
a -= 2
print(a)  # 输出：5
a *= 2
print(a)  # 输出：10
a /= 2
print(a)  # 输出：5.0

b = 5
b %= 3
print(b)  # 输出：2
b **= 3
print(b)  # 输出：8
```

2.10.4 逻辑运算符

逻辑运算符只有 and（与）、or（或）、not（非）三种，用于连接一个或多个条件，最后返回的结果是布尔值，需要注意的是，比较运算符的优先级高于逻辑运算符，如表 2-6 所示。

表 2-6 逻辑运算符

运算符	说明	举例
and	逻辑与，前后条件都成立返回 True，返回 False	1 < 2 and 2 < 3 的结果为 True
or	逻辑或，任意一个条件成立则返回 True，所有条件都不成立返回 False	1 > 2 or 2 < 3 的结果为 True
not	对结果取反	not 1 > 2 的结果为 True

使用代码演示如下，如果不太懂的话可以跟着练习一遍，熟能生巧：

```
a = 2
b = 3
# 1<a 为 True，2<b 为 True，a<=b 为 True，最后结果为 True
res1 = 1 < a and 2 < b and a <= b
print(res1)  # 输出：True
# 1<a 为 True，b>=2 为 True，2>b 为 False，最后结果为 False
res2 = 1 < a and b >= 2 and 2 > b
print(res2)  # 输出：False
# 1>a 为 False，b<=3 为 True，最后结果为 True
print(1 > a or b <= 3)
# 1>a 为 False， a>3 为 False，最后结果为 False
print(1 > a or a > 3)
# a>=2 为 True，最后结果为 False
print(not a >= 2)  # 输出：False
```

逻辑运算符还是很简单的，就记住“and”要所有条件都成立才返回 True，只要有一个条件不成立就返回 False；“or”则反过来，只要任意一个条件成立就返回 True，全都不成立就只能返回 False 了；not 根本就不用记，直接对结果进行取反，把 True 改为 False，把 False 改为 True 就行了。其实与或非运算符又分为逻辑运算符和位运算符，因为位运算符有点难，而且基本上是用不着的，所以为了不磨灭大家仅存的希望之火，我这里就不写出来了，如果你对这一部分为内容感兴趣，可以自行搜一下相关资料，祝你好运。

2.10.5　成员运算符

不要担心，成员运算符也很简单，只有“in”和“not in”两种，作用是判断一个容器里有没有某个元素，不知道你还记不记得怎么判断一个列表里是否有某个元素，不记得的话赶快返回去回忆一番，现在又增加了一种对容器通用的判断方法了，先看一下表 2-7 了解一下成员运算符的用法。

表 2-7　成员运算符

运算符	说明	举例
in	判断某个元素是否在容器里，在则返回 True，不在则返回 False	“a” in “abc” 返回 True
not in	判断某个元素是否不在容器里，不在则返回 True，在则返回 False	“d” not in “abc” 返回 True

代码演示如下：

```
my_str = "abc"
```

```
my_list = ["a", 2, True]
res1 = "a" in my_str
res2 = 3 in my_list
print(res1)  # 输出: True
print(res2)  # 输出: False
print("a" not in my_str)  # 输出: False
print(3 not in my_list)  # 输出: True
```

其实“in”运算符更多用在遍历可迭代对象，后面我们学到循环的时候就会用到了。

2.10.6 身份运算符

如果我问你怎么判断两个对象是否为同一个，你现在能答得出来吗？判断是否为同一个对象只要看它们的内存地址是否一样，若一样那就是同一个，否则就不是。我们可以通过 id() 函数获取内存地址，后来又学了比较运算符，那就一切都好说了，你可以这么写：

```
a = 2
b = 2
print(id(a), id(b))  # 输出: 1670474852688 1670474852688
print(id(a) == id(b))  # 输出: True

c = ["A"]
d = c.copy()  # 浅拷贝
print(id(c), id(d))  # 输出: 2236534948736 2236537778112
print(id(c) == id(d))  # False
```

上面的判断方法是不是很简单呢？我们一定要学会把学过的东西运用起来，编程就是要学会变通。

哦，差点忘了这一小节的重点是身份运算符了，身份运算符用于比较两个对象是否为同一个，只有“is”和“is not”两种，虽然我们上面的代码能达到同样的效果，但还是推荐身份运算符，这样更严谨一点，有关身份运算符的说明如表 2-8 所示。

表 2-8 身份运算符

运算符	说明	举例
is	是否同一个对象，是则返回 True，不是则返回 False	2 is 2 为 True
is not	是否不同对象，是则返回 True，不是则返回 False	2 is not 3 为 True

将我们就可以上面的写法换成身份运算符了，代码如下：

```
a = 2
b = 2
```

```
print(a is b)  # 输出：True
c = ["A"]
d = c.copy()
print(c == d)  # True
print(c is d)  # False
```

注意“is”和“==”是不一样的，前者判断两个变量引用的对象是否为同一个（即内存地址是否相同），后者只是判断两个变量的值是否相等，所以在比较列表c和列表d的时候用“==”返回的是True。

2.11　遍历

遍历这个词语看起来很厉害，其实意思很简单，就是依次访问容器里的每一个元素，比如说有一个列表[66,77,88]，遍历该列表就是依次访问列表里的66、77、88，访问完了即遍历结束。对于可迭代对象都可以进行遍历，那么什么是可迭代对象？我们会在类与对象的时候学习可迭代对象，目前你先记住我们现在接触到的容器类型都是可迭代对象，包括字符串、列表、元组、字典、集合。我们前面学到的成员运算符“in”就可以用来遍历，代码如下：

```
my_list = [66, 77, 88]
for x in my_list:
    print(x)
    print("本次循环结束")

# 输出：
# 66
# 本次循环结束
# 77
# 本次循环结束
# 88
# 本次循环结束
```

上面的代码运行之后会依次打印出列表my_list的每一个元素，说明完成了遍历。在遍历的过程，每访问一个元素都会把该元素赋值给一个临时变量x，然后再执行一下打印函数，所以列表里有三个元素，就依次执行了六次print。当然我这里将临时变量取名为“x”，但这个变量名你可以随意写，只要符合变量的命名规则。我们来看一下遍历的写法“for x in my_list:”，后面需要一个半角冒号，然后下面写每次循环要执行的代码，我们把这些代码称为循环体。要注意，Python是一门缩进式的语言，循环体必须统一缩进一定数量的空格，根据 PEP8 的规范，应该缩进四个空格（不能用 Table 制表符表示空格），如果不统一缩进空格数量，程序是会报错的。当然，如果用的是 Pycharm 等比较智能的 IDE，当你输入完冒号之后按下回车键它会自动帮你缩进，这样我们就可以只关注代码逻辑而不用耗费精力去数到底缩进了几个空格了。

如果希望在遍历的时候顺便获取当前遍历的元素对应的索引，可以使用 enumerate() 把可迭代对象强转成 enumerate 类型再进行遍历，每次遍历都会返回下标和元素，我这里分别用 i 和 x 去表示下标和元素，两个变量之间要用半角逗号分隔，代码如下：

```
my_list = [66, 77, 88]
for i, x in enumerate(my_list):
    print(f"当前索引是{i}")
    print(f"当前元素是{x}")
    print(f"当前元素乘以2之后是{x * 2}")
print(my_list)

# 输出:
# 当前索引是0
# 当前元素是66
# 当前元素乘以2之后是132
# 当前索引是1
# 当前元素是77
# 当前元素乘以2之后是154
# 当前索引是2
# 当前元素是88
# 当前元素乘以2之后是176
# [66, 77, 88]
```

遍历可迭代对象可以获取每一个元素，至于获取元素之后要怎么处理元素就看你的业务需求了，比如说上面的代码是把它乘以 2，要注意，这种处理并不会改变可迭代对象的原有元素，而是返回了一个处理过后的新的数据。

2.12 推导式

推导式是 Python 的特产，作用是通过遍历一个可迭代对象生成一个新的列表、字典、集合。假设有一个列表，我们要把该列表的每一个元素都乘以 2 然后组成一个新的列表，我觉得你应该有实现思路了，你不妨先自己思考一下怎么写这个代码，思考完了再看一下我的代码：

```
my_list = [66, 77, 88]
```

```
new_list = list()
for data in my_list:
    new_list.append(data * 2)
print(new_list)  # 输出：[132, 154, 176]
```

代码很简单对吧，已经学过遍历了，这种问题不就可以轻轻松松解决了吗？我们可以新建一个新的空列表，然后遍历旧列表，把旧列表的每一个元素都乘以 2 再把得到的值 append 到新列表就可以了。但是 Python 有一个特点是优雅，循环操作和生成列表完全可以放在一行代码上完成，可以改成下面的写法：

```
my_list = [66, 77, 88]
new_list = [data * 2 for data in my_list]
print(new_list)  # 输出：[132, 154, 176]
```

不知道你看懂没有，首先 new_list 用中括号表示，所以 new_list 是一个列表，列表里用 for、in 关键字遍历 my_list，把每个元素赋值给变量 data，再把 data 乘以 2 当成是 new_list 的元素，如果把“data * 2”改为“data”，生成的 new_list 的元素就会与 my_list 的元素一模一样。

根据这种优雅的方式生成的是列表，所以称为列表推导式，如果生成的是字典，就是字典推导式了，代码如下：

```
my_list = [66, 77, 88]
my_dict = {key * 2: f"value{key * 2}" for key in my_list}
print(my_dict)  # 输出：{132: 'value132', 154: 'value154', 176: 'value176'}
```

上面的字典推导式是把列表 my_list 的元素乘以 2 当作字典的键，然后拼接一个字符串当成字典的值，也可以多做些尝试，去体验一下推导式的强大。既然字典有推导式，那么只保存键的集合自然也是有对应的集合推导式的，代码如下：

```
my_list = [66, 77, 88]
my_dict = {key * 2 for key in my_list}
print(my_dict)  # 输出：{176, 154, 132}
```

列表、字典、集合都有推导式，猜一下与列表很像的元组有没有推导式，答案是否定的，并没有元组推导式。如果按照上面的写法依葫芦画瓢，得到的是一个生成器对象（generator），生成器是 Python 三大器之一，但我并不打算具体讲解，你只需要知道生成器也是可迭代对象，可以用来遍历即可。代码如下：

```
my_list = [66, 77, 88]
my_generator = (key * 2 for key in my_list)
print(my_generator)
for x in my_generator:
    print(x)
# 输出:
# <generator object <genexpr> at 0x0000026BB353CC10>
# 132
# 154
# 176
```

第3章　函数

说到函数，其实我们在数学课上也学过函数，不过编程语言中的函数与数学的函数完全不是一回事。简单来说，编程语言的函数就是把一些代码抽出来当成一个整体执行。举个生活中的例子，你去一家小吃店吃饭，你花15块钱可以吃到一碗螺蛳粉，花25块钱可以吃到一碗黄焖鸡，50块钱可以吃到金拱门，你要做的是把钱给小吃店，厨师会帮你做好，至于厨师怎么做你无须关心，你只关心给了多少钱和最后吃到了什么。厨师做饭的过程就像是函数，做饭的过程可能很复杂，包括洗菜、调料、腌制、焯水等步骤，但我们把这些复杂的过程都当成"做饭"这一件事，什么时候给钱就什么时候做饭，并且给不同的钱就做不同的饭。函数也是一样的，把实现某个功能的代码放在一起，什么时候要实现这个功能就什么时候调用一下这个函数就行，无须重新开始一步一步实现，这样做最大的好处是可以不用写重复的代码，即达到代码复用的效果。

3.1　三大基本结构

我们可能需要写很多代码才能实现一个函数的功能，这些代码的执行过程很重要，不只是从上往下一行一行执行这么简单，还有条件判断、循环等执行方式，所以如果你要想让程序按照你的想法完成业务，必须要掌握编程语言的三大基本结构。

3.1.1　顺序结构

我想大家都知道顺序执行的结构，就是让代码从上往下逐行执行，直到执行完最后一行，程序就终止了，如果中途遇到报错了就会导致程序终止，后面未执行到的代码不再被执行。对，顺序结构的内容我们已经学完了。我还需要补充的是，Python是一门严格控制缩进的语言，正常情况下的顺序结构中不能随意缩进，不信的话在第一行加一个空格看一下程序能不能正常执行。

3.1.2　选择结构

每个人一生中都会遇到各种选择，有些选择无关紧要，有些选择可能让人追悔莫及，想当年我……扯远了。Python也有选择语句，我们把它叫作分支，就是让程序判断不同的条件进入不同的分支去执行不同的代码块，Python中使用if关键字控制是否执行分支，if后面加一个空格，然后跟上一个表达式，我们称为条件表达式，该条件表达式的最终值是True或False，如果条件表达式成立，或者说条件表达式的结果为True，就会执行if分支，结果为False则跳过if分支。举一个例子，我们让用户输入一个分数，取值范围限制在0~100，代码如下：

```
score = input("请输入你考了多少分：")
score = int(score)
print(f"你输入的分数是{score}分")  # 输出：你输入的分数是120分
if score > 100:
    print("执行了score>100分支")
    score = 100
print(f"当前分数是{score}分")  # 输出：当前分数是100分
if score < 0:
    print("执行了score<0分支")
    score = 0
print(f"当前分数是{score}分")  # 输出：当前分数是100分
```

注意，调用input()函数得到的是一个字符串类型，我们要把它转换成整型方便后期参与比较运算。假设用户输入的是120，则第一个if后面的表达式“score>100”的结果是True，就会执行该if下面的分支，即执行“score=100”这行代码，执行完第一个分支之后程序继续往下执行，很快就遇到第二个if，我们知道100不可能小于0，所以表达式“score<0”的结果是False，则不会执行第二个分支里的代码，即跳过执行“score=0”，继续往下执行print语句，最后结束程序。所以说if条件分支很简单，重点是if后面的条件表达式，它决定了是否要执行下面的代码块，所以大家写代码的时候一定要确认条件表达式是否写对。另外，注意分支里的代码要统一缩进，根据PEP8编程规范，一般统一缩进4个空格。

上面的if关键字只能让程序执行满足条件的分支，如果想让程序在不满足条件的情况下也执行某些代码，我们可以用else关键字控制，看一下代码：

```
score = input("请输入你考了多少分：")
score = int(score)
print(f"你输入的分数是{score}分")  # 输出：你输入的分数是120分
if 0 <= score <= 100:
    print(f"你的分数是{score}")
else:
    print("你输入的分数有误")  # 输出：你输入的分数有误
```

假设用户输入的也是120，执行到if的时候，表达式“0<=score=<100”的意思是score的值既要大于等于0又要小于等于100，也可以写成“0<=score and score<=100”，当score为120时，该表达式结果是False，所以程序不会执行if下面的代码块，而是会执行else下面的代码块。if和else可以把事情一分为二，但很多事情并不是非黑即白，可能会有很多种情况，举个经典例子，学校需要根据考试分数进行等级评分，代码如下：

```
score = input("请输入你考了多少分：")
```

```
score = int(score)
if score >= 90:
    print("优秀")
elif 80 <= score < 90:
    print("良好")
elif 70 <= score < 80:
    print("还行")
elif 60 <= score < 70:
    print("勉强吧")
else:
    print("太差了")
```

从上面的代码可以看到，if 和 else 之间还可以使用 elif 处理其他分支，elif 是 else、if 两个单词的合写。代码从上往下执行，如果 if 的条件表达式不为 True 则依次判断下面的 elif 表达式，假设每个 elif 的表达式全都不为 True，则最后执行 else 分支的代码。但是如果 if 或 elif 的任何一个表达式为 True，就会执行对应的代码块，其他的条件判断不再执行，即使后面还有为 True 的表达式。比如说，如果你输入的 score 的值是 90，第一个表达式“score>=90”为 True，会打印出“优秀”，不管后面的 elif 和 else 代码表达式是否为 True，后面的代码都不会再执行；如果你输入的 score 是 75，if 和第一个 elif 表达式都为 False，不进入对应的分支，执行到“elif 70<=score<80”的时候条件成立，会打印“还行”，不管第三个 elif 和最后一个 else 条件是否成立，后面的代码都不会再处理了。你可以再想一下，假设 Python 只有 if 和 else 但没有 elif 关键字，是否还可以进行多条件处理？我告诉你答案是“可以”，至于怎么实现，你可以根据已学的知识点思考一下。

我们之前学 True 和 False 这两个布尔值的时候，没有举例其用法，后来又学了比较运算符，运算结果就是布尔值，现在它们可以搭配 if 进行分支处理了，这就是它们的主要用法。不过还需要补充的是，条件表达式是可以进行隐式转换的，即当一个类型的值为空或者为 0 则表达式的值当 False 处理，不为空则当 True 处理，所以，如果条件表达式是 None、0、空字符串、空列表、空字典、空元组、空集合等，if 分支不会被执行，代码如下：

```
my_list = [1, 2, 3]
if my_list:
    print("列表里有值", my_list)
my_list.clear()
if not my_list:
    print("现在列表是空的", my_list)

# 输出:
# 列表里有值 [1, 2, 3]
# 现在列表是空的 []
```

既然我们学了 if 关键字，不妨回过头去结合推导式完善知识点，你不会听到“推导式”三个字的时候脑袋闪过三个问号吧？我这里以列表推导式为例，给大家演示从一个列表中过滤出所有的偶数，代码如下：

```
my_list = [2, 3, 66, 5, 33, 22, 69]
new_list = [i for i in my_list if i % 2 == 0]
print(new_list)  # 输出：[2, 66, 22]
```

上面的写法不通过推导式也可以写出来，这点大家应该没有忘记吧，我们在学习推导式的时候有举过例子的，只不过更推荐推导式的写法，因为推导式可以充分发挥出 Python 简洁优雅的特点。为了让大家更能体验到 Python 的优雅，我这里再补充一个知识点，Python 的 if 和 else 是可以写在一行的，我们称之为三目运算，代码如下：

```
password = input("请输入密码：")
print("你输入的密码是：", password)
result = "密码正确" if password == "12345" else "密码错误"
print(result)
# 输出：
# 请输入密码：666
# 你输入的密码是： 666
# 密码错误
```

上面的代码很简单，就是给变量 result 赋值，而 result 的值取决于 if 后面的条件表达式，如果表达式为 True，则 result 取 if 前面的“密码正确”，如果表达式的值为 False，则 result 取 else 后面的“密码错误”，所以不管你输入了什么，result 的结果只能是“密码正确”或“密码错误”这两种。

3.1.3 循环结构

循环的意思是一遍又一遍地重复处理，如果你每天都是三点一线的生活，你会不会感觉很枯燥？如果你的回答是肯定的，那我建议你出去走走，去爬山观海或游泳健身，反正是去尝试体验不一样的生活，停，回来，拿起书，先把今天的学习任务完成再去。虽然人在重复地做一件事情的时候会感觉累会厌烦，但计算机不会，只要它没有收到结束循环的指令，它会一直重复下去，直到海枯石烂。

Python 提供了 while 关键字控制循环，while 后面跟上条件表达式，只要表达式的结果为 True 就会执行循环体（注意循环体要统一缩进），否则结束循环，比如说我们让它执行死循环，代码如下：

```
while True:
    print(" 不断循环中 ... ")
```

如果运行上面的代码，它就会一直打印“不断循环中 ...”，因为while后面的条件永远是True，所以只要不断电它就会一直循环永远不会停止，如果用Pycharm运行代码，请手动单击右上角的红色按键终止程序，如果用终端运行，请按一下键盘上的Ctrl+C快捷键终止程序。死循环就像是一种假死状态，所以更多时候我们要控制它什么时候结束循环，比如说我们只让它执行100遍，代码如下：

```
i = 0
while i < 100:
    print(f" 当前执行到第 {i} 遍 ")
    i += 1
```

我们定义一个整型变量i用于计数，只要i小于100则表达式i<100结果为True，程序就会执行循环体的代码，但每次循环都要让i加上1，所以整个过程i的取值是0~99，一共100个，即循环100次，如果你不改变i的值，i<100永远为True，程序就是死循环了。但这种写法需要定义一个变量，而且还不能忘了改变该变量的值，不够符合Python优雅的特点。如果有一个容器可以不用定义就可以使用，该有多方便啊，确实，Python早就猜到了你的小心思，提供一个range类型，你只要传入一个整型长度就可以使用range容器了，注意range是左闭右开的，假设你传入的长度是n，得到range容器的元素是0~n-1。将range容器与for…in语句结合使用，上面那么多行代码，你只要写成两行即可达到同样的效果：

```
for i in range(100):
    print(f" 当前执行到第 {i} 遍 ")
```

不管使用哪种循环方式，都是让程序从头到尾执行循环体，如果代码在执行过程中需要中途退出怎么办？可以使用break关键字结束循环，代码如下：

```
import random

for i in range(10):
    rand_int = random.randint(0, 100)
    print(f" 当前执行到第 {i} 遍 , 随机数是 {rand_int}")
    if rand_int % 5 == 0:
        break
```

上面的例子用到了一个新的函数 randint()，你只要传入两个数，它就会随机返回一个处于两者之间的整数，比如说你传入的是 0 和 100，每调用一次该函数都会得到一个范围在 0~100 的随机整数，使用该函数之前要使用 import 关键字导入 random 模块，关于模块的概念我会在后期讲到，现在先记住就这么写。还需要注意，randint() 函数是左闭右闭的，就是说它返回的随机整数的可能值包括 0 和 100，以前我们接触到的都是左闭右开的原则，现在首次遇到左闭右闭的函数，请特别留个心眼，避免以后记混。

来解读一下上面的代码，我们让程序循环 10 遍，每次都生成一个 0~100 的随机整数，如果该随机整数是 5 的倍数，则用 break 关键字结束循环，比如说在执行第 3 遍循环的时候生成的随机整数 rand_int 是 75，则条件 rand_int % 5 == 0 成立，执行 if 下面的 break，整个循环已结束，剩余的 7 遍循环将不再被执行了。当在循环体里执行 break 之后会结束所有循环次数，但有时候我们可能只需要让它结束本次循环，剩余次数的循环要正常执行，这时候可以使用 continue 关键字，根据我的经验，很多同学都不理解 continue 和 break 的区别，为了让大家方便理解，我这里就举一个简单的例子：

```
for i in range(5):
    if i == 2:
        print(f"i 的值等于 2，break")
        break
    print(f" 当前执行到第 {i} 遍 ")
# 输出：
# 当前执行到第 0 遍
# 当前执行到第 1 遍
# i 的值等于 2，break
```

可以看到程序本来要循环 5 遍，每次循环的最后一行代码都打印“当前执行到第 {i} 遍”，但循环到第 3 遍的时候 i 的值为 2，执行 break，后面还有 2 遍循环不再被执行，也就不会打印“当前执行到第 X 遍”了。再来看一下使用 continue 关键字的效果：

```
for i in range(5):
    if i == 2:
        print(f"i 的值等于 2，continue")
        continue
    print(f" 当前执行到第 {i} 遍 ")
# 输出：
# 当前执行到第 0 遍
# 当前执行到第 1 遍
# i 的值等于 2，continue
# 当前执行到第 3 遍
# 当前执行到第 4 遍
```

程序一样循环 5 次，当循环到第 3 次的时候 i 的值为 2，if 表达式的结果为 True，会执行 continue，表示结束本次循环，即 continue 后面的代码不会被执行，也就是第 3 次循环不执行打印“当前执行到第 {i} 遍”这行代码，但是后面还有两次循环，即第 4 次和第 5 次循环，会接着执行。

总结一下，如果你想要结束整个循环可以使用 break，比如说你在某次循环拿到了想要的结果，后面的几次循环已经没有意义了，就可以使用 break 结束循环；如果只是想结束本次循环但后面的循环要继续进行，比如说你要读取 100 份文件进行数据处理，在某一次读到一个空的文件，本次循环后面数据处理的代码就没必要执行了，但剩余的文件还需要继续读取处理，这种场景就可以使用 continue。

编程语言的三大基础结构我们都已经学完了，巩固一下，我们来做一个猜数字的小游戏，让程序生成一个随机整数，然后循环让用户输入整数，比较用户输入的数和随机整数的大小，若用户输入不对则给出太大或太小的提示，用户只有 10 次机会，如果用户输入对了则给出成功提示并结束程序，若机会用完了还未猜对则打印失败提示并结束程序。你可以根据我们现在所学的知识点自己实现该游戏，应该没什么难度，实现方式有好几种，你看一下能想到几种。请记住，学习编程，自己进行思考和动手练习是很有必要的，建议你先自己写一下再参考以下的代码：

```
import random

random_num = random.randint(0, 100)
total_count = 10
is_correct = False
print("游戏开始了，你一共有 {} 次机会 ".format(total_count))
for i in range(total_count):
    user_num = input(f"还剩余 {total_count - i} 次机会，请猜测：")
    if not user_num.isdigit():
        print("请输入一个纯整数 ")
        continue
    user_num = int(user_num)
    if user_num > random_num:
        print(" 太大了 ")
    elif user_num < random_num:
        print(" 太小了 ")
    else:
        is_correct = True
        print("恭喜你猜对了！该数字是 {}".format(random_num))
        break
if not is_correct:
    print(f"很遗憾，{total_count} 次机会已用完！正确答案是 {random_num}")
```

以上代码中使用了 isdigit()，还记得这个方法吗？在讲字符串的时候有提过这个方法，用它可以判断一个字符串是否可以转换成 int 类型，它会返回一个布尔值，布尔值和 if 是黄金搭档。因为 input() 得到的输入值就是一个 str 类型，所以可以直接调用它的 isdigit() 方法判断用户是否输入了整数，如果不是，就使用 continue 跳过本次循环，但因此用户也会少了一次机会，如果你希望当用户输入了非数字不减少机会，就使用 while 循环吧，代码如下：

```
import random

random_num = random.randint(0, 100)
total_count = 10
left_count = total_count
is_correct = False
print("游戏开始了，你一共有 {} 次机会 ".format(total_count))
while left_count > 0:
    user_num = input(f"还剩余 {left_count} 次机会，请猜测：")
    if not user_num.isdigit():
        print("请输入一个纯整数 ")
        continue
    user_num = int(user_num)
    if user_num > random_num:
        print("太大了 ")
    elif user_num < random_num:
        print("太小了 ")
    else:
        is_correct = True
        print("恭喜你猜对了！该数字是 {}".format(random_num))
        break
    left_count -= 1
if not is_correct:
    print(f"很遗憾，{total_count} 次机会已用完！正确答案是 {random_num}")
```

特别提醒，循环的写法非常重要，因为后面我们要学到处理文件，基本上都要用到循环，比如说你需要一次性读取很多个文件，或者要读取或写入多个单元格的数据等，这些都是循环操作，所以务必要掌握好循环，至少要保证自己能独立写出上面的用 for 和 while 两种方式实现的猜数字游戏。

3.2 认识函数

其实函数与上面学的三大基本结构没有太大的关系，之所以要先学习三大基本结构，是因为得先学会用代码表达自己的业务逻辑才能写好代码，所以不管学不学函数都要学好三大基本结构，尤其是循环结构。

好的，现在我们可以开始学习函数了。前面说了，函数就是一些代码的封装集合，目的是方便重复调用，比如说我们上一小节写了一个猜数字小游戏的代码，如果程序中多次需要玩游戏，那是不是需要多次复制该小游戏的代码？如果以后游戏规则变了是不是也需要对每份复制出来的代码都一一修改？想想都觉得这么做太傻了，这时候函数的优点就出来了，我们把小游戏代码封装成一个函数，就是一份代码多处调用了，代码如下：

```
import random


def play_game():
    random_num = random.randint(0, 100)
    total_count = 10
    is_correct = False
    print("游戏开始了，你一共有{}次机会".format(total_count))
    …
    if not is_correct:
        print(f"很遗憾，{total_count}次机会已用完！正确答案是{random_
num}")


score = int(input("请输入你的考试分数："))
if score >= 90:
    print("优秀，你可以玩2次游戏")
    play_game()
    play_game()
elif score > 80:
    print("良好，你可以玩1次游戏")
    play_game()
else:
    print("评分等级不够，快去学习")
```

我们用 def 关键字定义函数，形式是“def 函数名 ():”，def 后面加一个空格，然后再写函数名，注意虽然函数名可以随便取，但要符合标识符的规则，如果忘了，回去变量命名那一节看看，函数名后面是半角圆括号和半角冒号，下面是函数体，我们这里是把猜数字游戏的代码原封不动当成函数体，注意函数体要统一缩进。

一般情况下一个函数是不会主动执行的，直到被调用。调用函数很简单，在函数名后面再加一个半角圆括号即可，比如说要调用我们封装好的 play_game 函数，写法是“play_game()”，你要执行几次就写几次，这种写法是不是很眼熟？是的，我们之前使用过的 print()、input()、id()、max()、len() 这些都是函数，但这种写法也不一定都是调用函数，也可能是实例化对象，我们先学完函数再讲对象。上面的例子是根据 score 的分数不同调用的次数不同，大于等于 90 分就先后调用两次，大于等于 80 分就只调用一次，这样显得代码非常简洁和灵活，完全不需要重复写几份玩游戏的代码。还需要注意，函数要先定义后调用，即定义函数的代码要写在调用函数之前，因为主程序代码是从上往下执行的。

知道了函数的好处之后我们再来认识一下函数，函数主要由函数名、参数、函数体、返回值这几个部分构成，大概长下面这样：

```
def 函数名 ( 参数 ):
    函数体
    return 返回值
```

函数名就不用多讲了，函数体就是要执行的代码，如果没有函数体那么这个函数也没什么意义了，至于参数和返回值可有可无，要看实际情况。

3.3 函数参数

我们调用过的函数也有好几个了，比如说自定义的 play_game()，或者系统内置的函数 max()、min()、len()、id()、randint() 等，有些不需要参数，有些需要 1 个或多个参数，这主要看定义函数的时候是否要求传入参数，如果定义函数的时候规定了需要参数且没有设置参数默认值，在调用的时候不给参数程序就会报错。我们来学习一下函数参数的使用。

3.3.1 形参与实参

形参就是在定义函数的时候括号里的那个形式参数，实参就是在调用函数的时候传入的那个真正存在的变量，所以参数本质上就是变量，不管形参还是实参都要遵循变量的命名规则。我们还是来看一下代码吧：

```
def handle_file(count, cost_time):
    print(f" 你要处理 {count} 份文件，预计需要 {cost_time} 分钟 ")


handle_count = 5
handle_file(handle_count, 30)
# 输出：
# 你要处理 5 份文件，预计需要 30 分钟
```

以上代码中定义了一个叫作handle_file的函数，它需要count、cost_time两个参数，但这两个参数的值是多少我们并不知道，只知道这两个参数分别叫count和cost_time，这种参数就是形参。再往后，要调用handle_file函数的时候，我们把变量handle_count和30传了进去，相当于执行函数的时候用变量handle_count替代了形参count，用30替换了形参cost_time，这种实际存在的变量handle_count、30就是实参。

传参数的时候，实参与形参的顺序一一对应，这种参数叫作位置参数，如果不想按位置传参，也可以使用关键字参数，关键字传参无关参数的先后顺序，只需要使用赋值号指定参数名，形式是"形参 = 实参"，代码如下：

```
def handle_file(count, cost_time):
    print(f"你要处理{count}份文件，预计需要{cost_time}分钟")


# handle_count = 5
# handle_file(handle_count, 30)
handle_count = 5
handle_file(cost_time=30, count=handle_count)

# 输出：
# 你要处理5份文件，预计需要30分钟
```

这里还需要指出，位置传参和关键字传参这两种方式是可以混用的，但位置传参优先，即若前面几个参数使用了位置传参，后面的可以再使用关键字传参，但若前面使用了关键字传参，那么后面就不能再使用位置传参了，因为关键字传参与参数位置无关，换句话说，参数位置已经被关键字传参打乱了，自然也就不能再按位置传参了。

3.3.2　默认参数

如果希望在函数被调用的时候不传实参也不会报错，可以在定义函数的时候就指定一个默认值，这种参数类型我们叫作默认参数或缺省参数，这样在调用函数的时候如果传了实参就用传入的值，不传实参就采用定义函数的时候指定的默认值，代码如下：

```
def handle_file(count, cost_time=30):
    print(f"你要处理{count}份文件，预计需要{cost_time}分钟")


handle_count = 5
handle_file(handle_count)
handle_file(handle_count, 60)
```

```
# 输出：
# 你要处理 5 份文件，预计需要 30 分钟
# 你要处理 5 份文件，预计需要 60 分钟
```

3.3.3 不定长参数

大多数情况下在定义函数的时候就指定了需要哪些参数，实参个数应与形参个数一致，这叫定长参数。虽然在调用函数时缺省参数可以不传实参也正常执行，但如果传入的实参比形参还多，程序依然会报错，要解决这种情况，可以使用不定长参数。不定长参数有 *args 和 **kwargs 两种，分别用于接收额外的位置参数和关键字参数，所以，如果在调用函数时想要传入任意多个实参，在定义函数的时候，除了常规参数，不妨在函数后面加上这两个不定长参数，代码如下：

```
def handle_file(count, cost_time=30, *args, **kwargs):
    print(f"你要处理{count}份文件，预计需要{cost_time}分钟")
    print("args:", type(args), args)
    print("kwargs:", type(kwargs), kwargs)


handle_count = 5
handle_file(handle_count, 60, 80, 90, name="pan", age=18)

# 输出：
# 你要处理 5 份文件，预计需要 60 分钟
# args: <class 'tuple'> (80, 90)
# kwargs: <class 'dict'> {'name': 'pan', 'age': 18}
```

看一下上面的代码，在调用 handle_file() 函数的时候，除了前面两个位置传参，后面还有好几个位置传参和关键字传参，这些参数分别会被保存到函数的元组 args 和字典 kwargs 里，至于这些参数在函数里是否要用，就看实际情况了，这样做至少可以保证程序不会因为传参问题而报错。就像 Python 内置的 print() 函数一样，不管传入多少个参数它都不会报错，实际上它就是使用了不定长参数，然后再遍历这些参数依次输出到控制台。

3.4 函数返回值

我们可以把函数理解为把若干个步骤当成一件事处理，但处理完了是不是应该有个结果？比如说老板让你分析一份数据，他把这份数据传给你，不管用什么方法进行分析，任务完成之后是不是应该把分析报告拿给他？这份分析报告就相当于函数的返回值。可以看

一下我们用过的 id() 这个函数，要获取某个变量的内存地址，就调用一下 id()，我们不知道这个函数执行了什么，反正最后它拿到了我们要的内存地址，最后把它返回，这样我们就能使用变量接收它了。

我们用 return 关键字把最终的数据返回，这样调用函数的时候就可以接收该返回值了，注意 return 关键字要与函数体缩进一样的空格数量。下面代码实现一个用于计算的函数，传入两个数字和一个计算符号，在函数里计算完之后把计算结果返回：

```
def calculate(a, b, symbol="+"):
    result = None
    if symbol == "+":
        result = a + b
    elif symbol == "-":
        result = a - b
    elif symbol == "*":
        result = a * b
    elif symbol == "/":
        if b == 0:
            return
        result = a / b
    return result


res1 = calculate(1, 2, "-")
res2 = calculate(1, 0, "/")
res3 = calculate(1, 2, "%")
print(res1, res2, res3)
# 输出：-1 None None
```

从上面的代码我们可以总结两个知识点：一个是函数里一旦执行到 return 关键字，整个函数就会结束，不管后面还有多少代码都不会再执行，比如说“b==0”成立就直接 return 了，不会再往下执行“result = a / b”和后面的“return result”；另一个是 return 后面不写变量或具体的值，就默认 return 一个 None 类型，事实上，如果一个函数没有写 return 关键字，执行完函数里的所有代码之后它也会默认返回 None，这点你可以自己验证一下。

3.5　组包和解包

在其他很多语言中，一个函数只能返回一个值，如果想要返回多个值，需要把这些值丢进一个容器里再把该容器返回去，但 Python 的函数看起来似乎是可以一次性返回多个值的，而且不管这些值是什么类型，代码如下：

```
def get_info():
    name = "pan"
    age = 18
    height = 170
    return name, age, height


name, age, height = get_info()
print(name, age, height)  # 输出：pan 18 170
```

但是要注意，如果函数 return 的个数与你接收函数返回值变量的个数不一致，程序就会不留情面地报错了，代码如下：

```
def get_info():
    name = "pan"
    age = 18
    return name, age


name, age, height = get_info()
# 报错：ValueError: not enough values to unpack (expected 3, got 2)
```

报错提示是“ValueError: not enough values to unpack (expected 3, got 2)”，大概意思是没有足够的值进行解包，期望返回三个值，但实际上只返回了两个。这里提到“解包”的概念，解包就是把一个容器类型按位置赋值给多个变量，相反的操作叫作组包，就是把多个变量按位置组成一个容器类型，所以，一个函数返回多个值实际上等价于返回一个容器类型，只不过 Python 已经帮我们完成了组包和解包操作，我们不用自己组装容器和从容器中取出值。我们可以尝试手动返回一个元组，代码执行的结果与直接返回多个值的效果是一样的，代码如下：

```
def get_info():
    name = "pan"
    age = 18
    return (name, age)


(name, age) = get_info()
print(name, age)  # 输出：pan 18
```

组包的操作其实很简单，你只需要把多个变量值赋给一个变量，就会自动组包为一个元组，函数 return 多个值的时候也是一样的操作，只不过它 return 之前没有给这个组包的变量起一个变量名。如果你想要手动组包，就是像下面的代码那样简单：

```
age = 18
my_tuple = "pan", age, 170
print(type(my_tuple), my_tuple)  # 输出：<class 'tuple'> ('pan',
18, 170)
```

关于解包，除了直接把一个元组同时赋值给多个变量的方式，我们还可以使用星号操作符，解元组使用一个星号，解字典使用两个星号，一般在调用函数传参的时候用得比较多，代码如下：

```
def calculate(a, b, symbol="+"):
    result = None
    …
    return result


my_params = [1, 2, "/"]
print(calculate(*my_params))  # 输出：0.5
# 相当于：print(calculate(1,2,"/"))
```

从上面的代码可以看出，如果你的参数恰巧是元组或列表这种有序容器类型，需要把容器的元素当成实参传给函数，我们不需要提前手动解包，可以直接把该容器当成实参，然后在该容器前面加上一个“*”，它就会自动解包了，这种操作属于位置传参。类似地，还有字典，使用两个“*”解包，对应的是关键字传参，代码如下：

```
def calculate(a, b, symbol="+"):
    result = None
    …
    return result


my_params = {"a": 1, "b": 2, "symbol": "/"}
print(calculate(**my_params))  # 输出：0.5
# 相当于：print(calculate(a=1,b=2,symbol="/"))
```

关于解包和组包没有完全了解也没关系，主要是你得知道函数可以返回多个值，并且在调用函数的时候它返回了几个值你就需要几个变量去接收，当然如果不要函数的返回值，就不用变量去接收，即丢弃返回值程序也不会报错。

3.6 变量作用域

我们用到的变量大多数都是定义在函数外的，即全局的，但函数里也可以定义变量，你有没有想过函数内外的变量能不能互用？如果函数内外的变量同名会不会冲突？我们来看一下代码演示就知道了：

```
num = 666
print("函数外 1: ", num, id(num))

def my_func1():
    print("my_func1:", num, id(num))

def my_func2():
    num = 888
    print("my_func2:", num, id(num))

my_func1()
my_func2()
print("函数外 2: ", num, id(num))
# 输出:
# 函数外 1:  666 3136330762192
# my_func1: 666 3136330762192
# my_func2: 888 3136333485392
# 函数外 2:  666 3136330762192
```

我们定义了一个初始值为 666 的全局变量 num，还有两个函数 my_func1、my_func2。my_func1 只是打印了变量 num 的值，打印出的结果是 666，且内存地址与全局变量 num 一样。在函数 my_func2 里尝试给 num 重新赋值，打印出来的是 888，看起来已经改变了 num 的值，但内存地址很明显与前面的全局变量 num 不同，调用完函数之后再次打印 num 的值，发现还是初始值 666。由此可见，在一个函数里可以读取外部变量，但不能修改外部变量。函数 my_func2 的“num=888”看起来像是在修改函数外的 num，但实际上是在函数内部重新定义了一个值为 888 的变量 num，只不过这个变量与函数外的变量同名罢了，实际上两者根本不是同一个变量，而且函数内部定义的变量在函数执行结束之后就会被销毁，所以局部变量是临时变量。

如果确实需要在函数里修改函数外的全局变量，也是可以的，Python 提供了 global 关键字用于声明某个变量是全局变量，这时候就可以修改了，代码如下：

```
num = 666
print("函数外 1: ", num, id(num))

def my_func2():
    global num
    num = 888
    print("my_func2:", num, id(num))

my_func2()
print("函数外 2: ", num, id(num))

# 输出:
# 函数外 1:  666 1660278835152
# my_func2: 888 1660281562416
# 函数外 2:  888 1660281562416
```

3.7　lambda 函数

我们已经学完函数了，相信你也会定义和调用函数了，如果是系统内置函数，我们甚至都不用管它是怎么实现的，只管传参调用函数拿到我们想要的返回值即可。不知道大家在学列表的时候有没有发现一个 sort() 函数，该函数可以对列表的元素进行排序，代码如下：

```
num_list = [12, 5, 1, 8, 55, 6, ]
num_list.sort()  # 默认正序
print(num_list)  # 输出: [1, 5, 6, 8, 12, 55]
num_list.sort(reverse=True)  # 逆序
print(num_list)  # 输出: [55, 12, 8, 6, 5, 1]
```

但这种排序函数只能对整型或字符串类型的元素进行排序，如果列表元素都是容器类型怎么办呢？比如说有一个列表 [{ “name” : “pan” , “age” : 18}, ...]，需要按照字典里的 age 项的值进行排序，这看起来不太好搞啊，不过不要紧张，sort() 函数有一个 key 参数，该参数是一个函数，函数返回需要排序的值就可以了，所以我们现在需要定义一个函数，函数的返回值是 age 对应值，代码如下：

```
def sort_func(sort_dict):
    age = sort_dict["age"]
    return age
```

```
info_list = [{"name": "pan", "age": 18}, {"name": "icy", "age":
 22}, {"name": "zhao", "age":
20}]
info_list.sort(key=sort_func)
print(info_list)
# 输出：[{'name': 'pan', 'age': 18}, {'name': 'zhao', 'age':
 20}, {'name': 'icy', 'age': 22}]
info_list.sort(key=sort_func, reverse=True)
print(info_list)
# 输出：[{'name': 'icy', 'age': 22}, {'name': 'zhao', 'age':
 20}, {'name': 'pan', 'age': 18}]
```

我们定义了一个函数 sort_func，该函数的实参就是待排序列表里的每一个元素，因列表元素都是字典，即函数的形参 sort_dict 应该是字典，所以我们可以直接使用中括号取 age 的值，并且把 age 返回，到时候 sort() 函数会根据我们返回的 age 进行排序，如果想让它按照 name 进行排序就返回 name 的值。注意在使用的时候，list 对象的 sort() 方法的 key 参数需要的是一个函数名，不要像调用函数一样在函数名后面加上圆括号，否则会报错的。

这种排序其实就需要一个排序的值，为此还需要特地写一个函数，而且这还可能是一个一次性函数（只调用一次后面就不会再调用了），对于优雅的 Python 来说这好像不太友好，所以能不能使用这个函数，但是不像常规函数一样进行定义？当然是可以的，有一种函数叫作 lambda 函数，也叫匿名函数，它的特点是不用给函数取名，把整个函数压缩为一行，我们把上面的排序代码的 sort_func 函数改写成 lambda 函数，代码如下：

```
info_list = [{"name": "pan", "age": 18}, {"name": "icy", "age":
22}, {"name": "zhao", "age":
20}]
info_list.sort(key=lambda sort_dict: sort_dict["age"])
print(info_list)
# 输出：[{'name': 'pan', 'age': 18}, {'name': 'zhao', 'age':
20}, {'name': 'icy', 'age': 22}]
```

怎么样，是不是感觉使用 lambda 函数之后让代码变得优雅多了？来对比常规函数 sort_func 和 lambda 函数，看一下是怎么把一个函数压缩为一行的。首先用“lambda”关键字声明是一个匿名函数，既然是匿名函数就不需要写函数名了，“lambda”后面加上空格再加上形参 sort_dict，然后冒号后面直接写返回值 sort_dict[“age”]，对，这就写完了，就是那么简单。不过就是因为太简单了，所以 lambda 函数注定了只能写简单的业务逻辑，比如说循环、分支判断等都无法在 lambda 函数中实现，什么时候用匿名函数、什么时候用常规函数请根据实际需求进行选择。

第4章　类与对象

大多数的高级语言都是面向对象的，Python 也是，在 Python 中，一切皆对象。这个“对象”并不是那种可以结婚的对象，编程语言中的对象是类的实例化，所以对象又叫作“实例”，看到这里你可能更晕了，让我们从类开始学起吧。

“类”的概念与我们生活中的类是一样的，就是分门别类，是一种抽象的概念，或者说，就是一种模板，比如说人类，只要符合某些特征的生物我们就把他归类为人类，所以类是一种概念性的东西，并非真实存在，但对象是真实存在的。比如说你、我，以及我们身边所有的人，都是真实存在于这个世界上的真实个体，所以我们都是对象。

4.1　类与对象

现在应该清楚了类与对象的概念，接下来我们开始学习类与对象的知识点。

4.1.1　实例化对象

在 Python 中一切皆对象，但对象都是由类实例化得到的，所以我们要同时学习类与对象的写法，先看一下代码：

```
class Person:
    def __init__(self):
        self.name = "pan"
        self.age = 18


p1 = Person()
p2 = Person()

print(id(p1), p1.name, p1.age)   # 输出：1259302584272 pan 18
print(id(p2), p2.name, p2.age)   # 输出：1259302584080 pan 18
```

我们使用 class 关键字定义一个类，类名只要符合标识符的规则即可，但是根据规范，类名应该使用驼峰式命名而不是使用下画线，且首字母要大写。接下来我在类里面定义了一个 __init__() 方法，叫作初始化方法，也叫构造方法，注意单词“init”左右两边各有两个下画线。该初始化方法会在实例化对象的时候自动执行，它至少有一个 self 参数，而且这个 self 参数永远是放在第一个位置，这个 self 就表示对象本身，self.name=“pan”表示给对象加了一个叫作 name 的属性，值为“pan”，就像是一个人出生之后他的父母会给他取一个名字，当然你也可以给它设置任何其他的属性，只要属性名符合标识符规则。没错，其实属性就是变量，与我们之前学的变量不同之处在于，属性是用 self 与对象绑在一起。接下来是实例化对象，就是拿着模板生产出产品，Python 的实例化很简单，只需要在类名后面加上一个半角圆括号就行了。你可能会觉得眼熟，其实我们定义一个整型、一个列表、一个元组这些数据类型的时候就是这么写的，唯一不同的是这些类型的类名，比如说 int、list，居然是小写字母开头的，所以你在实例化这几个类的时候感觉是在调用函数，这种类名不统一的情况也算是 Python 的槽点吧，但我们都是好孩子，我们不要学坏，我们在定义一个类的时候自觉把类名首字母大写。

4.1.2 初始化方法

上面代码中我们实例化了 p1、p2 两个对象，它们的 id 不同，说明是两个独立的对象，但因为是使用同一个类创造出来的，所以它们的名字和年龄都是一样的。如果想访问它们的 name 和 age 属性的话，可以使用“对象 . 属性名”的方式访问实例属性。想一下，如果全世界的人都用同一个名字该有多恐怖啊，所以我们稍微改一下 _ _init_ _() 方法，在初始化的时候就传入初始值，代码如下：

```
class Person:
    def _ _init_ _(self, name, age=1):
        self.name = name
        self.age = age


p1 = Person("pan", 18)
p2 = Person("icy")

print(id(p1), p1.name, p1.age)  # 输出：1592646402000 pan 18
print(id(p2), p2.name, p2.age)  # 输出：1592646401760 icy 1
p3 = Person()  # 报错
```

Person 类里面的 _ _init_ _() 方法其实就是一个普通的函数，只不过我们习惯把定义在类里面的函数叫作“方法”，现在知道为什么有时候把带括号的叫方法，有时候叫函数了吧，其实方法和函数没有太大的区别，它们传参的方式也没有太大区别。

为了方便描述，我们把 _ _init_ _() 方法叫作初始化方法，如果你想叫得更专业一点，可以把它叫作构造方法。初始化方法与普通方法不同，无须你手动调用，当实例化一个对象的时候它会自动执行，这类型的方法属于魔法方法，关于魔法方法我们晚点再谈。我们在初始化方法里在第一个位置的 self 形参之外，还写了 name 和 age 这两个形参，当实例化 Person 的时候在类名后面的括号里也需要传入这两个参数，这些参数就相当于初始化方法的实参。代码中设置了 age 的默认值，但并没有设置 name 的默认值，所以如果在实例化 Person 对象的时候没有传入 name 的实参则程序会报错。还有就是，聪明的你也看出来了，形参 self 不需要有对应的实参，所以尽管 _ _init_ _() 方法里有 self、name、age 三个形参，但实例化对象的时候只需要管 name 和 age 这两个实参就行，其实一个类里的所有方法在被调用的时候都不需要给形参 self 传值。

4.1.3　对象属性与方法

对象的属性就是一个普通的变量，只不过这个变量通过“self. 属性名”的方式与对象绑定在一起，当这个类被实例化出来就会拥有这个属性。既然属性与普通的变量类似，我们是不是也可以随便修改和定义属性呢？正常情况下是可以的，代码如下：

```
class Person:
    def _ _init_ _(self, name, age=1):
        self.name = name
        self.age = age


p1 = Person("pan", 18)
print("原始 age:", p1.age)
p1.age = 20
print("修改后 age:", p1.age)
p1.height = 180
print("height:", p1.height)
# 输出:
# 原始 age: 18
# 修改后 age: 20
# height: 180
```

实例化上面的 Person 类之后得到一个 Person 对象，该对象就有了 name 和 age 两个属性，并且我们可以通过“对象 . 属性名”的方式访问属性的值，既然能访问到属性的值，就可以直接用赋值号给该属性重新赋值，这就是修改属性的值了。如果被赋值的属性不存在，它并不会报错，而是相当于动态地给该对象新增了一个属性，比如说上面代码中的 p1.height=180，就是给 p1 对象新增了一个值为 180 的 height 属性，将对象与属性绑定了之后就可以访问 height 属性了。

现在我们了解到的是通过实例化得到的对象去调用属性，方式是“对象 . 属性名”，如果还没实例化对象之前，在定义一个类的时候就要调用属性怎么办呢？不要慌，应该还记得我在前面说过，在一个类里可以使用 self 表示对象本身，在定义类的时候调用属性不就变得简单了吗？先看一下下面的代码吧，顺便在了解完属性的定义和调用之后，我们再来看一下怎么自定义和调用一个普通的方法：

```
class Person:
    def __init__(self, name, age=1):
        self.name = name
        self.age = age

    def say(self):
        increment = self.calculate(self.age, -18)
        print("hello, 我的名字是{},我今年{}岁,我已经成年{}年了".format(
            self.name, self.age, increment
        ))

    def calculate(self, a, b):
        return a + b


p1 = Person("pan", 20)
p1.say()
cal_res = p1.calculate(2, 3)
print("计算结果是:{}".format(cal_res))
# 输出:
# hello, 我的名字是pan, 我今年20岁, 我已经成年2年了
# 计算结果是:5
```

看懂了吗？其实方法的定义、调用、传参与我们前面学过的函数没有太大区别，唯一的区别就是定义方法的第一个参数永远是self，并且在调用方法（传实参）的时候无须理会self，只需要传入其他实参即可。调用属性呢？比如说在say()方法里调用对象的age属性，只要写成“self.age”就可以正确调用了。同理，在一个类里面调用实例方法也可以通过self去调用，例如在say()方法里调用calculate()方法，可以写成“self.calculate()”。所以在一个类里不管是调用对象的属性还是方法都可以使用“self.XXX”的形式，当然前提是在定义该属性或方法的时候通过self将属性或方法与对象绑定在一起，如果没有绑定，那么该对象就没有那个属性或方法，去调用时程序肯定是会报错的。

如果一个对象没有特殊的代码限制，是可以随意设置或修改它的属性和方法的，代码如下：

```
# 定义一个类
class Person:
    pass
```

```
# 定义一个普通函数
def calculate(a, b):
    print(" 正在调用 calculate 方法 ")
    return a + b


p1 = Person()  # 实例化 Person 对象
p1.name = "ice"  # 动态绑定 name 属性
print("p1.name:", p1.name)  # 访问 name 属性

p1.say = calculate  # 动态绑定 calculate 方法
cal_res = p1.say(1, 2)  # 调用绑定后的 calculate 方法
print("cal_res:", cal_res)
```

上面的代码中，我定义了一个最简单的类，只有类名，没有绑定普通属性或方法，但是如果你在一个类里什么都不写的话肯定是会报错的，我们可以使用“pass”关键字打破这种尴尬局面。程序在执行的时候一遇到 pass 就会自动把它忽略，即 pass 只是一个占位符，不会起任何作用。同理，如果你定义一个方法但不想写方法体又不想让它报错的话也可以使用 pass，类似的还有分支语句和循环语句，有缩进的地方但不想写代码都可以使用 pass 关键字解决报错问题。

好了，强行回到我们的代码吧。我们在实例化 Person 对象之后，给对象绑定一个属性并且访问，这应该比较熟悉了，做法很简单，不再赘述。我们来看一下给对象动态绑定一个方法。首先你要定义一个方法，其实就是定义一个普通函数，但与在类里定义的时候不同，普通方法的第一个参数不是 self（因为 self 是指对象本身，一个普通函数还不属于对象），然后绑定给对象的时候，是用赋值号把函数名赋值给对象，记住，赋值号右边是函数名，函数名后面不能加上括号，否则就是把调用该函数之后的返回值绑定给对象了，这点你一定要理解清楚。

4.2　私有属性和私有方法

如果一个对象的属性和方法可以被随便修改，那么可能会出现一些问题。比如说 age 属性，按道理来说应该用来存储整型数据，但如果赋值为布尔型或者其他乱七八糟的值也都可以的话，这个程序确实太不规范了，所以以后你可能会经常遇到把属性隐藏起来，但提供对应访问方法的情况，以实现无法修改对象的属性和方法，代码如下：

```
class Person:
    def __init__(self, name, age):
```

```
        self.name = name
        self.__age = age

    def get_age(self):
        return self.__age

    def set_age(self, new_age):
        if not new_age:
            return
        if not isinstance(new_age, int):
            return
        if new_age < 0:
            return
        self.__age = new_age


p = Person("ice", 20)
print(p.name)  # 输出：ice
print(p.get_age())  # 输出：20
p.set_age("aaa")
print(p.get_age())  # 输出：20
p.set_age(22)
print(p.get_age())  # 输出：22
print(p.__age)  # 报错：'Person' object has no attribute '__age'
```

代码中我们还是定义一个 Person 类，初始化方法还是有 name 和 age 两个属性，但不同的是，在 age 前面加了两个下画线，从此 __age 就是一个私有属性了，你再也不能使用“对象.__age”的方式访问年龄了。如果想获取年龄数据，那就调用我提供的 get_age() 方法，我才把年龄返回给你。这种做法最大的好处就是可以保证数据的安全性并提高程序的稳定性和健壮性。比如说，你想修改 age 属性，只能通过我提供的 set_age() 方法实现，而我在方法里会对你传入的实参进行判断，如果传入空值、非整型，或者传入的是整型但数值小于 0，都不能成功设置，只有传入的实参是正整数的时候才能设置成功。所以，私有属性是不是很简单，只需要在普通属性的前面加上两个下画线就可以了，那对应的私有方法也是一样，就在方法名前面加上两个下画线即可，我这里不进行演示，大家自行练习。

另外大家看一下我在判断数据类型的时候使用了一个 isinstance() 内置函数，这个函数可以判断第一个参数与第二个参数表示的数据类型是否相同，若相同返回 True，若不同返回 False。注意一下，该函数的第一个参数是实例，也就是对象，不是类型名，第二个参数才是类型名比如说代码中的 isinstance(new_age, int) 就是判断 new_age 这个变量是不是 int 类型，如果是就返回 True。

顺便再提一下，有时候大家还会看到以单下画线开头的属性或方法，那并不是私有属性或私有方法，只是程序员之间的约定，意思是，这是内部使用的。你可以通过“对象 .XXX”的形式访问该属性或方法，但无法保证数据的准确性，所以如果遇到这种以下画线开头的属性或方法，为了保证你获取到的数据没有问题，建议使用它提供的 get 和 set 方法进行访问。其实没有绝对的数据安全，即使是私有属性或方法也是可以通过“对象 ._ 类名 _ _ 属性名”（类名前面是一个下画线）的方式进行访问，比如说你要访问或修改 _ _age 属性，代码如下：

```
class Person:
    def __init__(self, name, age):
        self.name = name
        self.__age = age

    def get_age(self):
        return self.__age


p = Person("ice", 20)
p._Person__age = 33
print(p._Person__age)  # 输出：33
print(p.get_age())  # 输出：33
```

4.3 魔法方法

你应该不会那么快忘记吧，前面有提到过，初始化方法 _ _init_ _() 属于魔法方法，所谓魔法方法也不是真的有魔法啦，只是它会在特定的条件下自动执行，比如说初始化方法会在实例化对象的时候自动执行。Python 定义的魔法方法有很多，它们的特点都是以双下画线开头并且以双下画线结尾，形如“_ _XXX_ _()”，不同的魔法方法会有不同的触发条件，这里挑几个我个人觉得用得比较多的魔法方法作为参考，如表 4-1 所示。

表 4-1 常用的魔法方法

魔法方法	说明	用途
_ _new_ _()	实例化对象时自动执行	自定义实例化，例如单例模式
_ _init_ _()	实例化对象之后自动执行，会晚于 _ _new_ _() 方法执行	一般用于初始化对象数据
_ _del_ _()	对象被销毁时自动执行	做一些收尾工作，比如说保存数据、释放句柄
_ _str_ _()	打印对象的时候自动执行	打印对象输出的字符串

续表

魔法方法	说明	用途
__iter__()	遍历对象时自动执行	用于自定义可迭代对象或迭代器
__next__()	生成数据返回	用于自定义迭代器

4.3.1 对象的生命周期

对象的生命周期就是一个对象从创建到销毁的过程，整个过程是比较复杂的，但我们只需要关注比较关键的部分就行，分别是 __new__()、__init__()、__del__() 这三个方法。__new__() 和 __init__() 这两个方法会在实例化对象的时候自动执行，但真正实例化对象的是 __new__()，实例化对象之后再继续执行 __init__() 方法用于初始化某些数据。当不再使用对象了，对象会被 Python 当成垃圾销毁，销毁的时候会自动执行 __del__() 方法。我们可以用代码看一下它们执行的先后顺序：

```
class MyClass:
    def __del__(self):
        print("执行到__del__")

    def __new__(cls, *args, **kwargs):
        print("执行到__new__")
        return super().__new__(cls, *args, **kwargs)

    def __init__(self):
        print("执行到__init__")

    def say(self):
        print("自动调用 say")


c = MyClass()
c.say()

# 输出:
# 执行到__new__
# 执行到__init__
# 自动调用 say
# 执行到__del__
```

从代码中可以看出，执行完 __new__() 就跟着执行 __init__() 了，后者的代码完全可以写到前者那里，那么 __init__() 不是显得有点多余吗？其实不是的，如果你对实例化机制不是很懂，不建议你干涉 __new__() 的执行过程，不然谁也不知道后面会出现什么奇怪问题。如果你非要重写 __new__() 方法，必须要返回一个调用父类实例化的对象，如果不返回或返回错了，初始化方法是不会主动执行的，所以初始化的代码还是写在初始化方法里吧。实例化一个对象之后可以手动调用自定义的 say() 方法，当程序结束，销毁对象的时候会自动执行 __del__() 方法，对象的整个生命周期结束。

4.3.2　可迭代对象

在第 2 章介绍遍历的时候，总提到"可迭代对象"这个词，现在终于可以真诚地、隆重地给你介绍一下什么是可迭代对象了。其实可迭代对象也没什么神秘的，它就是实现了 __iter__() 魔法方法而已，我现在就带你手动实现一个可迭代对象。假设现在有一个需求，需要有序存储数据，但又不能存储重复数据，很明显 Python 提供的列表和集合都不能同时满足这两个条件，所以只能自定义一个数据类型了，根据我们现在所学的知识点实现这一需求肯定是没什么难度的，大家自己思考片刻之后再看一下我的代码：

```
from collections.abc import Iterable


class MyList:
    def __init__(self):
        self.__list = list()

    def __iter__(self):
        pass

    def add_data(self, data):
        if isinstance(data, str) and data not in self.__list:
            self.__list.append(data)

    def __str__(self):
        return str(self.__list)


my_list = MyList()
my_list.add_data("python")
my_list.add_data(1)
my_list.add_data("office")
my_list.add_data("python")
print(my_list)  # 输出：['python', 'office']

print(isinstance(my_list, Iterable))  # 输出：True
```

我们自定义一个 MyList 类，初始化的时候定义一个 list 类型的私有属性 __list，如果要往这个列表里添加数据，需要调用 add_data() 方法，但这个方法会对传进来的数据进行判断，如果数据是字符串类型并且不在 __list 列表里的才可以添加成功，这就满足有序且不重复的需求了。另外我还写了一个 __str__() 魔法方法，它必须要返回一个字符串，作用是当你打印对象的时候打印出的是该方法返回字符串。

哦，我的重点是介绍可迭代对象，当写了 __iter__() 方法的时候就已经是一个可迭代对象了，即使这个方法里我只写了 pass 关键字用于占位。我怎么知道它是不是可迭代对象呢？可迭代对象是 Iterable 类型，所以只需要用 isinstance() 函数判断它是不是 Iterable 类型即可，得到的结果是 True，所以，我们写的 MyList 的对象确实是可迭代对象。

虽然 Mylist 对象是可迭代对象，但不能像 list 等容器一样使用 for 关键字进行遍历，需要变成迭代器才可以，代码如下：

```
from collections.abc import Iterable, Iterator


class MyList:
    def __init__(self):
        self.__list = list()
        self.__index = 0  # 取值索引，用于记录访问到第几个值

    def __iter__(self):
        return self

    def __next__(self):
        # 如果当前访问的索引没有超过列表的最大索引才返回对应的元素
        if self.__index < len(self.__list):
            data = self.__list[self.__index]  # 通过索引取值
            self.__index += 1  # 每次取完值索引都自增 1
            return data
        # 否则主动报 StopIteration 的错误
        else:
            raise StopIteration

    def add_data(self, data):
        if isinstance(data, str) and data not in self.__list:
            self.__list.append(data)

    def __str__(self):
        return str(self.__list)
```

```
my_list = MyList()
my_list.add_data("python")
my_list.add_data("office")

for i in my_list:
    print("当前遍历的值是", i)
# 是否可迭代对象
print(isinstance(my_list, Iterable))
# 是否迭代器
print(isinstance(my_list, Iterator))
# 输出：
# 当前遍历的值是 python
# 当前遍历的值是 office
# True
# True
```

迭代器即 Iterator，需要同时实现 __iter__() 和 __next__() 这两个魔法方法，前者需要返回一个实现 __next__() 的对象，所以直接返回 self 即可，后者的作用是返回遍历的时候拿到的每个元素。我们定义一个整型私有属性 __index 用于记录当前值的索引，之后每取一个值就把该索引加 1，如果索引的值已经超过 __list 的最大索引了，就使用 raise 关键字主动抛出一个 StopIteration 异常，在用 for 关键字遍历的时候遇到这个报错就会结束遍历。关于异常，我会在后面介绍，先暂时记住这么写吧。好了，实现了 __iter__() 和 __next__() 这两个魔法方法之后，我们就可以使用 for 进行遍历了，并且可以使用 isinstance(my_list, Iterator) 判断 MyList 对象是不是一个迭代器，结果是 True。

所以总结一下，如果一个类实现了 __iter__()，那么它的对象就是一个可迭代对象（Iterable），如果既实现了 __iter__() 又实现了 __next__()，那么它的对象就是一个迭代器（Iterator）。我还需要提醒的是，Python 的 list、dict 等容器类型，是可迭代对象，但不是迭代器，可以使用 for 对它们进行遍历是因为有其他处理，这里我们不进行展开说明，现阶段，我们学的东西够用就行。

4.4　继承与多态

如果某人不能成功当上一个程序员，就只能被迫回去继承亿万家产了，父亲的钱可以传给孩子，换句话说，父亲有的东西孩子也有，这就是本节要学习的继承了。为什么要有继承机制呢？你可以想一下，如果你写了一个 Person 类，这个类写好了 name 等属性和 say() 等方法，如果你又需要写一个 Student 类，学生也属于人类，也应该有 name、say() 等属性和方法，你总不能把 Person 类的东西在 Student 类里再写一份吧，万一还有

Teacher 类、Professor 类、主任类、警察类、医生类、胖胖类，你总不能全都复制一份吧，万一哪天 Person 类的属性或方法改变了，那么这些类是不是还得一起跟着改变呢？这时候就体现出继承的必要性和重要性了，父类的属性或方法改变，所有继承它的子类，或子类的子类都跟着改变，父慈子孝，多省心啊。

4.4.1 继承

至少要有两个类才能继承，我们就以比较熟悉的人类进行演示，再写一个学生类，学生类要继承人类，写法如下：

```
class Person:
    def __init__(self):
        self.name = "未知姓名"

    def say(self):
        print("人类在说话")


class Student(Person):
    def test(self):
        print("学生在考试")


student = Student()
print(student.name)
student.say()
student.test()
print(isinstance(student, Person))
# 输出：
# 未知姓名
# 人类在说话
# 学生在考试
# True
```

Person 类没什么特别的，我想你应该已经写过很多次了，Person 类里有 name 属性和 say() 方法。然后是 Student 类，这个类要继承 Person 类，写法上是在 Student 类名的后面加上半角圆括号，括号里写上要继承的类，即 Person，这样就完成继承了，是不是感觉很简单？ Python 是支持多继承的，如果你想同时继承多个类，可以在括号里多写几个类名，用逗号分隔即可。尽管在 Student 类只写了 test() 一个方法，但实例化之后它依然可以有 name 属性和 say() 方法，这就是继承的特点了。之前我们用 isinstance(a,B) 方法判断参数 a 是否为参数 B 的数据类型，现在看来，a 不一定是 B 的类型，也可能是 B 的子类。

我猜测即使学了继承，作为初学者，你以后自己写代码时也很少会用上。但我想说的是，我们以后会用到很多第三方库，如果你在看它们源码的时候没有找到某个属性或方法的定义，那肯定是继承过来的，那就继续找它的父类或者祖父类的属性或方法，这个办法听起来很简单，但我知道很多初学者一旦碰到这种情况就不知道要去找它们的父类。

4.4.2　多态

先不要管“多态”这个词是什么意思，先看一下我的代码演示：

```
class Person:
    def say(self):
        print("人类在说话")


class Student(Person):
    def say(self):
        print("学生在读书")


class Teacher(Person):
    def say(self):
        print("老师在讲课")


person = Person()
person.say()
student = Student()
student.say()
teacher = Teacher()
teacher.say()
# 输出：
# 人类在说话
# 学生在读书
# 老师在讲课
```

首先在 Person 类里定义了 say() 方法，然后 Student 类和 Teacher 类都继承 Person 类，并且都再次定义了 say() 方法，在实例化之后，分别调用子类的 say() 方法，可以发现会以子类的 say() 方法为准，换句话说，子类的 say() 方法会覆盖继承过来的 say() 方法，这种情况叫作方法重写。子类与父类都有相同的方法名，但方法里执行的代码又可能会不一样，这就是多态了。紧跟着上面的代码，再来举一个例子：

```
class Person:
    def say(self):
        print("人类在说话")
...

def do_something(worker):
    worker.say()


do_something(Person())
do_something(Student())
do_something(Teacher())
# 输出:
# 人类在说话
# 学生在读书
# 老师在讲课
```

我们在上面的代码的基础上再定义一个 do_something() 的方法，这个方法需要传入一个实例 worker，就是一个工人，然后在方法体里调用工人的 say() 方法。在调用 do_something() 的时候不管传进来的是 Person 类的实例还是它的子类的实例，代码都不会报错，因为它们都有 say() 方法，这保证了代码的稳定性，但它们的 say() 方法做的事情又不同，就表现出灵活性。同一份代码，传入不同的实例就有不同的表现，这种情况就是多态。

有些同学可能会想到，如果我传入 do_something() 方法的参数不是 Person 或其子类的实例，只要定义了 say() 方法，代码也不会报错啊。没错，确实是可以的，如果是 Java 或其他静态语言，你传入错误的类型是会报错的，但 Python 是动态语言，不会对参数类型进行校验，这种情况用一句话表示为“走起路来像是鸭子，看着像是鸭子，那就是鸭子”，这种以偏概全的现象，我们称之为鸭子类型。代码如下：

```
class Person:
    def say(self):
        print("人类在说话")


class Duck:
    def say(self):
        print("嘎嘎嘎嘎嘎")


def do_something(worker):
```

```
    worker.say()


do_something(Person())
do_something(Duck())
# 输出:
# 人类在说话
# 嘎嘎嘎嘎嘎
```

Python 等动态语言正是由于鸭子类型的存在才让代码变得更加灵活，但鸭子类型可能也不会那么好控制，万一成了脱缰野马，程序的稳定性就差了，所以鸭子类型有利有弊。不过作为初学者，你应该也不会用鸭子类型，但你可能会在写代码的时候遇到鸭子类型的报错，比如说“file-like Object”，指的是一个具有 read() 方法的对象，现在我们还没有涉及文件读写，但以后遇到了你得反应过来。

4.5　类方法与静态方法

4.5.1　装饰器

Python 有三大器，分别是迭代器、生成器和装饰器，迭代器我们已经学过了，生成器我不打算讲，至于装饰器，我只打算讲一下作用，不打算讲实现方式。

装饰器，听名字就知道是用来装饰的，它的作用是可以在不改变某个函数原有代码的情况下增加新的代码。举个例子，老板让你开发一个网站，这个网站是公开的，人人都能访问，但后来，老板开始割韭菜了，就让你把它改成只有登录的人才能访问，这时候你不用改变原来的代码，只需要再写一个要求登录的装饰器，然后用装饰器装饰一下原来的代码就完成需求了。知道了装饰器的作用之后再说一下怎么用装饰器，很简单，在需要被装饰的函数名或者类名的前面加上一个“@”符号再跟上装饰器名就可以了，形如“@ 装饰器名”。其实装饰器本质上就是一个函数或者类，所以装饰器名是指函数名或类名，后面不要加上圆括号，不然就成调用了。

4.5.2　类方法

实例属性和实例方法最大的好处就是，相互独立，互不影响，因为它们都是属于每个实例自己的，你修改某个实例的属性或方法，对另一个实例没有任何影响。但有些情况就需要一些共享的数据，比如说去银行存钱，不管有多少个账户，它们的利率应该都是一致的，银行把利率提高了，每个账号都应该跟着赚钱了。对象是由类产生的，如果想要每个对象有共享的数据，关键就是类，这就是我们要用的类属性或类方法。来看一下下面的代码：

```
class Person:
    hometown = "地球"

    def __init__(self, name):
        self.name = name

    @classmethod
    def set_hometown(cls, new_hometown):
        cls.hometown = new_hometown


p1 = Person("路人甲")
p2 = Person("路人乙")
print(f"{p1.name}的家乡是{p1.hometown}")
print(f"{p2.name}的家乡是{p2.hometown}")
p1.set_hometown("M78星云")
p1.name = "路人1"
print(f"{p1.name}的家乡是{p1.hometown}")
print(f"{p2.name}的家乡是{p2.hometown}")

# 输出:
# 路人甲的家乡是地球
# 路人乙的家乡是地球
# 路人1的家乡是M78星云
# 路人乙的家乡是M78星云
```

首先定义一个 Person 类，初始化方法时需要传入一个 name 参数，用 self 绑定为实例属性 name，既然是实例属性，那每个实例之间互不影响，这没什么好演示的。看一下我在类名下面定义了一个不用 self 绑定的属性 hometown，这个就是类属性了，类属性是属于类的，是每一个实例共有的，只要任何一个实例更改了该属性，那么所有实例访问到的 hometown 都是改变后的值。我还定义了一个类方法 set_hometown()，注意，在一个方法上面用装饰器 classmethod 装饰一下，那这个方法就变成类方法了。同时注意，类方法的第一个参数永远是类本身，一般用 cls 表示，类似于实例方法第一个参数用 self 表示对象本身。类方法 set_hometown() 里的 cls.hometown 表示要访问类属性 hometown，当然访问类属性也可以用“类名 . 属性名”的方式，这里就可以写成 Person.hometown，但不推荐这种写法，万一哪天类名改变，“类名 . 属性名”的写法都要跟着把类名改了。

从代码演示中可以看出，有 p1 和 p2 两个实例，p1 把实例属性 name 改了之后并不影响 p2 的 name，但 p1 把类属性 hometown 改了之后，p2 的 hometown 也跟着改了，这就是实例属性与类属性、实例方法与类方法的区别。

简单总结一下，类属性就是写在类里的一个普通的变量，类方法需要用装饰器“@

classmethod”装饰一下，类方法的一个参数是类本身。如果想要实例共享数据那就使用类属性和类方法，不想的话那就使用实例属性和实例方法。

4.5.3　静态方法

大多数高级语言都支持面向对象，我们为什么要使用面向对象的编程方式？主要还是因为方便，比如说你要开发一个游戏，游戏里的每个人物都有自己的血量、冷却时间、技能等，如果不采用面向对象的方式，游戏场景里有好几万个角色，你总不能把每个人物的血量、冷却时间等信息都分别用变量存储吧，那得有多乱啊，所以面向对象的好处就是可以简洁高效地管理程序数据。既然面向对象的方式那么好，如果你想把与对象无关的方法也整合到一个类里方便统一管理，那该怎么实现呢？很简单，在一个普通方法上面用装饰器“@staticmethod”装饰一下就可以了，代码如下：

```
class Person:
    def __init__(self, name):
        self.name = name

    @staticmethod
    def calculate(a, b):
        return a + b


p1 = Person("ice")
print(p1.calculate(1, 2))   # 输出：3
print(Person.calculate(3, 3))   # 输出：3
```

在 Person 类里定义了一个 calculate() 方法，这个方法没有用到类自身，也没有用到实例，如果将其定义为类方法或实例方法，那就需要在第一个参数传入类或实例，那不是白白浪费内存了吗？这时候将其定义为静态方法是最好的，静态方法与类方法一样，都可以被它们的实例调用，也都可以直接通过“类名 . 方法名”的方式调用。

4.5.4　属性装饰器

既然这里讲到装饰器了，那我们就顺便再多学两个装饰器，都是有关属性的装饰器。前面我在讲私有属性和私有方法的时候提到，为了不让 age 属性被随便赋值，就把它定义为私有属性 __age，然后再分别提供 get_age() 和 set_age() 这两个方法，用于访问和修改私有属性。这样做的话似乎有点麻烦，明明就是一个属性还要分别使用两个方法才能操作，显得没那么简洁，如果既能保护属性又能像普通属性一样直接被访问和修改那该有多好啊。确实可以，我们可以借助“@property”和“@ 方法名 .setter”这两个装饰器实现，看一下下面的代码：

```
class Person:
    def __init__(self, name, age):
        self.name = name
        self.__age = age

    @property
    def age(self):
        return self.__age

    @age.setter
    def age(self, new_age):
        if not new_age:
            return
        if not isinstance(new_age, int):
            return
        if new_age < 0:
            return
        self.__age = new_age


p1 = Person("ice", 18)
print(p1.age)  # 输出：18
p1.age = 20
print(p1.age)  # 输出：20
p1.age = "25"
print(p1.age)  # 输出：20
```

代码中，假设能直接访问的属性就叫 age，我把原来的 get_age() 方法的方法名改成了 age()，然后在上面使用 @property 装饰，这样就可以通过“对象 .age”的方式读取 __age 的值了。接着我把 set_age() 方法也改名为 age()，然后再用 @age.setter 装饰，这就可以通过“对象 .age=XXX”的方式修改 __age 的值了。使用了属性装饰器之后，我们在访问和修改 age 属性的时候看起来像是在操作一个普通的 age 属性，但实际还是通过原来的 set 和 get 的方法修改 __age 属性。这种装饰器的特点就是可以把方法当成属性使用，这样我们的代码就会显得简洁一些。请注意，我们后面在学习 Office 办公的时候经常遇到这种用法，现在先提个醒，让你先认识一下这两个装饰器，省得到了后面会大惊小怪。

第5章　其他知识点

学到这里，我们已经把 Python 基础语法学得差不多了，但是一门编程语言哪有那么简单，确实还有很多知识点我没有讲，主要是考虑到本书是针对办公的，所以对于 Python 基础知识点就是够用就行，讲多了你们可能记不住或者难理解。不过还好，你已经挺过了枯燥的基础语法部分，接下来我们再学习一些其他的必要知识点就可以结束 Python 部分的学习了，坚持住啊，胜利就在前方几千公里的不远处。

5.1　程序异常

程序异常指报错，程序报错是一件很常见的事情，谁也无法保证自己写的代码不会报错，尤其是没有经验的小屁孩写的代码，隔三岔五就报错，有时候把我心态都搞崩了，所以学习异常处理是非常有必要的。我们可以把异常分为可以预测的异常和不可以预测的异常，可以预测的异常主要是一些数据类型的错误，比如说除法运算中除数为 0，因为你在写代码的时候不可能考虑到所有可能报错的情况，并做好判断，由于自己编写代码导致的问题我们把它叫作 bug。还有一类异常是无法预测的异常，比如网络请求失败、数据库读写失败、磁盘满了等，这些情况随机性很强，是你在写代码的时候不好判断的，是否会出现完全取决于真实的运行环境。不管是哪种异常，只要是异常，都可以被捕获。

5.1.1　捕获异常

我们写一个除法运算的函数，传入了两个参数，返回两数相除的结果。代码如下：

```
def division(a, b):
    res = a / b
    return res


print(division(2, 1))  # 输出：2.0
print(division(2, "hahaha"))
# 报错：TypeError: unsupported operand type(s) for /: 'int' and 'str'
print(division(2, 0))
# 报错：ZeroDivisionError: division by zero
```

如果调用函数的时候实参都是不为 0 的数字类型，那么这个函数是可以正常工作的，但如果我把实参换成非数字类型，那么就会报 TypeError 错误；如果传入的除数为 0，那么就会报 ZeroDivisionError 错误。如果你想让程序不停止运行，不管是什么异常，我们都要进行捕获，Python 提供了 try、except 关键字用于异常捕获，看一下代码中的写法：

```
def division(a, b):
    try:
        print(f"尝试执行，参数是 a:{a},b:{b}")
        res = a / b
        return res
    except TypeError as e:
        print("执行错误，请传入数字类型")
        print("异常信息为：", e)
    except ZeroDivisionError as e:
        print("执行错误，除数不能为0")
        print("异常信息为：", e)
    finally:
        print("函数已结束")


division(2, "hahaha")
division(2, 0)

# 输出：
# 尝试执行，参数是 a:2,b:hahaha
# 执行错误，请传入数字类型
# 异常信息为： unsupported operand type(s) for /: 'int' and 'str'
# 函数已结束
# 尝试执行，参数是 a:2,b:0
# 执行错误，除数不能为0
# 异常信息为： division by zero
# 函数已结束
```

捕获异常最基础的结构是 try…except…，把你认为可能会报错的代码写在 try 下面（注意缩进），在 except 下面写捕获到异常之后要执行的代码（就是写你要怎么处理异常），except 关键字后面加上要捕获的异常类型。代码中“except TypeError as e”的意思是要捕获 TypeError 这种异常，并且把报错信息赋值给变量 e，可以按顺序写多个 except，这个有点像 elif 分支，当遇到异常的时候程序会从上往下按顺序匹配异常类型，如果匹配上就会执行对应的 except 下面的分支，如果匹配不上就继续往下匹配，如果全都匹配不上就报错并且终止程序。所以捕获异常的执行顺序是，先尝试执行 try 下面的代码，若执行过程没有发生异常，则后面所有的 except 下面的代码都不会被执行；若执行 try 下面代码的时候发生异常，则 try 下面的剩余未被执行的代码不会被执行，直接开始匹配 except

类型，匹配上就执行对应分支的代码，若全部 except 类型都匹配不上就报错。还有一个可选的 finally 关键字，finally 的作用是不管是否遇到异常最终都会执行 finally 下面的代码，常用于一些收尾工作，用不着的话可以不写，比如说查询数据库，不管是否操作成功最后都要关闭游标和数据库连接，保证不造成内存泄露，后面学到文件操作的时候我再演示一下具体用法。

刚刚有提到，如果 except 的类型全都匹配不上，还是会报错啊，有没有办法能捕获所有异常呢？当然有，Python 内置的异常类型全都直接或间接继承了 Exception 这个类，就是说，Exception 是它们的父类或者祖父类，我们只要捕获这个类，就能捕获所有异常了，所以上面的 division() 函数捕获异常可以写成“except Exception as e”，这样不管什么类型的异常都能捕获到，从此以后不管怎么调用这个函数都不会因报错导致程序终止了。代码如下：

```
def division(a, b):
    try:
        print("尝试执行代码")
        res = a / b
        return res
    except Exception as e:
        print("异常信息为：", e)
```

5.1.2　主动抛异常

虽然大多数时候我们不希望程序遇到异常，因为一遇到异常就意味着后面的代码无法继续执行了，但在有些场景中还真希望发生异常。还是拿之前的 Person 类举例吧，如果有人实例化 Person 类，并且给 age 属性赋值一个乱七八糟的字符串而不是一个整型数值，调用 age 属性的时候，比如说用于运算时，可能就会报错或得到错误的结果，所以我觉得当 age 被赋值不正确的类型的时候就没有必要执行了，干脆直接让它报错了，免得后面坑人坑己。那么怎么主动报错？使用 raise 关键字，后面跟上报错的异常类或异常类的实例。代码如下：

```
class Person:
    def __init__(self):
        self.age = None

    def set_age(self, new_age):
        if not new_age or not isinstance(new_age, int):
            raise TypeError("类型错误，必须要整型")
        self.age = new_age
```

```
Person().set_age("aa")  # 报错: TypeError: 类型错误，必须要整型
```

Python 的 raise 关键字用于主动抛出异常，后面跟上异常的类名，比如说比较常见的 TypeError，如果你想要让它给出异常提示的话可以实例化 TypeError 类，括号里传入要提示的字符串，如上面代码的演示。Python 的异常类型挺多的，但有时候可能还是不能满足你的需求，如果你需要自定义一个异常类型，那也很简单，前面说了，异常类型其实就是一个继承了 Exception 的类而已，那么我们也继承 Exception，代码如下：

```
class MyError(Exception):
    def __init__(self, arg1, arg2):
        self.arg1 = arg1
        self.arg2 = arg2

    def __str__(self):
        return "自定义异常, arg1={},arg2={}".format(self.arg1,
self.arg2)


try:
    data1, data2 = 1, 0
    if data2 == 0:
        raise MyError(data1, data2)  # 主动抛出异常
except MyError as e:
    print("MyError:{}".format(e))
finally:
    pass
# 输出:
# MyError: 自定义异常, arg1=1,arg2=0
```

代码中定义了一个继承了 Exception 的类 MyError，实例化这个类需要传入 arg1 和 arg2 两个参数，魔法方法 __str__() 用于打印自定义的报错提示，主程序中有 data1 和 data2 两个变量，初始值分别为 1 和 0，这种写在一行的写法其实就是元组的组包和解包。你应该还没那么快忘记，当执行到判断 data2==0 的时候就会主动报 MyError 的错误，下面的 except 会捕获到这种类型并打印报错信息，然后整个程序正常结束，所以，主动报错和自定义异常类型就这么简单，我们已经学完了，快去休息一下，然后继续往下学习啊。

5.1.3　debug 程序

你有听过“bug”这个词吧，我赌一包斗牛士你肯定听过，因为我前面讲过，bug 就是一些程序的错误，那么 debug 就是找出错误的过程。大多数 IDE 都提供了 debug 功能，这里以 pycharm 进行演示，其他 IDE 的 debug 操作都大同小异，步骤就是在代码左边单击一个断点（一般是一个红色的点），然后启动 debug，当程序运行到断点所在行时就会暂停执行，等待你的下一步指令。在 pycharm 中 debug 的操作是，设置好断点之后，在代码中单击一下鼠标右键，在快捷菜单中选择“Debug XXX”选项就可以启动 debug 了，如图 5-1 所示。

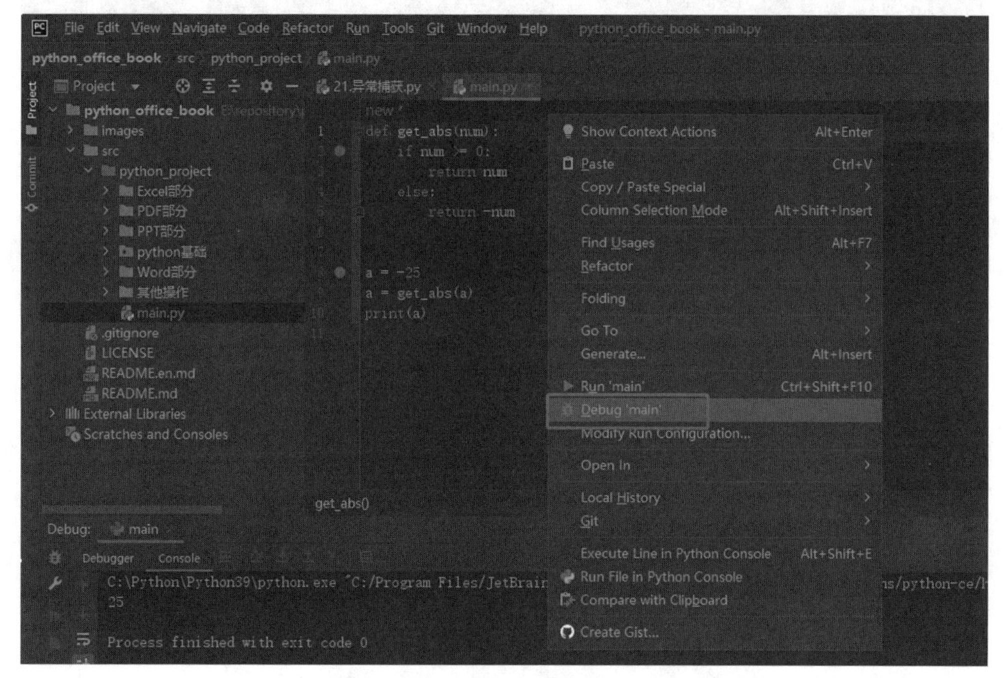

图 5-1　在 pycharm 中启动 debug

在 pycharm 中以 debug 方式运行代码之后，主要信息如图 5-2 所示，底部的面板会自动切换成 Debug 面板，Debug 面板最左边有跳过所有断点和结束 debug 的按钮，面板上面有控制执行流程的五个按钮，左数第一个是直接执行下一行代码（会跳过函数），第二个是进入到函数里执行（如果那一行代码有函数的话），第三个是只执行自己写的代码和函数（导进来的会被跳过），第四个是跳出函数和循环，第五个是跳到光标所在行，这几个按钮的作用并不难理解，如果看不懂我的介绍的话就自己动手尝试一下。

debug 的主要目的就是观察代码执行过程中变量的变化情况，所以 pycharm 会在 Debug 面板右边显示出当前变量的值，另外你也可以在代码窗口看到当前变量的值，你甚至可以修改它，所以 debug 就是调试神器，如果你在写程序的过程中发现你的代码并没有达到预期的效果，那就开启 debug 模式观察一下整个执行过程，就可以很容易找出是哪一步出错了。

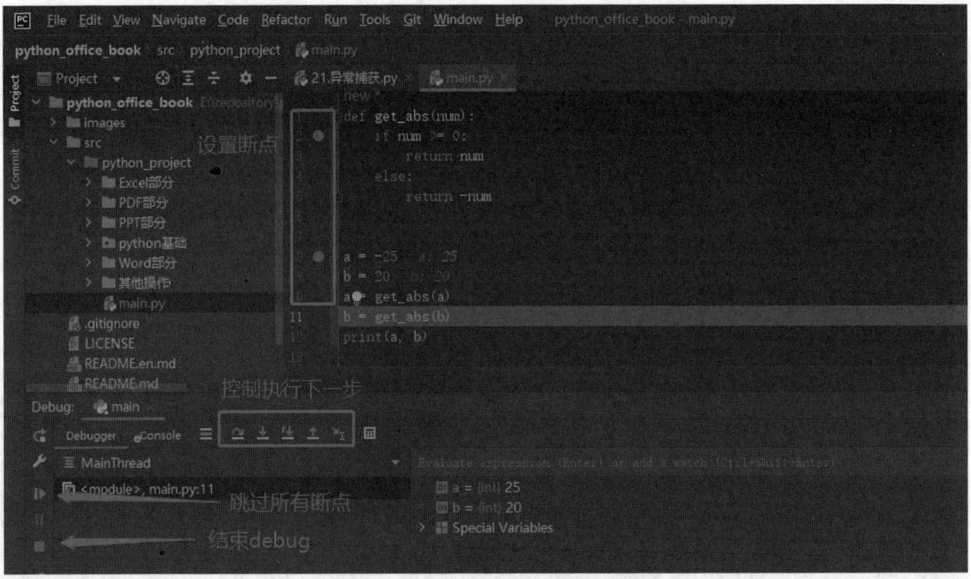

图 5-2 pycharm debug 界面信息

5.2 文件读写

如果你经常跟程序员打交道，可能会听过“持久化”这个词语，所谓持久化就是把数据保存到硬盘上面，这样即使程序运行完了数据也不会丢失，比较常见的持久化操作是文件读写。文件操作主要是读、写两种操作，读就是从硬盘上读取数据到程序中，叫作输入（input），写就是把程序的数据保存到硬盘上，叫作输出（output），所以文件读写本质上就是数据在程序内部与外部之间输入和输出的过程，因此文件读写又叫文件 I/O（Input or Output），不过你放心，I 和 O 这两种操作都不难。

5.2.1 open 函数

想一下，如果你要把数据保存到硬盘上该怎么操作，首先你会打开一个文本编辑器，比如说 Word，然后单击一下鼠标左键，当 Word 上出现闪动的光标的时候就可以输入文本，并且你可以通过改变光标的位置决定从哪里开始输入文本，所以这个闪动的光标就是操作文件的关键。这个光标对应的是文件操作符，是用来描述文件操作的，你也可以叫它另一个高大上的名字——句柄。在 Python 中，可以通过 open() 函数来获取一个文件描述符。

```
f = open("./test.txt", "w", encoding="utf-8")
```

其实 open() 函数有很多参数，但作为初学者，你只需要使用最重要的三个就可以了，分别是文件路径、操作模式、编码。

（1）文件路径。既然你要操作文件，总得指定操作哪个文件吧，所以文件路径必不可少。你可以使用绝对路径或相对路径。绝对路径就是从根目录开始的完整路径，比如说“D:\kaifa\Jetbrains\workspace\test.txt”，但是要注意 Windows 系统的路径分隔符是反斜杠，我们在学字符串的时候就知道反斜杠代表转义，那时候也讲了消除转义的方法，最方便的办法就是在字符串前面加上一个字母 r。相对路径，就是相对于当前文件的路径，用一个点表示当前路径，两个点表示上一级路径，比如“./test.txt”就是指与当前文件在同一个目录的 test.txt 文件，“./”是可以省略的，即可以直接写成“test.txt”，而“../test.txt”指的是当前文件的上一级目录里的 test.txt 文件，上上级的文件就是“../../test.txt”。由此可见，绝对路径的缺点是不够灵活，相对路径的缺点是如果路径太深则不便于阅读。

（2）操作模式。指定了操作哪个文件还不够，还需要告诉程序是要怎么操作，是读、写还是其他，所以需要指定操作模式。常用的操作模式有 r、w、a、b 等，r 比较简单，就是读取文件；w 是写入文件并覆盖掉原文件，意味着原文件的数据会丢失；a 是追加模式，若原文件不存在则新建文件，若原文件已存在，则原文件的原有数据不动，而在原有数据的后面继续写入新的数据；b 用于操作二进制数据，比如说保存一张图片。当然还有其他的读写模式，这里不过多介绍。这些模式还可以组合使用，比如说 rb 就是以二进制的形式读取一个文件，比如说读取一张图片、一个视频、一个 PDF 文档等，不难猜到 wb 就是以二进制的形式写入数据。

（3）编码。关于编码，我们已经在学习字符串的时候学过了，这里不再赘述。不同的操作系统都有各自默认的编码，所以为了保证在不同的系统上执行代码都不出现乱码，建议每次读写文件都使用 encoding 参数指定编码，一般指定为 utf-8 编码。

拿到了文件描述符之后就可以操作文件了，建议在文件读写操作时加上异常捕获，不管是否操作成功最后都要调用文件描述符对象的 close() 方法关闭描述符，释放资源，不然容易造成内存泄露。这里先演示一下如何写入文件，代码如下：

```
f = None
try:
    f = open("./test.txt", "w", encoding="utf-8")
    f.write("hello 冰冰 ")
    f.writelines(["Python", "Office"])
except Exception as e:
    print(" 文件操作失败: ", e)
finally:
    if f:
        f.close()

# 打开保存到硬盘上的 test.txt 文件，里面的内容为：
# hello 冰冰 PythonOffice
```

执行上面的代码之后就可以在当前 .py 文件的同级目录下看到一个“test.txt”文件，因为我使用的路径是“./test.txt”，前面说了“./”就表示当前路径，所以 test.txt 文件与当前的 .py 文件在同一个目录下。上面的代码使用的是 w 模式，用于保存文件，拿到文件描述符之后将其赋值给变量 f，然后调用 write() 方法，可以把字符串写进硬盘，如果想要把列表中的每个元素都保存到硬盘上，可以使用 writelines() 方法。另外大家还可以从保存的结果看到，保存的文件是不会换行的，如果你想要换行，需要自己在需要换行的地方加上换行符“\n”，比如说 f.write(“hello 冰冰 \n”)。

注意在 w 模式下写数据只能写入字符串，如果你传入其他类型的数据是会报错的，所以你需要把其他类型的数据转换成字符串再写入。你可以通过 str() 函数将其他类型的数据强转为字符串，也可以转换成标准的 JSON 数据。其实 JSON 就是字符串，只不过它的格式是 key-value 的形式，所以 Python 的字典对象可以轻松转换成 JSON 格式的字符串，Python 内置了 json 模块，调用该模块的 dumps() 函数即可把字典转换成 JSON 字符串，代码如下：

```
import json

f = None
try:
    f = open("./test.txt", "w", encoding="utf-8")
    my_dict = {"A": 1, "B": 2}
    f.write(json.dumps(my_dict))
except Exception as e:
    print(" 文件操作失败：", e)
finally:
    if f:
        f.close()
```

现在已经学会怎么写文件，那么也可以轻松学会读文件，只需要在调用 open() 函数获得文件描述符的时候把操作模式改为 r 即可。代码如下：

```
f = None
try:
    f = open("./test.txt", "r", encoding="utf-8")
    data = f.read()  # 一次性读取所有内容
    # data = f.readline()  # 每次读取一行
    # data = f.readlines()  # 读取所有行保存为列表
    print(data)
except Exception as e:
    print(" 文件操作失败：", e)
```

```
finally:
    if f:
        f.close()
```

读取文件主要有三个方法：read() 方法会一次性读取整个文件的内容；readline() 方法每次只读取一行的内容，所以如果想要用 readline() 方法读完所有内容，有几行就需要调用几次该方法；readlines() 方法会按行一次性读完所有内容，并且返回一个列表，列表的每个元素就是文件里的每一行数据。注意，不要一次性读取一个大文件，比如说你直接使用 read() 方法读取一个 50G 的文件肯定是不行的，因为一般家用电脑的内存才 8G 或 16G，这肯定会撑爆内存的。为了解决这个问题，可以在 read() 方法里传入一个整型参数，表示一次读取多少字节，然后循环读取，每读取一点就处理一点，这样就不会撑爆内存了。代码如下：

```
f = None
try:
    f = open("./50G 大文件 .txt", "r", encoding="utf-8")
    while True:
        data = f.read(1024)  # 每次只读取 1024 字节
        if data:
            print(" 此处写你怎么处理文件 ")
        else:
            print(" 文件已全部读取完 ")
            break

except Exception as e:
    print(" 文件操作失败: ", e)
finally:
    if f:
        f.close()
```

5.2.2　上下文管理器

上下文管理器，又一个看起来高大上的名词，见过大世面的你此刻应该已经很淡定从容了，先来看一下用法吧。读取一个文件的步骤是，打开文件，读取文件，关闭文件，但我们写代码时不是每次都记得关闭的，有没有办法让它自己自动关闭呢？当然有，试一下用 with 关键字，代码如下：

```
with open("test.txt", "r", encoding="utf-8") as f:
    data = f.read()
    print(data)
```

上面的代码用 with 关键字修饰 open() 函数，并且用 as 关键字把 open() 函数返回的文件描述符命名为 f，第二行及之后的代码要注意缩进。这样写就不需要手动调用 f.close() 关闭文件句柄了，它会在适当的时候自动调用 close() 方法。“适当的时候”“自动调用”，这听起来是不是感觉有点熟悉？没错，就是魔法方法，我们不妨也来自定义一个魔法方法，代码如下：

```
class MyFileOperator(object):
    def __init__(self, file_name, mode, encoding="utf-8"):
        self.file_name = file_name
        self.mode = mode
        self.encoding = encoding

    def __enter__(self):
        print('执行上文')
        self.file = open(self.file_name, self.mode, encoding=self.
encoding)
        return self.file

    def __exit__(self, exc_type, exc_val, exc_tb):
        print('执行下文')
        if not self.file.closed:  # 如果尚未关闭则关闭
            self.file.close()
            print("文件操作符已关闭")


if __name__ == '__main__':
    with MyFileOperator('test.txt', 'r') as f:
        data = f.read()
        print(data)
```

要实现可以让文件描述符自动关闭的类很容易，只需要实现 __enter__() 和 __exit__() 这两个魔法方法即可。这两个方法是用来管理资源的，在 __enter__() 方法里调用 open() 函数打开文件获得句柄并且返回，在 __exit__() 方法里关闭句柄释放资源。当用 with 关键字操作一个对象的时候，它会检查是否实现了这两个魔法方法，若未实现则报错，若已实现则会在合适的时候自动调用，至于它什么时候会调用我们不用管，我们只关注自己读写文件的业务即可。

这种可以搭配 with 关键字使用的情况就是上下文管理，实现了 __enter__() 和 __exit__() 这两个魔法方法的对象就是上下文管理器。

5.3 模块与包

虽然刚开始学编程的时候写的代码都很简单，但难保你以后不会变成一个编程大佬，写的代码可能有成百上千行，如果是开发大项目的话代码量可能绕地球两圈半。你可以想象一下，如果把那么多代码全都写在一个 .py 文件里，虽然程序能运行，但你确定自己看着不晕吗？如果需要修改代码，你得要翻多久才能翻到要修改的代码啊，所以，为了提高代码的可维护性，我们要学会组织代码结构，在 Python 中使用模块和包来管理代码结构。

5.3.1 模块

一个模块其实就是一个扩展名为 .py 的文件，是的，就是我们平时写 Python 代码的文件类型，但是要注意，如果你想让这个模块可以被其他模块引用，模块名，也就是文件名，必须符合 Python 标识符的命名规则，并且不能与 Python 内置模块同名，否则这个文件不能被其他模块引用。我们新建一个 my_module.py 文件，然后在里面写一些变量和函数，比如说变量 my_name 和函数 say_hello()，代码如下：

```
my_name = "冰冷的希望"


def say_hello(name="world"):
    print("hello {}".format(name))
```

然后我们在 my_module.py 的同级目录再新建一个 module_test.py 文件，把 my_module.py 的变量和函数导入到 module_test.py 中使用，代码如下：

```
from my_module import my_name, say_hello

print("my_name:", my_name)
say_hello(my_name)
# 输出：
# my_name: 冰冷的希望
# hello 冰冷的希望
```

从运行得到的结果来看，my_module.py 的代码确实被另一个文件引用了，所以我们写代码时可以把一些公用的代码写到一个模块里，就像函数一样，不管谁要用，尽管调用，所以使用模块的另一个好处就是可以减少代码冗余，方便后期维护。

虽然很简单，但我还是要解释一下怎么导入某个模块的代码。Python 提供了 from、import 关键字用来导入模块代码，from 关键字用于指定从哪个模块导入代码，import 关键字用于指定导入哪些代码，一个模块中的变量名、函数名、类名等都可以被导入，我们把它们统一称为标识符，多个标识符之间用半角逗号隔开。如果你要导入多个模块的代码就需要多写几个导入语句，但你可能会想到一种情况，如果不同的模块定义了相同的标识符，比如说我们在 my_module.py 文件里定义了 say_hello() 函数，在 my_module2.py 也定义了 say_hello() 函数，如果我们把这两个模块的 say_hello() 函数都导入了，在调用的时候到底会调用哪个模块的 say_hello() 函数？我可以明确告诉你，这个与导入的先后顺序有关，调用的是最后导入的那个 say_hello() 函数，相当于先导入的同名标识符会被后导入的同名标识符替换掉。但更多的时候，我们并不希望同名标识符被替换掉，比如两个同名函数的功能不一样，代码里都需要用到，主要有两种方法解决标识符冲突的问题。

解决模块标识符冲突的第一种方法是用 as 关键字给标识符起个别名，as 关键字在捕获异常那里有用过，你应该还记得用法，比如说我这里把 my_name 起名为 name，把 say_hello 起名为 greet，代码如下：

```
from my_module import my_name as name, say_hello as greet

print("my_name:", name)
greet(name)
# 输出：
# my_name: 冰冷的希望
# hello 冰冷的希望
```

解决模块标识符冲突的另一种方法是导入模块，然后使用“模块名 . 标识符”的方法引用标识符，代码如下：

```
import my_module

print("my_name:", my_module.my_name)
my_module.say_hello(my_module.my_name)
# 输出：
# my_name: 冰冷的希望
# hello 冰冷的希望
```

这种使用“模块名 . 标识符”的方法看起来有点麻烦，你完全可以把它们再赋值给一些标识符，这样就看起来舒服多了，代码如下：

```
import my_module

name = my_module.my_name
greet = my_module.say_hello
```

```
print("my_name:", name)
greet(name)
# 输出：
# my_name: 冰冷的希望
# hello 冰冷的希望
```

使用模块的目的就是希望代码被其他文件导入使用，但有时候有些代码是用于本模块自己内部测试使用的，并不希望被其他模块引用执行。这种情况也好解决，Python 的每个模块都有一个 __name__（双下画线开头和结尾）变量，它很神奇，当被其他模块引用时它的值是自己所在的模块名，比如说“my_module”，但当在本模块中运行时它的值又变成了“__main__”（双下画线开头和结尾），有了这个特点，我们可以把这些不希望被引用的代码写在“if __name__ == '__main__'”分支下面，我们拿 my_module.py 进行演示，修改如下：

```
my_name = "冰冷的希望"


def say_hello(name="world"):
    print("hello {}".format(name))


print("my_module.py 的 __name__", __name__)

if __name__ == '__main__':
    print("当模块被调用时此处代码不会被执行")
    say_hello("world")
```

改成这样的话，当直接运行 my_module.py 代码的时候会执行 if 分支，但是当其他模块引用 my_module.py 的代码的时候是不会执行 if 分支的。所以我个人建议大家在写代码的时候可以养成使用 if __name__ == '__main__' 的习惯。

5.3.2 包

既然不同的模块中的标识符可能会冲突，那么模块名，或者说文件名也可能会冲突，在一个团队开发中，每个人都负责开发不同的模块，万一他们都写了相同的文件名怎么办？这个问题也好解决，只要把这些文件分别放在不同的文件夹里就行。但此时这些文件夹里的模块还不能被引用，还需要在这些文件夹里再都放一个名为 __init__.py（双下画线开头和结尾）的文件，我们把这些里面有个 __init__.py 文件的文件夹叫作包，换句话说，包是文件夹，但文件夹不一定是包，文件夹里面有 __init__.py 文件才是包。当然还要注意包名必须符合标识符命名规则且不能与 Python 内置标识符冲突。

我们在 module_test.py 的同级目录再创建一个文件夹 my_package，文件夹里再新建一个文件 _ _init_ _.py，然后再新建一个模块 calculate.py，目录结构如下：

```
python_project
  ├── my_package
  |   ├── __init__.py
  |   └── calculate.py
  └── module_test.py
```

你可以在 calculate.py 模块里随便写点东西，比如定义一个 add() 函数，然后在 module_test.py 引用它，引用方式为“from 包名 . 模块名 import 标识符”，如果包里还嵌套着包，就是“from 包名 1. 包名 2. 包名 3. 模块名 import 标识符”，代码如下：

```
from my_package.calculate import add

print(add(1, 2))
```

到此，模块和包都学完了，模块就是一个 .py 文件，包就是带有 _ _init_ _.py 的文件夹，非常好区分，还有一个概念叫作库，库就是为了实现某个功能把相关的模块或包放在一起的组合。其实不管是包还是库，它们本质上都是模块，所以在交流的时候也不用区分得那么清楚，比如你家 boss 让你安装一下某个模块，这个模块可能是一个包也可能是一个库，你也不要跟他较劲，没有人会在乎它到底是一个模块、一个包还是一个库，安装好就得了。

5.3.3 pip 管理器

Python 除了优雅简洁，还有一个很大的好处，就是第三方库非常多，第三方库就是别人写好的代码，我们拿来即用。Python 有不少内置的模块，比如说 json、random 等，需要用的时候直接 import 就可以了，但第三方库不同，你需要安装才能使用，如果每个第三方库都要去网上搜索并下载安装包再安装才能使用，那得有多麻烦啊。好在 Python 有自带的模块管理器，就是 pip，在安装 Python 的时候我有强调过一定要把 pip 勾选上，现在就可以派上用场了。pip 的功能很多，但你只要知道怎么安装和卸载模块就够了，我们用 requests 这个第三方库来演示，这个库是用来发送网络请求的，后面我会介绍一下它的用法。因为 requests 不是内置模块，所以你直接 import requests 然后使用该模块是会报“ModuleNotFoundError: No module named ‘requests’”的错误的，安装时需要打开 cmd 或 powershell 窗口或其他终端，然后输入“pip install 模块名”的命令进行安装，我演示一下：

```
pip install requests
pip install requests==2.25.1
pip install requests -i https://pypi.tuna.tsinghua.edu.cn/simple/
```

上面三个命令都可以安装 requests 库，第一个命令是直接安装最新版本；第二个命令是安装指定版本，即安装 2.25.1 版本；第三个是通过 -i 选项指定清华下载源。因为 pip 默认的服务器是在国外的，所以有时候下载模块会特别慢甚至下载失败，如果通过 -i 选项指定国内的下载源就会快很多，国内比较好用的下载源有清华源、阿里源、豆瓣源，不用记，如果有需要的话搜一下“pip 国内源”就可以找到很多链接了。除了安装命令，也需要记住查看和卸载命令：

```
pip freeze
pip uninstall requests
```

查看当前的 Python 环境安装了哪些库，可以使用“pip freeze”命令，它会列出当前 Python 环境的所有库以及对应的版本。卸载的命令是“pip uninstall 模块名”，这些命令都很简单，我想你是可以快速记住的，若实在记不住也没关系，以后用到时再翻到这里瞄一眼也行，以后用得多了自然就会记住了，因为后面我们会用 pip 安装各种有关办公的库。

5.4　常用模块

5.4.1　datetime

时间操作也很常见，Python 内置了一个 time 模块用于管理时间，代码如下：

```
import time

time.sleep(0.5)  # 暂停 0.5 秒
time_stamp_now = time.time()
print(type(time_stamp_now), time_stamp_now)
# 输出：<class 'float'> 1662282993.712361
```

上面的代码演示了 time 模块的 sleep() 函数，作用是让程序暂停执行，参数是一个数字类型，表示程序要暂停的秒数，如果你希望程序不要执行太快可以用这个函数。time 模块还有个 time() 函数，用于获取当前的时间戳，时间戳是指从格林威治时间 1970 年 01 月 01 日 00 时 00 分 00 秒（北京时间 1970 年 01 月 01 日 08 时 00 分 00 秒）起到现在经过的总秒数，所以计算机记录时间的方式相当可爱，它记录的是从某个时间点到现在一共过去了多少秒。

Python 的时间戳是一个浮点数，整数部分是秒数，至于浮点部分，我也不确定精确度是多少，不过前三位，也就是毫秒级别还是比较准确的。虽然时间戳有利于计算机记录，但不利于我们阅读，我们见到的一般都是年月日时分秒的格式，所以我们要学习 datetime 类，从名字就知道它是管理日期和时间的，代码如下：

```
from datetime import datetime

dt_now = datetime.now()
print(type(dt_now), dt_now)
# 输出：<class 'datetime.datetime'> 2022-09-04 17:17:05.117725
print(dt_now.year, dt_now.month, dt_now.day)
# 输出：2022 9 4
print(dt_now.hour, dt_now.minute, dt_now.second, dt_now.microsecond)
# 输出：17 50 41 784540
```

datetime 类属于 datetime 模块，通过 datetime 类的方法 now()，可以获取到当前的时间，但得到的不是浮点型，而是一个 datetime 对象，datetime 对象有 year、month、day、hour、minute、second、microsecond 几个整型属性，分别代表年、月、日、时、分、秒、毫秒。当你打印 datetime 对象时输出的是我们比较常见的时间格式，如果你要保存 datetime 类型的话就需要将它转成字符串，有时候也需要从字符串再转换成 datetime 对象，这两者的互转需要指定某种格式，可以参考一下表 5-1。

表 5-1 部分日期时间格式化字符表

符号	说明	举例
%Y	年（四位数）	2022
%y	年（两位数）	22
%m	月	09
%B	月份名	September、October
%b	月份名缩写	Sep、Oct
%d	日	04
%H	时（24 小时制）	06、13
%I	时（12 小时制）	05
%S	秒	59
%A	星期	Wednesday
%a	星期缩写	Wed
%p	上下午	PM、AM

有了上表的格式化规则之后，我们就可以随意在 datetime 和 str 之间进行转换了，代码如下：

```
from datetime import datetime

dt_now = datetime.now()
fmt_str = "%Y-%m-%d %H:%M:%S"

# datetime 转 str
dt_now_str = dt_now.strftime(fmt_str)
print(type(dt_now_str), dt_now_str)
# 输出: <class 'str'> 2022-09-04 17:34:36
print(dt_now.strftime("%Y/%y/%d %H:%M:%S"))
# 输出: 2022/22/04 17:36:56
print(dt_now.strftime("%Y/%y/%d %I:%M:%S %p %a"))
# 输出: 2022/22/04 05:38:03 PM Sun

# str 转 datetime
dt = datetime.strptime(dt_now_str, fmt_str)
print(type(dt), dt)
# 输出: <class 'datetime.datetime'> 2022-09-04 17:42:56
```

5.4.2　decimal

之前我们学习数字类型的时候就知道浮点型的小数部分是不精确的，如果你希望小数参与计算能得到精确的结果，可以使用 Decimal 类型，Decimal 类属于 decimal 模块，你只需要把其他类型强转成 Decimal 类型，之后就可以把 Decimal 当成普通的数字类型参与加减乘除等算术运算，代码如下：

```
from decimal import Decimal

d1 = Decimal(333)
d2 = Decimal("3.123456789")
d3 = d1 / d2
print(type(d3), d3)
# 输出: <class 'decimal.Decimal'> 106.6126482596907153819440913
```

整型数据可以直接转换成 Decimal 类型，因为整型数据不存在精度问题，但是如果是浮点型数据，应该先转换成字符串再转成 Decimal，不然会存在精度带来的误差，因为浮点型本来就是不准确的。其实 Decimal 类型也是存在精度的，只是精度比较大，它默认的精度是 28，它的精度不只是小数部分，而是包括整数和小数。一般来说 28 的精度已经完全够用了，如果你需要更大的精度，decimal 模块的 getcontext() 函数会返回一个上下文对象，直接修改该对象的 prec 属性即可修改精度，代码如下：

```
from decimal import Decimal, getcontext

print(getcontext().prec)  # 默认精度
getcontext().prec = 100  # 把精度设置为 100
```

既然 Decimal 类型的精度那么高，参与计算之后想要保留指定位数的小数怎么办？Decimal 对象有一个 quantize() 方法用来修整小数，不过你得要告诉它怎么取舍，是直接丢掉、四舍五入还是其他方式，decimal 模块里有定义几种比较常用的处理方式，请参考表 5-2。

表 5-2 Decimal 保留小数方式

保留小数方式	说明
ROUND_CEILING	总是趋向正无穷大方向取值
ROUND_FLOOR	总是趋向负无穷大方式取值
ROUND_DOWN	总是趋向 0 方向取值
ROUND_UP	总是趋向 0 的反方向取值
ROUND_HALF_UP	四舍五入，即当大于等于 5，朝远离 0 的方向取值
ROUND_HALF_DOWN	最后一个有效数字大于或等于 5 则朝 0 反方向取整，否则，趋向 0 取值
ROUND_HALF_EVEN	类似于 ROUND_HALF_DOWN，不过，如果最后一个有效数字的值为 5，则会检查前一位，偶数值会导致结果向下取整，奇数值导致结果向上取整
ROUND_05UP	如果最后一位是 0 或 5，则朝 0 的反方向取整；否则向 0 取整

直接看表格的描述可能不是那么容易理解，可以配合代码实例演示，一看就懂：

```
from decimal import Decimal, ROUND_CEILING, ROUND_FLOOR, ROUND_DOWN,
ROUND_HALF_UP, ROUND_HALF_DOWN

print(Decimal("15.987654321").quantize(Decimal("0.00000"),
ROUND_CEILING))
# 输出：15.98766，正无穷大向上取值
print(Decimal("-15.987654321").quantize(Decimal("0.00000"),
ROUND_CEILING))
# 输出：-15.98765，负无穷大向上取值
print(Decimal("15.987654321").quantize(Decimal("0.00000"),
ROUND_FLOOR))
# 输出：15.98765，负无穷大向下取值
print(Decimal("-15.987654321").quantize(Decimal("0.00000"),
ROUND_FLOOR))
# 输出：-15.98766，负无穷大向下取值
```

```
print(Decimal("15.987654321").quantize(Decimal("0.00000"),
ROUND_DOWN))
# 输出：15.98765，趋向 0 取值
print(Decimal("-15.987654321").quantize(Decimal("0.00000"),
ROUND_DOWN))
# 输出：-15.98765，趋向 0 取值
```

5.4.3 os

因为本书的另一半知识点是关于学习和办公的，所以操作文件是一件非常常见的事情，比如说如果你要处理很多份文件，可以把这些文件都放在一个文件夹里，然后获取这个文件夹里的所有文件名并保存到列表里，然后遍历处理，所以很有必要学习一些常用的文件操作，比如说获取文件名、新建删除文件夹、判断某个路径是否存在或者判断操作对象是文件还是文件夹等，这些操作都可以通过 os 模块轻松完成。我这里给大家列举了 os 模块比较常用的函数或属性，可以参考一下表 5-3。

表 5-3 os 模块常用函数或属性

函数或属性	说明
os.rename(path)	重命名文件
os.remove(path)	删除文件
os.mkdir(path)	创建单个文件夹，若父路径不存在则报错
os.makedirs(path)	创建文件夹，若父路径不存在则一起创建
os.rmdir(path)	删除空文件夹，若不为空则报错
os.removedirs(path)	删除空文件夹，若不为空则报错，若父路径为空则一起删除
os.stat(path)	获取文件信息
os.getcwd()	获取当前工作路径
os.listdir(path)	获取某路径下所有文件名和文件夹名
os.path.exists(path)	判断某路径是否存在
os.path.isfile(path)	判断某路径是否为文件
os.path.isdir(path)	判断某路径是否为文件夹
os.path.isabs(path)	判断某路径是否为绝对路径
os.path.split(path)	分割文件路径和文件名
os.path.splitext(path)	把文件扩展名分割出来
os.path.join(path1,path2)	连接多个路径
os.name	当前系统名，nt 代表 Windows，posix 代表类 Linux
os.sep	当前系统路径分隔符
os.linesep	当前系统换行符

上表中列出的 os 模块常用函数都很简单，基本上都是传入路径就可以了，至于返回的是字符串还是列表或其他类型，需要大家自己动手演示一下去判断，多动手才能更快理

解和掌握。

我这里再给大家举个例子，指定某个路径，获取该路径下的所有文件的绝对路径，包括子文件夹里的文件。大概思路是，定义一个函数，传入一个路径，先通过 os.listdir() 函数获取路径下的所有文件和文件夹，遍历一下，用 os.path.isfile() 或 os.path.isdir() 判断是否文件或文件夹，如果是文件则保存到列表里，如果是文件夹，则再次调用函数自己，获取该路径下的所有文件和文件夹，所以这是一个递归操作。大家不妨按照这个思路或者自己的思路尝试把这个功能实现出来，自己思考和动手非常重要，有了自己的想法和逻辑之后再批判性参考一下我的写法，代码如下：

```
import os


def listdir(path, to_save_list: list):
    # 如果路径不存在就没必要往下处理了
    if not os.path.exists(path):
        return
    # 遍历path路径下的所有文件名和文件夹名
    for file in os.listdir(path):
        # path拼上file得到完整路径
        file_path = os.path.join(path, file)
        # 判断新路径是否文件夹
        if os.path.isdir(file_path):
            # 如果是文件夹，调用自己，把新路径传进去
            listdir(file_path, to_save_list)
        else:
            # 不过不是文件夹，那就是文件，保存起来
            to_save_list.append(file_path)


if __name__ == '__main__':
    dir_path = r"C:\Users\admin\Desktop"
    my_file_list = list()
    listdir(dir_path, my_file_list)
    for f in my_file_list:
        print(f)
```

这个函数本身不难，思路很简单，我也在代码里做了注释，大家应该可以看得懂，实在不懂的话，那就开启 debug 模式逐行执行，看看每行代码到底在干嘛。这里值得提的是，在某个函数中自己调用自己的情况，我们称之为递归，递归会让代码变得很简单，但

是要注意递归一定要有出口，不然无限循环调用自己那就有问题了，上面的代码的出口就是 else 分支，当判断一个路径不是文件夹的时候就不再调用自己了，等所有路径遍历完就可以结束。递归操作可能对于有些同学来说会很难绕出来，不要着急，把思路搞清楚问题就基本解决了，如果对递归确实不太感冒，那你就祈祷以后不再用到吧。

最后再强调一下，文件操作很重要，因为后面学习有关办公的知识点会经常与文件打交道，比如说判断文件是否存在、创建文件夹、分割文件名、拼接路径等，所以表 5-3 列出的各种方法或函数一定要自己动手操作一下，记不住没关系，但要知道它们的作用和用法。

第二部分　Python 办公知识

第 6 章　操作 Excel

本书前五章的内容是关于 Python 语法的，学了那么久相信你已经对这些内容掌握得差不多了。如果你还没掌握 Python 语法，并且也没有接触过其他高级编程语言，就直接跳到这里了，我建议你还是再跳到本书首页开始学习吧。毕竟如果你连 Python 语法都不会，即使后面的代码你能看得懂，但也肯定会很吃力，比如说你可能会在一些小问题上因没有自己的解决思路而消耗很多时间，这样不仅学习效率不高，还可能越学越乱。

好了，假设你已经把 Python 掌握得差不多了，我们就可以开始学习办公部分了。接下来我们要学习一些库，分别用于操作 Excel、Word、PowerPoint、PDF 等。其实如果你掌握了类与对象的编程逻辑，你会发现后面的知识点都很简单，因为基本上都是创建某些对象，然后再调用对象的属性和方法去实现我们的功能需求，所以你可以先找个空旷的地方大声告诉自己 Python 办公很简单，不要抵触。其实 Python 办公也确实很简单，我们已经学会了类与对象的知识点，剩下的无非就是去熟悉一下某些库而已。我们学习也是需要总结的，抓住重点就可以把复杂的东西简单化，比如说你作为一个非程序员，学习一门 Python 都觉得吃力，但你会发现程序员需要同时掌握甚至精通好几门编程语言，他们会觉得很难吗？其实他们也就是抓住了这些语言的共同点，然后再分别记住不同点，就可以掌握多门语言了，就像腹肌，练着练着就有八块了，只不过我的八块腹肌已经九九归一了，咳，扯远了，我们回到主题，开始学习如何使用 Python 来协助我们办公，Office 终于要与 Python 相遇了。

6.1　openpyxl

这一章我们将学习操作 Excel，包括打开保存文件、操作行列和单元格、设置样式、插入图表等操作，如果你对 Excel 不熟悉也没关系，我会尽量讲解重要概念，当然如果你熟悉 Excel 就更好了。

Python 有很多可以操作 Excel 的库，比如说 xlrd、xlwt、xlwings、openpyxl、pandas 等，这些库各有优缺点，大概情况可以参考一下表 6-1。

表 6-1　常用的 Python 操作 Excel 库

库	说明	读	写	修改	xls	xlsx	样式	插入图片
xlrd	主要用于读取 Excel	√			√	√		
xlwt	主要用于写入 Excel		√	√	√		√	√
xlutils	整合了 xlrd 和 xlwt	√	√	√	√			
xlwings	处理速度快，功能很强大，支持 VBA 和富文本	√	√	√	√	√	√	√

续表

库	说明	读	写	修改	xls	xlsx	样式	插入图片
xlsxwriter	适合用于保存 Excel 文件，支持富文本和 VBA		√			√	√	√
openpyxl	功能强大，处理大文件可以使用只读只写模式	√	√	√		√	√	√
pandas	基于 numpy，处理速度快，常用于数据分析	√	√		√	√		
win32com	功能十分强大，相当于可以直接操作 Office，所以前提是需要一个安装有 Office 套件的 Windows 系统	√	√	√	√	√	√	√

请注意，表 6-1 列举的库只是一个参考，列出的项只是当前版本的大概情况，比如说是否支持修改 Excel 文件，也许我写书的时候还不支持，但你看书的时候可能已经更新到支持的版本了也说不定。

Excel 的文件类型分为 xls 和 xlsx 两种，xls 是旧版类型，是 Excel2007 之前使用的文件类型，从 Excel2007 开始支持 xlsx 文件类型。上面列举出的库是否支持这两种文件类型的情况也都不一样，所以要根据自己的实际情况选择，如果没有特殊要求，尽量选择 xlsx 类型，因为 xlsx 类型可以保存更多数据、占用空间更小、运算速度更快。是否支持读写和修改也是很重要的选择依据，如果是以办公为目的，我觉得你可能会选择一些更强大的库，比如说 win32com，win32com 这个库基本上可以满足你操作 Office 的各种需求，因为它支持 VBA，但缺点也很明显，它只能在 Windows 系统上运行，而且电脑上还必须安装有 Excel，你想把写好的代码拿到苹果电脑上用那就不太方便了，还有就是，如果一个库功能很强大，那也意味着学习成本也会很大。

我个人观点是，不要希望用 Python 完全控制 Excel，如果你想要做一个复杂的文档，应该直接使用 Office 软件操作，使用编程语言最大的便利就是循环，所以 Python 更适合做些简单的批量读写或修改，比如说要按照一定的模板生成 100 份不同名字、年龄等信息的聘书，完全可以在 Office 软件里做好这个模板，因为使用软件操作，所见即所得，直观明了，换成 Python 你还不知道需要写多少行代码，而且写完代码你也不敢保证运行起来一定没有 bug。但使用 Python 简单修改一份文档却不需要写很多代码，也不容易出错，关键是写好一份代码就不用再重复工作了，生成一万份文件都是轻轻松松搞定的。说了那么多，我就是想告诉你，并不是只要使用编程语言来做就是高效率的，做事情要充分扬长避短，要灵活使用能为你所用的工具。所以如果你纠结要学哪个库，我建议选择一个适中的，比如说 openpyxl，它的功能不是最全的，处理速度不是最快的，但相应地，难度不是最大的，其实我知道你现在想学其他库也不太方便，主要是因为我选择了 openpyxl，不过你也不用担心，因为各个库的用法都大同小异，都是创建对象然后调用对象的属性和方法，等你完全掌握 openpyxl，再去学另外几个库会发现很容易上手。

openpyxl 是一个免费开源的项目，由志愿者在业余时间维护，可读写 xlsx、xlsm、

xltx、xltm 等类型的文档，下方给出了官方源码链接和官方文档链接，如果你感兴趣可以认真阅读一下：

```
源码链接：https://foss.heptapod.net/openpyxl/openpyxl/
文档链接：https://openpyxl.readthedocs.io/en/stable/
```

因为 openpyxl 是第三方库，所以要使用的话就需要先安装一下，安装很简单，因为我们已经学过 pip 的用法了。除了 openpyxl，我还推荐安装一下 lxml 和 pillow 这两个库，lxml 可以让 openpyxl 处理速度更快，pillow 主要用于后期插入图片，安装命令如下：

```
pip install openpyxl
pip install lxml
pip install pillow
```

6.2 打开与保存

首先你要知道 Excel 的基本概念，Excel 文档是一个文件，文件类型一般是 xls 或 xlsx，一个 Excel 文件称为一个工作簿（WorkBook），工作簿里可以有一个或多个工作表（Sheet），每个工作表又有多行多列的单元格（Cell），一般我们的数据都是写在单元格里。知道了基础概念之后我们再来学习如何操作 Excel 文件，最开始的操作应该是新建一个新的文档，或者打开一个已有的文档，最后的操作应该是保存文档并关闭文档，所以我们先来学习一下怎么打开和保存文档。

6.2.1 新建工作簿

在 openpyxl 中，一个工作簿对应一个 WorkBook 类，所以如果需要新建一个工作簿，只需要实例化一个 WorkBook 对象即可：

```
from openpyxl import Workbook

wb = Workbook()
```

6.2.2 保存工作簿

尽管刚刚新建的工作簿是一个空的工作簿，但也可以保存，说到保存文件也许你会想到 open() 函数，但这里不用，openpyxl 已经帮我们写好了保存的方法，只要调用 WorkBook 对象的 save() 方法即可，参数是文件路径，可以使用绝对路径也可以使用相对路径，比如说我们把它保存到当前位置的excel_files文件夹里，文件名是test.xlsx。注意一下，文件名和文件扩展名是可以随意写的，即使你把文件名写为test.xls，但保存的文件类型依然是xlsx类型，因为openpyxl根本就不支持xls类型，代码如下：

```
from openpyxl import Workbook

wb = Workbook()
wb.save("./excel_files/test.xlsx")
```

还要注意一下，如果要保存的路径不存在肯定是会报错的，比如说当前路径下根本没有excel_files这个文件夹，所以你想到怎么处理了吗？捕获异常？也可以吧，但更好的办法应该是判断路径是否存在，若不存在就创建，所以要用到我们前面学过的os模块，代码如下：

```
import os.path

from openpyxl import Workbook

wb = Workbook()
path = "./excel_files"  # 不包含文件名的文件路径
file_name = "test.xlsx"  # 文件名
file_path = os.path.join(path, file_name)  # 拼接文件路径和文件名
print(file_path)  # 输出：./excel_files\test.xlsx
# 如果文件路径不存在则新建
if not os.path.exists(path):
    os.makedirs(path)
wb.save(file_path)
```

当运行完上面的代码之后就会发现当前代码文件所在文件夹里新建了一个excel_files文件夹，里面有个test.xlsx文件，你可以使用Excel或者WPS打开看一下，其实也没什么好看的，就是一个空文档。

这里还拓展一个知识点，就是把文件保存为流文件，它的作用是用于网络传输，比如说用户请求下载一个Excel文档，你在服务器端处理完了之后不是保存到服务器的硬盘上，而是需要通过网络传输返回给用户。可能你暂时用不着这个功能，大概先有个印象吧，以后要是用到了再翻一下这里的代码：

```
from tempfile import NamedTemporaryFile
from openpyxl import Workbook

```

```
wb = Workbook()
with NamedTemporaryFile() as tmp:
    wb.save(tmp.name)
    tmp.seek(0)
    stream = tmp.read()
```

6.2.3 打开工作簿

如果你需要打开一个已保存在硬盘上的文档，相当简单，openpyxl 提供了 load_workbook() 函数用于打开文档，它有好几个参数，后面我再介绍一下这些参数，我们现在只要传入第一个参数就行，第一个参数是文件的路径，可以使用绝对路径也可以使用相对路径，当路径不存在时则报错，请自行决定是否需要捕获异常，代码如下：

```
from openpyxl import load_workbook

wb2 = load_workbook('./excel_files/test.xlsx')
```

6.3 操作工作表

6.3.1 获取默认工作表

一个 Excel 工作簿里面至少有一张工作表，刚刚我们新建了工作簿但并没有新建工作表啊，不应该会报错吗？既然没有报错那就说明有默认的工作表了，你可以打开刚刚保存的 Excel 文件瞄一眼，就会发现里面有一张名为“Sheet”的工作表。在 openpyxl 中一个工作表即一个 Worksheet 对象，我们可以使用 Workbook 对象的 active() 方法获取默认的 Worksheet 对象。我们知道单词“active”是“激活”的意思，在 Excel 中可以操作的工作表就是当前被激活的工作表，你可以打开 Excel，新建多个工作表，你要修改哪个工作表就需要用鼠标单击一下哪个工作表，这个单击动作其实就是激活工作表，同一时刻只有一个工作表是被激活的，直观的表现就是你看得到的那个工作表就是当前被激活的工作表，在 openpyxl 中第一张表就是被激活的。了解了激活的概念之后，我们试一下通过 Workbook 对象的 active() 方法获取一下默认被激活的工作表，代码如下：

```
from openpyxl import Workbook

wb = Workbook()
ws = wb.active()
# 报错: TypeError: 'Worksheet' object is not callable
```

调用完 Workbook 对象的 active() 方法之后发现报错了，提示内容大概是说 Worksheet 对象不能调用，这是为什么呢？如果你使用的 IDE 是 pycharm，可以把鼠标移到 active() 方法上面，然后按住 Ctrl 键再按一下鼠标左键就会跳到定义该方法的地方了，我们可以看到源码中的 active() 方法有两个：

```
@property
def active(self):
    ...

@active.setter
def active(self, value):
    ...
```

第一个 active() 方法不带参数，它的作用是返回默认的 Worksheet 对象，还注意到它上面有 @property，说明它被 property 装饰器所装饰，还记得 property 装饰器吧？我之前可是专门花一小节介绍它的，现在再带你复习一遍吧。装饰器的作用就是给函数或类增加新的功能，而 property 装饰器的作用是把方法当成属性使用，所以我们在调用 active() 方法的时候就要按照访问属性的写法了，即方法名后面不需要写括号了。再看一下下面的那个带 value 参数的 active() 方法，它的作用是修改被当前激活的工作表，它被装饰器 active.setter 所装饰，该装饰器的作用也是把方法当成属性使用，但它修改属性，就是给属性直接赋值。请注意，很多库都会通过装饰器把方法当成属性使用，也许你以后还会经常遇到，不过我们学过之后就应该看得懂，以后遇到了不要大惊小怪哦。好了，我们访问一下 active 属性获取一下默认的工作表：

```
from openpyxl import Workbook

wb = Workbook()
ws = wb.active
print(type(ws), ws)
# 输出：<class 'openpyxl.worksheet.worksheet.Worksheet'>
<Worksheet "Sheet">
```

6.3.2 工作表属性

操作工作表其实就是操作 Worksheet 对象，所以好不容易得到了 Worksheet 对象，肯定要和它交个朋友，其实主要就是学习它的属性和方法，但它很多方法都被装饰器装饰成了属性，所以你需要记住的知识点又少了一点点。我们打开一个准备好的 Excel 文件进行演示，该文件会和代码一起打包给你，为了方便你练习，我会把本书中用到的所有文件都和代码放在一起。

下面是查看一张表主要信息的代码，比如说表名、最大行数、最大列数、已用单元格范围等，代码如下：

```
from openpyxl import load_workbook

wb = load_workbook("./excel_files/ 全国城市某天最高温度排行 .xlsx")
ws = wb.active  # 获取第一张表
# 表名
print(ws.title)  # 输出：最高温度排名
ws.title = "最高温度"
print(ws.title)  # 输出：最高温度
# 最大行数
print(ws.max_row)  # 输出：101
# 最大列数
print(ws.max_column)  # 输出：5
# 已启用的单元格范围
print(ws.dimensions)  # 输出：A1:E101
# 编码类型
print(ws.encoding)  # 输出：utf-8
# wb.save("./excel_files/ 全国城市某天最高温度排行 .xlsx")
```

有些属性是可以修改的，比如说 title，即表名，想要修改表名就把 title 改了就行，但修改了之后别忘了调用 Workbook 对象的 save() 方法将其保存到硬盘上，不然程序一结束你修改的数据都会被释放掉。

6.3.3 获取工作表

前面的内容是通过 Workbook 对象的 active 属性获取到第一张工作表，如果一个工作簿中有多张表，我们该怎么查看有哪些表呢？可以访问一下 Workbook 对象的 get_sheet_names() 方法或者 sheetnames 属性，代码如下：

```
from openpyxl import load_workbook

wb = load_workbook("./excel_files/ 全国城市某天最高温度排行 .xlsx")
# 获取表名
print(wb.get_sheet_names())  # 输出：['最高温度排名', '最低温度排名']
print(wb.sheetnames)  # 输出：['最高温度排名', '最低温度排名']
```

从代码中可以看出调用 Workbook 对象的 get_sheet_names() 方法和访问 sheetnames 属性都能得到一个包含了所有表名的列表，但是执行代码之后它还会出现一个

“DeprecationWarning: Call to deprecated function get_sheet_names (Use wb.sheetnames).”的警告，大概意思是说 get_sheet_names() 方法已经快要被弃用了，应该使用 sheetnames 属性代替它，所以平时大家在获取工作表的时候尽量使用 sheetnames 属性。其实你点进去看一下源码就会发现 get_sheet_names() 方法里面也就是直接返回了 sheetnames 属性，之所以还不直接丢弃这个方法应该是为了兼容旧版本的代码吧：

```
@deprecated("Use wb.sheetnames")
def get_sheet_names(self):
    return self.sheetnames
```

知道了一个工作簿有什么表之后，也许我们需要通过表名获取工作表，因为只有获取到工作表之后才能操作它。获取工作表的方式大概有 2 种，看一下下面的代码：

```
from openpyxl import load_workbook

wb = load_workbook("./excel_files/ 全国城市某天最高温度排行 .xlsx")
# 通过表名获取工作表
sheet1 = wb.get_sheet_by_name(" 最高温度排名 ")
sheet2 = wb[" 最低温度排名 "]
print(sheet1.title)  # 输出：最高温度排名
print(sheet2.title)  # 输出：最低温度排名
```

我们可以通过 Workbook 对象的 get_sheet_by_name() 方法或中括号的方式获取一个工作表，当然，调用完 get_sheet_by_name() 方法之后会有一个“ DeprecationWarning: Call to deprecated function get_sheet_by_name (Use wb[sheetname]).”的弃用警告，所以我们平时尽量使用中括号的方式获取工作表，谁也不知道以后哪个版本就没有 get_sheet_by_name() 方法了。还要注意，当获取的工作表不存在时程序是会报错的。

6.3.4　新建工作表

很多情况下一张表不够用，新建工作表就很有必要了。Workbook 对象提供了 create_sheet() 方法用于新建工作表，它需要两个参数，第一个是表名，第二个是表的位置，位置从 0 开始，这还是比较符合我们的编程逻辑的，如果你不指定位置，则默认添加到最后，调用完 create_sheet() 方法之后会返回新创建的工作表，即 Worksheet 对象。代码如下：

```
from openpyxl import load_workbook

wb = load_workbook("./excel_files/ 全国城市某天最高温度排行 .xlsx")
print(wb.sheetnames)  # 输出：[' 最高温度排名 ', ' 最低温度排名 ']
```

```
new_sheet1 = wb.create_sheet("新建表1", 0)
new_sheet2 = wb.create_sheet("新建表2")
print(wb.sheetnames)  # 输出: ['新建表1', '最高温度排名', '最低温度排名',
'新建表2']
print(new_sheet1.title)  # 输出：新建表1
print(new_sheet2.title)  # 输出：新建表2
```

6.3.5 删除工作表

如果你想删除工作表，可以通过 Workbook 的 remove() 方法，但是这个方法的参数是一个 Worksheet 对象，所以如果你要使用这个方法删除工作表，前提是要先获取到一个工作表，获取工作表的方式我们前面已经学过了，但感觉这么做有点麻烦，很多情况我们希望直接根据表名来删除，这时候你可以通过 Python 的 del 关键字删除，这有点像通过键删除字典的项。代码如下：

```
# 删除工作表
from openpyxl import Workbook

wb = Workbook()
ws2 = wb.create_sheet("表2")
wb.create_sheet("表3")
wb.create_sheet("表4")
print(wb.sheetnames)  # 输出：['Sheet', '表2', '表3', '表4']
wb.remove(ws2)
del wb["表3"]
print(wb.sheetnames)  # 输出：['Sheet', '表4']
```

6.3.6 移动工作表

移动工作表的顺序这种操作不怎么常用，但还是要有个印象的，万一你以后要用上呢。Workbook 对象提供了 move_sheet() 方法移动工作表，它需要两个参数，第一个是表名，第二个是偏移量而不是索引，偏移量的意思就是要移动几次，偏移量数据类型是整型，正数表示往后移动，负数表示往前移动。下面的代码是让“Sheet”表往后移动一个位置，“表 4”表往前移动一个位置。代码如下：

```
from openpyxl import Workbook

wb = Workbook()
wb.create_sheet("表2")
```

```
wb.create_sheet("表3")
wb.create_sheet("表4")
print(wb.sheetnames)  # 输出：['Sheet', '表2', '表3', '表4']
wb.move_sheet("Sheet", 1)
wb.move_sheet("表4", -1)
print(wb.sheetnames)  # 输出：['表2', 'Sheet', '表4', '表3']
```

6.3.7 复制工作表

复制工作表的操作好像也不多，但不确定自己的操作是否正确的时候，也可以将工作表复制一份用于备份。Workbook 有提供了一个 copy_worksheet() 方法用来复制工作表，但它的参数也是一个 Worksheet 对象，代码如下：

```
from openpyxl import Workbook

wb = Workbook()
print(wb.sheetnames)  # 输出：['Sheet']
ws = wb.active
wb.copy_worksheet(ws)
print(wb.sheetnames)  # 输出：['Sheet', 'Sheet Copy']
```

当调用完 copy_worksheet() 方法之后就会把复制得到的工作表追加到工作簿的末尾，表名默认是“Sheet Copy”，如果不想使用默认的表名怎么办？调用 copy_worksheet() 方法会返回复制得到的 Worksheet 对象，这样就可以操作它了，改一下表名还不是非常简单的事，你应该还没忘记怎么修改表名吧？代码如下：

```
from openpyxl import Workbook

wb = Workbook()
print(wb.sheetnames)  # 输出：['Sheet']
ws = wb.active
ws2 = wb.copy_worksheet(ws)
ws2.title = "复制得到的表"
print(wb.sheetnames)  # 输出：['Sheet', '复制得到的表']
```

6.4 访问单元格

单元格是比较重要的概念，因为我们的数据基本上都是写在单元格里，所以操作

Excel 基本上就是在操作单元格（Cell）。我们知道一个工作表是由很多行和列组成的，就像一个排列整齐的方阵，单元格就是行列的交叉部分。工作表的行用从 1 开始的整数表示，列用字母 A-Z 表示，但字母只有 26 个，当列数超过 26，则用组合字母表示，例如 AA、AB 等。既然行列都能表示了，那定位单元格就简单多了，比如说 A1 就是第 A 列第 1 行，即第一列第一行，C5 就是第 C 列第 5 行，即第三列第五行，换句话说就是我们可以通过坐标来定位单元格。

6.4.1 获取单个单元格

在 openpyxl 中，每一个单元格都是一个 Cell 对象，但我们一般不需要自己实例化 Cell 对象，你只要通过 Worksheet 对象的 cell() 方法获取或者根据坐标获取：

```
from openpyxl import Workbook

wb = Workbook()
ws = wb.active

cell1 = ws["a6"]  # 通过坐标获取
cell2 = ws.cell(1, 2)  # 通过行列下标获取
cell3 = ws.cell(2, 5, "test value")  # 通过行列下标获取

print(type(cell1))  # 输出：<class 'openpyxl.cell.cell.Cell'>
print(type(cell2))  # 输出：<class 'openpyxl.cell.cell.Cell'>
print(type(cell3))  # 输出：<class 'openpyxl.cell.cell.Cell'>
```

如果你是通过坐标的方式获取 cell 对象，即用中括号取值，坐标是一个字符串，且字母不用区分大小写。如果是通过 Worksheet 对象的 cell() 方法取值，该方法一共有三个参数，前两个分别是行、列，是必须传入的参数，第三个参数是设置单元格的值，是可选参数。需要注意的是，cell() 方法的前两个参数是从 1 开始的，例如 ws.cell(2, 5) 访问的是第二行第五列的单元格，即 E2，等同于 ws[“E2”]，因为我们之前接触的索引都是从 0 开始的，到这里你就需要单独记忆一下了，第三个参数是用来修改单元格的值的，可以不传入，但传入，就会把原有的值替换掉。

6.4.2 单元格属性

我们怎么知道通过 ws.cell(2, 5) 获取的单元格是 E1 而不是 E2 呢？怎么知道单元格的值是多少呢？这得要来学习一下 Cell 对象的属性了，代码如下：

```
from openpyxl import Workbook
```

```
wb = Workbook()
ws = wb.active

# 把第 2 行第 5 列的值修改为 "test value"，并返回该 Cell 对象
cell = ws.cell(2, 5, "test value")
# 获取当前单元格的坐标
print(cell.coordinate)  # 输出：E2
# 获取当前单元格的值
print(cell.value)  # 输出：test value
# 获取当前单元格的列（字母）
print(cell.column_letter)  # 输出：E
# 获取当前单元格的列（数字）
print(cell.col_idx)  # 输出：5
# # 获取当前单元格的行
print(cell.row)  # 输出：2
# 获取当前单元格的编码
print(cell.encoding)  # 输出：utf-8
```

Cell 对象的属性并不多，自己动手练习一下上面的代码就可以很快掌握，比较重要的是 value 属性和坐标信息，尤其是 value 属性，我们在访问单元和修改单元格实际上就是在操作 Cell 对象的 value 属性。

6.4.3 修改单元格

单元格的值就是 Cell 对象的 value 属性，所以要修改单元格的值，只需要修改 value 属性即可，比如说第 6 行第 5 列的值原来是 23，现在要改成 24，代码如下：

```
from openpyxl import load_workbook

wb = load_workbook("./excel_files/ 全国城市某天最高温度排行 .xlsx")

ws = wb.active
cell = ws.cell(6, 5)
print(cell.value)  # 输出：23
cell.value = 24
print(cell.value)  # 输出：24
```

上面的修改只是修改了内存中的数据，程序运行完之后打开 Excel 看到的内容是不会发生变化的，如果想要将数据保存到文件，请自行调用 Workbook 对象的 save() 方法。当然，cell() 方法第三个参数的作用就是改单元格的值，所以代码也可以这么写：

```
...
ws = wb.active
cell = ws.cell(6, 5, 24)
print(cell.value)  # 输出：24
```

还有一种方法是通过中括号的方式，前面说用中括号访问会返回一个 Cell 对象，但如果直接赋值就会修改该单元格的值，代码如下：

```
from openpyxl import load_workbook

wb = load_workbook("./excel_files/全国城市某天最高温度排行.xlsx")
ws = wb.active
ws["E6"] = 24
print(ws.cell(6, 5).value)  # 输出：24
```

现在我们来创造一些简单的数据，从 1~200，一共 200 个整型数据，按照 10 行 20 列的方式保存到工作表里，你可以想一下应该怎么写这简单的代码。实现方法有多种，比较简洁的思路是先定义一个初始值为 1 的整型变量，借助 range 类循环 10 次代表 10 行，因为每一行又有 20 列，所以在循环体里再循环 20 次，即存在循环嵌套，在第二层循环体进行赋值，第二层循环结束之后要记得把整型变量的值改变。这个思路的知识点我们全都学过，所以如果你掌握了 Python 基础知识应该是可以轻松写出来的，如果觉得难，那你可能需要多加练习基础知识，尤其是因为心急就快速略过 Python 部分的同学，或者一路上就只看代码却不动手练习的极个别同学，如果是眼睛会了但手不会那就是不会。我的参考代码如下：

```
from openpyxl import Workbook

wb = Workbook()
ws = wb.active

i = 1
for x in range(1, 11):
    for y in range(1, 21):
        ws.cell(x, y, i)
        i += 1
wb.save("./excel_files/test.xlsx")
```

执行完代码之后打开保存的文档，生成的 Excel 表格大概长这样，如图 6-1 所示。

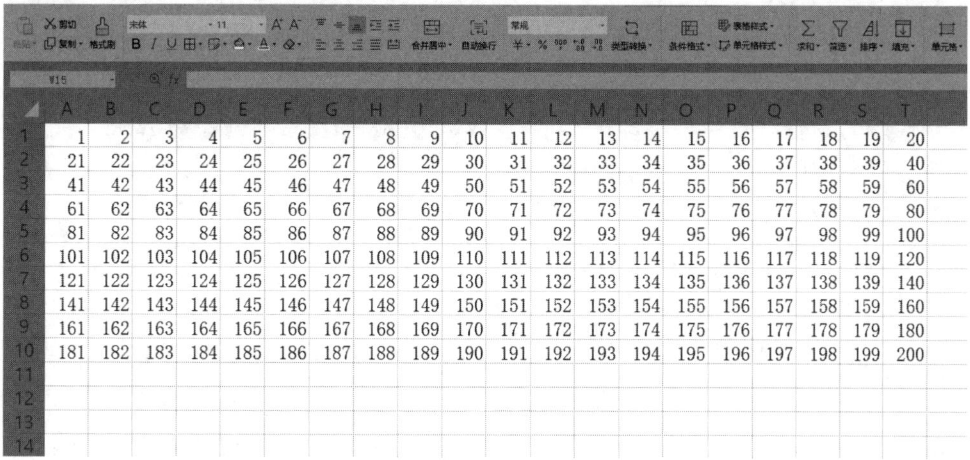

	A	B	C	D	E	F	G	H	I	J	K	L	M	N	O	P	Q	R	S	T
1	1	2	3	4	5	6	7	8	9	10	11	12	13	14	15	16	17	18	19	20
2	21	22	23	24	25	26	27	28	29	30	31	32	33	34	35	36	37	38	39	40
3	41	42	43	44	45	46	47	48	49	50	51	52	53	54	55	56	57	58	59	60
4	61	62	63	64	65	66	67	68	69	70	71	72	73	74	75	76	77	78	79	80
5	81	82	83	84	85	86	87	88	89	90	91	92	93	94	95	96	97	98	99	100
6	101	102	103	104	105	106	107	108	109	110	111	112	113	114	115	116	117	118	119	120
7	121	122	123	124	125	126	127	128	129	130	131	132	133	134	135	136	137	138	139	140
8	141	142	143	144	145	146	147	148	149	150	151	152	153	154	155	156	157	158	159	160
9	161	162	163	164	165	166	167	168	169	170	171	172	173	174	175	176	177	178	179	180
10	181	182	183	184	185	186	187	188	189	190	191	192	193	194	195	196	197	198	199	200

图 6-1　生成 10 行 20 列练习数据

6.4.4　获取多个单元格

如果你需要访问多个单元格，比如说单行、单列或多行多列，可以通过上面的 cell() 方法一个一个获取，也不难，就是写个 for 循环而已，但不用猜就知道这种获取多个单元格的常规操作，openpyxl 肯定是有提供对应的方法的。首先来看一下通过中括号的方式获取多个单元格，就使用上面创建的 10 行 20 列的 Excel 文件作为素材，代码如下：

```
from openpyxl import load_workbook

wb = load_workbook("./excel_files/test.xlsx")
ws = wb.active

row_cells = ws[2]  # 选取第 2 行（下标从 1 开始），返回一个元组
print(row_cells)
# 输出：(A2, B2, …, T2)

col_cells = ws["b"]  # 选取 B 列，返回一个元组
print(col_cells)
# 输出：(B1, B2, …, B10)

row_range_cells = ws[2:5]  # 选取 2、3、4、5 共 4 行，返回元组套元组
print(row_range_cells)  # 输出：
# 输出：
# (
#     (A2, B2, C2, …, T2),
#     (A3, B3, C3, …, T3),
#     (A4, B4, C4, …, T4),
```

```
#     (A5, B5, C5, …, T5),
# )

col_range_cells = ws["B:D"]  # 选取 B、C、D 共 3 列，返回元组套元组
print(col_range_cells)  # 输出：
# 输出：
# (
#     (B1, B2, B3, …, B10),
#     (C1, C2, C3, …, C10),
#     (D1, D2, D3, …, D10),
# )

range_cells = ws["c3:f6"]  # 选取 C3 到 F6 区域共 16 个元素，返回元组套元组
print(range_cells)
# 输出：
# (
#     (C3, D3, E3, F3),
#     (C4, D4, E4, F4),
#     (C5, D5, E5, F5),
#     (C6, D6, E6, F6),
# )
```

首先说明一下，打印一个 Cell 对象得到的形式是 <Cell ‘Sheet’ . 坐标 >，太长了，所以我在注释中就直接使用坐标表示了，比如说 <Cell ‘Sheet’ .C3> 就直接写成 C3，所以当你在练习代码的时候实际看到的输出内容会比较乱，需要自己耐心看一下。

使用中括号的方式获取单元格的时候，如果中括号里是一个由字母、数字组合而成的字符串坐标，那就是访问某个单元格；但如果是一个数字（包括整型和字符串），那就是访问某一行，得到的是元组；如果是一个字符串类型的字母，那就是访问某一列，也得到一个元组，这是访问单行单列的方法。如果想要访问多行多列，用半角冒号分隔，有点像切片，比如说 ws[2:5] 访问的是 2~5 行，即第 2、3、4、5 行，ws[“B:D”] 访问的是 B~D 列，即 B、C、D 三列，所以从中括号的内容观察到的结论是，访问行用整型，访问列用字符串。

我们可以使用字母去访问某一列，但如果你不知道某个数字对应的字母形式是什么怎么办？比如说你要访问第 780 列，你可以打开 Excel 找一下，它对应的字母形式是“ACZ”，但写代码的时候总不能打开 Excel 去看一眼吧。其实偶尔打开对照一下也不是不行，怎么方便怎么来嘛，但对于这种重要的操作 openpyxl 肯定也是想到了的，所以提供了 get_column_letter() 和 column_index_from_string() 这两个方法完成数字与字母的互转，前者是从数字转为字母，后者是字母转为数字，这两个方法都在 openpyxl.utils 模块里，使用之前要先导入包，看一下代码演示。

```
from openpyxl.utils import get_column_letter, column_index_from_string

col_letter = get_column_letter(12)
print(col_letter)  # 输出：L
col_idx = column_index_from_string(col_letter)
print(col_idx)  # 输出：12
```

除了使用中括号的形式取值，Worksheet 对象也有 iter_rows() 和 iter_cols() 这两个方法获取多行多列，这两个方法的参数是一样的，返回值也都是元组套元组，只不过一个是按行读取另一个是按列读取而已。来看一下下面的代码演示吧：

```
from openpyxl import load_workbook

wb = load_workbook("./excel_files/test.xlsx")
ws = wb.active

cells = ws.iter_rows(min_col=2, max_col=5, min_row=1, max_row=3)
for cell in cells:
    print(cell)
# 输出：
# (B1, C1, D1, E1)
# (B2, C2, D2, E2)
# (B3, C3, D3, E3)

cells = ws.iter_cols(min_col=2, max_col=5, min_row=1, max_row=3,
values_only=True)
for cell in cells:
    print(cell)
# 输出：
# (2, 22, 42)
# (3, 23, 43)
# (4, 24, 44)
# (5, 25, 45)
```

通过代码可以发现，虽然 iter_rows() 和 iter_cols() 这两个方法有 5 个参数那么多，但都很简单，前 4 个参数分别是最小列、最大列、最小行、最大行，也就是限制了单元格的范围，如果不指定则获取所有，第 5 个参数是 values_only，表示是否只取值，默认值是 False，即会返回 Cell 对象原来的数据，比如说样式、公式都保持不变，如果改为 True，则只返回值（整型、字符串等）而不是 Cell 对象，这样可以大大节省内存，适合数据量大且只需要读取值的情况。

Worksheet 对象还有 rows 和 columns 属性可以访问所有行和所有列（Cell 对象），还有一个 values 属性可以访问所有值（非 Cell 对象），不过它们都是生成器，我们需要遍历才能取值，代码如下：

```
from openpyxl import load_workbook

wb = load_workbook("./excel_files/test.xlsx")
ws = wb.active

print(type(ws.rows))  # 输出：<class 'generator'>
for cells in ws.rows:
    # cells 是一个元组，元素是 Cell 对象
    print(cells)

print(ws.columns)  # 输出：<class 'generator'>
for cells in ws.columns:
    # cells 是一个元组，元素是 Cell 对象
    print(cells)

print(type(ws.values))  # 输出：<class 'generator'>
for rows in ws.values:
    # rows 是一个元组，元素是值而不是 Cell 对象
    for value in rows:
        print(value)
```

既然我们学会了怎么遍历单元格以及怎么修改单元格的值了，那就需要举个小例子练习一下，你可以打开"全国城市某天最高温度排行 .xlsx"这个文件，看一下第一张表"最高温度排名"，里面的 D 列和 E 列分别是最高温度和最低温度，现在需要在 F 列中填上平均温度。实现过程也很简单，分别取出 D、E 两列的值计算完平均值之后再写进 F 列即可，根据我们学的知识点，实现方法有很多种，可以考一下自己能想到多少种组合。动手写完代码之后再参考一下我的代码：

```
from openpyxl import load_workbook

wb = load_workbook("./excel_files/全国城市某天最高温度排行.xlsx")
ws = wb.active
# 分别获取 D、E、F 三列
cols = ws["D:F"]
# 每一列都是一个元组，元组的元素是 Cell 对象
col_d = cols[0]
```

```
col_e = cols[1]
col_f = cols[2]
# 一列有多少个单元格就遍历多少次
for i in range(len(col_f)):
    # 下标为 0 即第一行，是表头，只修改 F 列即可
    if i == 0:
        col_f[i].value = "平均温度"
        continue
    # 分别访问每一行的值
    col_f[i].value = (col_d[i].value + col_e[i].value) / 2

# 别忘了保存到硬盘
wb.save("./excel_files/全国城市某天最高温度排行.xlsx")
```

我们知道“最高温度排名”表的列是固定的，即确定了 D 列、E 列分别是最高温度和最低温度，并且指定了平均温度要写在 F 列，如果要求改为，只知道第一行是表头，但不确定一共有多少列，也不确定最高和最低温度在哪一列，并且把平均温度放在最后一列，这种情况我们应该怎么写代码呢？其实也不难，就是多些遍历去确定在哪一列而已，你可以拿“最低温度排名”表练习一下，实在写不出来的话可以瞄一下我的代码作为参考，代码如下：

```
from openpyxl import load_workbook
from openpyxl.utils import get_column_letter

wb = load_workbook("./excel_files/全国城市某天最高温度排行.xlsx")
ws = wb["最低温度排名"]
# 用于最高温度和最低温度所在列对应的字母
highest_letter = None
lowest_letter = None
# 第一行是标题
title_row = ws[1]
for title_cell in title_row:
    # 如果第一行的内容是"最高温度"，则取出它的字母列名
    if title_cell.value == "最高温度":
        highest_letter = title_cell.column_letter
    # 如果第一行的内容是"最低温度"，则取出它的字母列名
    elif title_cell.value == "最低温度":
        lowest_letter = title_cell.column_letter
# 如果最高温度或最低温度不存在，那就没必要继续往下执行了，直接抛异常
if not highest_letter or not lowest_letter:
    raise Exception("未找到最高温度或最低温度")
```

```
# 还要确定平均温度所在列的字母形式
# 工作表当前的最大列数 +1，即当前的最后一列的后一列，转换成对应的字母形式
last_letter = get_column_letter(ws.max_column + 1)
# 通过字母形式获取最高温度列、最低温度列以及平均温度列
highest_col = ws[highest_letter]
lowest_col = ws[lowest_letter]
avg_col = ws[last_letter]
# 第 0 行是标题，先改为 " 平均温度 "
avg_col[0].value = " 平均温度 "
# 从第 1 行开始是温度数据，计算平均值后赋值给平均温度所在列
for i in range(1, len(highest_col)):
    avg_col[i].value = (highest_col[i].value + lowest_col[i].
value) / 2
# 执行完之后别忘了保存工作簿
wb.save("./excel_files/ 全国城市某天最高温度排行 .xlsx")
```

6.5 操作单元格

我们学会访问和修改单元格之后就可以满足大部分简单的修改需求了，但可能还不够，还需要再学一些操作，比如说合并单元格、删除和插入行列、移动单元格等，但说实在的，如果是再复杂点的操作我还是建议在 Excel 中操作吧，代码还是更适合做些简单却烦琐耗时的操作。

6.5.1 合并单元格

如果有多个挨在一起的单元格，是可以合并为一个单元格的，但注意，合并单元格，只会保留最左上角那个单元格的数据，其他单元格数据会被清空，即使取消合并，原来的单元格的数据也回不来了，所以合并单元格之前一定要确认除了最左上角的单元格，其他单元格的数据都不要了。在 openpyxl 中，Worksheet 对象提供了 merge_cells() 和 unmerge_cells() 这两个方法用于合并操作，前者是合并单元格，后者是取消合并单元格，这两个方法的参数是一样，传参的方式也有两种，比如说要合并 B2:F6 这个区域，合并之后的单元格的值是 B2 的值，代码如下：

```
from openpyxl import Workbook

wb = Workbook()
ws = wb.active
i = 1
for x in range(1, 11):
```

```
    for y in range(1, 21):
        ws.cell(row=x, column=y, value=i)
        i += 1

ws.merge_cells("B2:F6")
```

合并之后的效果如图 6-2 所示。

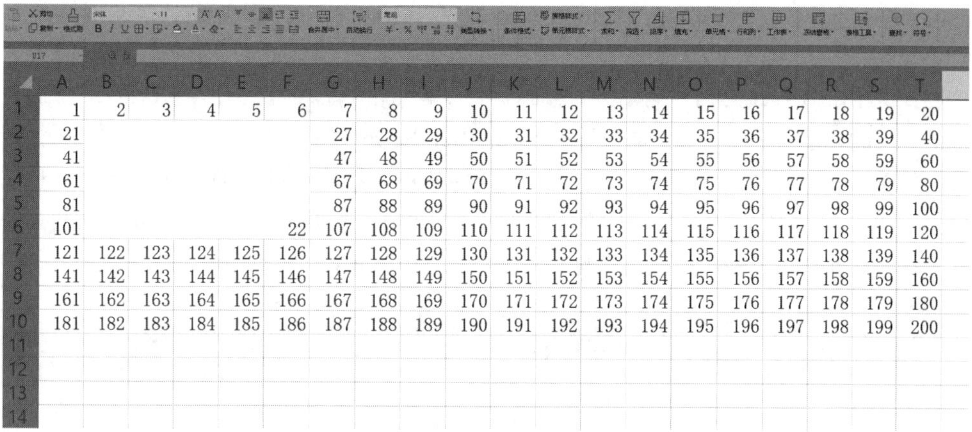

	A	B	C	D	E	F	G	H	I	J	K	L	M	N	O	P	Q	R	S	T
1	1	2	3	4	5	6	7	8	9	10	11	12	13	14	15	16	17	18	19	20
2	21						27	28	29	30	31	32	33	34	35	36	37	38	39	40
3	41						47	48	49	50	51	52	53	54	55	56	57	58	59	60
4	61						67	68	69	70	71	72	73	74	75	76	77	78	79	80
5	81						87	88	89	90	91	92	93	94	95	96	97	98	99	100
6	101					22	107	108	109	110	111	112	113	114	115	116	117	118	119	120
7	121	122	123	124	125	126	127	128	129	130	131	132	133	134	135	136	137	138	139	140
8	141	142	143	144	145	146	147	148	149	150	151	152	153	154	155	156	157	158	159	160
9	161	162	163	164	165	166	167	168	169	170	171	172	173	174	175	176	177	178	179	180
10	181	182	183	184	185	186	187	188	189	190	191	192	193	194	195	196	197	198	199	200
11																				
12																				
13																				
14																				

图 6-2　合并单元格

再来演示一下取消合并，合并之前 E3 的值是 45，合并再取消合并之后它的值变成 None 了，代码如下：

```
from openpyxl import Workbook

wb = Workbook()
ws = wb.active
i = 1
for x in range(1, 11):
    for y in range(1, 21):
        ws.cell(row=x, column=y, value=i)
        i += 1
# 合并之前 E3 的值
print(ws["E3"].value)  # 输出: 45
ws.merge_cells("B2:F6")
ws.unmerge_cells("B2:F6")
# 取消合并之后 E3 的值
print(ws["E3"].value)  # 输出: None
```

如果你不想使用字符串形式的传参方式，也可以使用设置起始和结束行列数字的传参方式，参数 start_row、start_column、end_row、end_column 分别表示开始行、开始列、结束行、结束列的数字下标，也就是限制了合并或取消合并的单元格范围，代码如下：

```
...
ws.merge_cells(start_row=1, start_column=1, end_row=3, end_
column=6)
ws.unmerge_cells(start_row=1, start_column=1, end_row=3, end_
column=6)
```

如果你的 Excel 文档中存在一些已合并的单元格，你可以访问 Worksheet 对象的 merged_cells 属性获取，得到的是一个 MultiCellRange 对象。顾名思义，它是一个容器，因为一个工作表中有可能会有多处已合并的单元格，所以我们还需要再遍历一下 MultiCellRange 对象，得到每一处合并的单元格，拿到已合并的单元格之后就看你怎么具体处理了，我这里只是单纯地把合并单元格的坐标打印出来，代码如下：

```
from openpyxl import Workbook

wb = Workbook()
ws = wb.active
i = 1
for x in range(1, 11):
    for y in range(1, 21):
        ws.cell(row=x, column=y, value=i)
        i += 1
ws.merge_cells("B2:F6")
ws.merge_cells("I5:J6")
merged_cells = ws.merged_cells
print(type(merged_cells))
for merged_cell_range in merged_cells:
    print("coord:", merged_cell_range.coord)
# 输出：
# <class 'openpyxl.worksheet.cell_range.MultiCellRange'>
# coord: B2:F6
# coord: I5:J6
```

6.5.2 插入和删除行列

Worksheet 对象有提供插入和删除行列的方法，insert_cols()、insert_rows()、delete_cols()、delete_rows() 分别用于插入列、插入行、删除列、删除行，这几个方法的用法也很简单，第一个参数是位置，即从第几行开始插入或删除，第二个参数是要插入或删除的行数，代码如下：

```
from openpyxl import Workbook

wb = Workbook()
ws = wb.active
i = 1
for x in range(1, 11):
    for y in range(1, 21):
        ws.cell(row=x, column=y, value=i)
        i += 1

# 在第 5 列即 E 列插入 1 列，原来的 E 列及后面的列都往后移动
ws.insert_cols(5)
# 在第 2 行后面插入 3 行
ws.insert_rows(2, 3)
# 从 2 列开始往后删除 3 列
ws.delete_cols(2, 3)
# 从 5 行开始往后删除 3 行
ws.delete_rows(5, 3)

wb.save("./excel_files/test.xlsx")
```

使用上面的方法插入的行列都是空行和空列，如果需要填补数据可以像前面那样通过遍历操作，但如果是想把数据按行追加到最后一行，可以通过 Worksheet 对象的 append() 方法，只需要传入一个可迭代对象即可。代码如下：

```
from openpyxl import Workbook

wb = Workbook()
ws = wb.active
ws.append(["序号", "最高温度", "最低温度"])
ws.append([1, 32, 15])
ws.append([2, 15, 12])
wb.save("./excel_files/test.xlsx")
```

6.5.3　移动单元格

移动单元格的操作好像并不多，但如果你有这个需求也是可以实现的，Worksheet 对象提供了 move_range() 方法用于移动单元格，它有四个参数，第一个参数是要移动的范

围；第二个参数是要移动的行数，正数为向下移动、负数为向上移动；第三个参数是要移动的列数，正数是向右移动，负数是向左移动；第四个参数是否翻译，默认是 False，因为移动之后单元格的公式会被清除，如果你想对公式进行翻译可以改为 True。看到这里你可能会想问什么是翻译，不要着急，你先记住这里有个翻译的参数，等会儿我们学到公式的时候你就知道什么是翻译了，先看一下代码演示吧。代码如下：

```
from openpyxl import Workbook

wb = Workbook()
ws = wb.active
i = 1
for x in range(1, 11):
    for y in range(1, 21):
        ws.cell(row=x, column=y, value=i)
        i += 1

# 移动单元格，向下移动 6 行，向左移动 1 列
ws.move_range("B1:D3", rows=6, cols=-1, translate=False)

wb.save("./excel_files/test.xlsx")
```

6.6 使用公式

用 Excel 处理数据会很便捷，一个比较重要的原因就是 Excel 支持很多公式。我想学过 Excel 的同学应该都知道什么是公式，如果你不知道，我可以直接告诉你，Excel 的公式就类似于编程语言里的函数，在 Python 中求和，可以使用 sum() 函数，在 Excel 中求和可以使用 SUM() 公式。注意，Excel 中的公式名不区分大小写，但一般用大写表示。特别提醒，我们的重点是学习如何在 openpyxl 中使用公式而不是要学习那些 Excel 公式，所以我之后会使用简单的公式进行演示。

6.6.1 可用公式

Excel 支持的公式大概有几百个，具体多少个要看不同版本，而且 openpyxl（当前版本是 3.0.10）收录的公式有 352 个，公式名存储在 openpyxl.utils 模块里的 FORMULAE 集合里，你可以把它们打印出来瞄一眼。代码如下：

```
from openpyxl.utils import FORMULAE
```

```
print(FORMULAE)   # 输出：frozenset({'ODD', 'VDB', 'RANK', 'LOGEST',
... })
print(len(FORMULAE))   # 输出：352

# 判断是否支持某个公式，公式名区分大小写
print("SUM" in FORMULAE)   # 输出：True
print("PI" in FORMULAE)   # 输出：True
print("sum" in FORMULAE)   # 输出：False
```

FORMULAE 的类型是 frozenset，这也是一种集合，不过与我们前面学的 set 类型不同，frozenset 是不可变集合而 set 是可变的。虽然 Excel 的公式不区分大小写，但 Python 的字符串是区分大小写的，所以判断某个公式是否在 FORMULAE 集合里时应该要先将公式转换成大写，没忘记怎么把字符串字母转换成大写吧？我已经想象到你现在表情不太对了，str 对象有个 upper() 方法可以把小写字母转换成大写，lower() 方法则是转换成小写，不用谢。

6.6.2　使用公式

在 Excel 中使用公式很简单，只需要在单元格里输入“= 公式名 (参数)”，然后按一下回车键，Excel 会自动调用公式并把计算结果显示出来。在 openpyxl 中也使用同样的写法，即把公式表达式当成字符串赋值给 Cell 对象的 value 属性即可，代码如下：

```
from openpyxl import Workbook

wb = Workbook()
ws = wb.active

ws.append([" 价格 1", " 价格 2", " 总和 ", " 平均值 "])
ws.append([22, 63])
ws.append([11, 88])
ws.append([15, 68])

ws["c2"] = "=SUM(A2,B2)"   # 求和
ws["d2"] = "=AVERAGE(A2:B2)"   # 求平均值
wb.save("./excel_files/test.xlsx")
```

公式 SUM() 的作用是求和，参数很简单，只需要把待求和的单元格坐标传进去即可，比如说 SUM(A2,B2) 就是把 A2 和 B2 这两个单元格值相加，而 AVERAGE() 这个公式的作用是求平均值，参数也是一些单元格的坐标，另外在写公式的时候不要忘了在前面加上一个等号，这个等号就是编程语言中的赋值号，表示把调用公式得到的结果赋值给公式所

在的单元格。执行上面的代码得到的结果如图 6-3 所示。

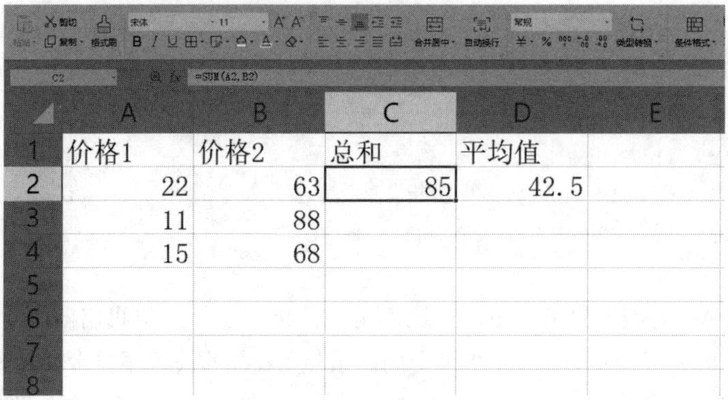

	A	B	C	D	E
1	价格1	价格2	总和	平均值	
2	22	63	85	42.5	
3	11	88			
4	15	68			
5					
6					
7					
8					

图 6-3 使用公式的结果

6.6.3 翻译公式

我想你对“翻译”这个词还有印象吧，现在可以解释一下它的意思了。还是使用上面的代码得到的表格数据来讲一下吧，单元格 C2 的值是由 A2 和 B2 相加得到的，那 C3 的值也应该由 A3 和 B3 相加得到，类似的，C4 也应该由 A4 和 B4 相加。如果你学过 Excel，应该对这种操作不陌生，在 Excel 中，这种操作叫作填充，你可以把鼠标移动到 C2 的右下角，当它变成实心十字架的时候按住鼠标左键往下拉就可以填充了。在 openpyxl 中，这种操作叫作翻译公式。要在 openpyxl 中翻译公式，需要使用 Translator 这个类，实例化的时候需要传入被翻译的公式字符串和被翻译的单元格坐标，这里我们是要翻译 C2 的求和公式，写法如下：

```
from openpyxl import Workbook
from openpyxl.formula.translate import Translator

wb = Workbook()
ws = wb.active

ws.append(["价格1", "价格2", "总和", "平均值"])
ws.append([22, 63])
ws.append([11, 88])
ws.append([15, 68])

ws["c2"] = "=SUM(A2,B2)"
ws["d2"] = "=AVERAGE(A2:B2)"
# 指明要翻译哪个单元格的公式
translator = Translator(formula="=SUM(A2,B2)", origin="C2")
# C3、C4 使用上面的 C2 的求和公式
```

```
ws["C3"] = translator.translate_formula("C3")
ws["C4"] = translator.translate_formula("C4")

wb.save("./excel_files/test.xlsx")
```

运行结果如图 6-4 所示。

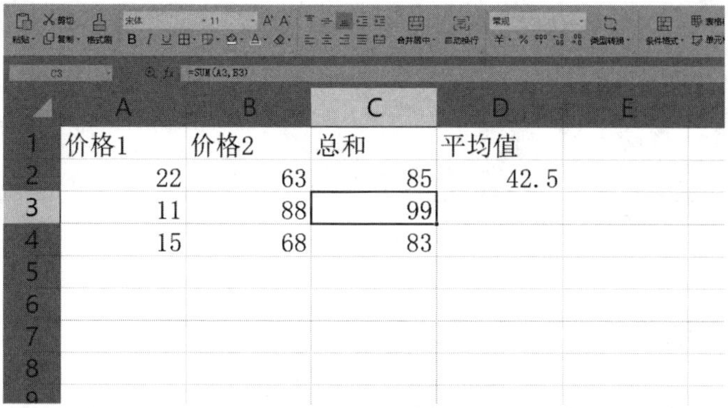

	A	B	C	D	E
1	价格1	价格2	总和	平均值	
2	22	63	85	42.5	
3	11	88	99		
4	15	68	83		

图 6-4　翻译公式结果

实例化 Translator 类型指明要翻译哪个公式之后，再调用它的 translate_formula() 指定将公式翻译给哪个单元格，比如说 C3，翻译完之后会得到结果，你需要把结果复制给 C3，同理，对于 C4 也使用一样的翻译方式。如果要翻译的数据很多呢？想都不用想，肯定是使用遍历啦，代码如下：

```
from openpyxl import Workbook
from openpyxl.formula.translate import Translator

wb = Workbook()
ws = wb.active

ws.append(["价格1", "价格2", "总和", "平均值"])
ws.append([22, 63])
ws.append([11, 88])
ws.append([15, 68])
ws["c2"] = "=SUM(A2,B2)"
ws["d2"] = "=AVERAGE(A2:B2)"

# C3、C4 使用上面的 C2 的求和公式
# 注意，ws["C3:D4"] 返回的是元组套元组
for cell in ws["C3:D4"]:
    # 翻译求和公式
```

```
    translator_sum = Translator(formula="=SUM(A2,B2)",
origin="C2")
    # 翻译求平均值公式
    translator_avg = Translator(formula="=AVERAGE(A2,B2)",
origin="D2")
    # 第一个元素是求和
    cell[0].value = translator_sum.translate_formula(cell[0].
coordinate)
    # 第二个元素是求平均值
    cell[1].value = translator_avg.translate_formula(cell[1].
coordinate)
wb.save("./excel_files/test.xlsx")
```

6.7 设置样式

Excel 最主要的作用是处理数据，但处理完了之后也许还需要设置一下样式，比如说把字体标成红色或加粗以便区分，这时候就需要用到设置样式的知识点了，除了字体样式，还包括行高列宽、边框、填充色等常用操作，不过都不难，调整好坐姿先来学习一下吧。

6.7.1 字体样式

设置字体样式的前提是要有字体，我们只要实例化一个 Font 对象，然后把它赋值给 Cell 对象的 font 属性就可以了。Font 对象怎么创建呢？ Font 类型定义在 openpyxl.styles 模块里，它的初始化方法可以传入二十多个属性，当然我们不用学那么多，主要掌握字体名、大小、颜色、是否加粗等就可以了，还是先看一下案例代码吧：

```
from openpyxl import Workbook
from openpyxl.styles import Font

wb = Workbook()
ws = wb.active

# 默认字体样式
ws["A1"] = "A1"

# 自定义字体样式
font = Font(
    name="微软雅黑",  # 字体名
```

```
    size=15,  # 字体大小
    color="0000FF",  # 字体颜色，用 16 进制 rgb 表示
    bold=True,  # 是否加粗，True/False
    italic=True,  # 是否斜体，True/False
    strike=None,  # 是否使用删除线，True/False
    underline=None,  # 下画线，可选 singleAccounting、double、
single、doubleAccounting
)
ws["B2"] = "B2"
ws["B2"].font = font

wb.save("./excel_files/test.xlsx")
```

字体的名字、字号大小、是否加粗、是否斜体、是否使用删除线、是否使用下画线这些都很简单，自己动手练习一下就行，我这里主要讲一下颜色的表示。

Font 对象的 color 属性表示颜色，用一个长度为 6 的 16 进制字符串表示，即每个字符的取值范围是 0~F，前两个字符表示红色通道、中间两个字符表示绿色通道，最后两个字符表示蓝色通道。什么是通道？颜色的发光三原色是红绿蓝，就是说，我们所看到的各种颜色都是由红绿蓝这三种基色按照不同比例混合得到的，所以不管你要哪种颜色，只要知道红绿蓝三种颜色的值就行了，比如说 0000FF，红色和绿色都是 0，只有蓝色达到最大值 FF，最后得到的颜色就是蓝色。当然，这些数值我们是不可能记住的，如果要记，那就记一些简单的，比如说 FFFFFF 是白色，000000 是黑色，FF0000 是红色，00FF00 是绿色，0000FF 是蓝色，其他的怎么办？打开 PS 等具有调色板的软件选中一个颜色它就会显示对应的 RGB 值，把它复制过来即可，没有 PS 的话可以打开浏览器搜一下“RBG 拾色器”就有很多可以选色的网站了。

6.7.2　行高列宽

在 Excel 中设置单元格的行高和列宽只需要把鼠标移动到边界就可以拖动调整了，在 openpyxl 中，行高和列宽也都很好设置，Worksheet 对象的 row_dimensions 和 column_dimensions 属性都是 DimensionHolder 对象，可以通过它设置行列的宽高，代码演示如下：

```
from openpyxl import Workbook

wb = Workbook()
ws = wb.active
# 设置第 2 行高度为 30
ws.row_dimensions[2].height = 30
# 设置 B 列宽度为 30
ws.column_dimensions["B"].width = 30
```

```
wb.save("./excel_files/test.xlsx")
```

我只改了一行和一列的宽高，如果你想修改整个文档的块高，那你自己写一个遍历吧。

6.7.3 对齐方式

字体的对齐是指文字在单元格中的位置，比如说居左还是居右，我们需要实例化一个 Alignment 对象，设置好对齐属性之后赋值给 Cell 对象的 alignment 属性即可，代码如下：

```
from openpyxl import Workbook
from openpyxl.styles import Alignment

wb = Workbook()
ws = wb.active

ws.row_dimensions[2].height = 30
ws.column_dimensions["B"].width = 30

# 默认字体样式
ws["A1"] = "A1"
ws["B2"] = "B1"
ws['B2'].alignment = Alignment(
    horizontal='center',  # 水平对齐，居中
    vertical='top',  # 垂直对齐，居上
    text_rotation=0,  # 字体旋转，0~180 整数
    wrap_text=False,  # 是否自动换行
    shrink_to_fit=False,  # 是否缩小字体填充
    indent=0,  # 缩进值
)

wb.save("./excel_files/test.xlsx")
```

Alignment 对象有多个属性，字体旋转、是否自动换行、是否缩小字体进行填充、缩进值这些属性都很简单，我这里不再赘述，如果确实不懂的话，你改一下值然后对比一下最终效果就清楚了，我这里主要说一下 horizontal 和 vertical 这两个属性。horizontal 表示水平对齐的方式，可选 general（一般对齐）、left（左对齐）、center（居中对齐）、right（右对齐）、fill（填满对齐）、justify（两端对齐）、distributed（分散对齐），vertical 表示垂直对齐的方式，可选 top（上对齐）、center（居中对齐）、bottom（下对齐）、justify（两端对齐）、distributed（分散对齐）。

6.7.4　边框样式

在 openpyxl 中，边框用 Border 对象表示，它也有很多属性，但总的来说比较重要的属性是上下左右四条边以及对角线，它们都是 Side 对象，也就是说，Side 对象才是样式，而 Border 对象是控制哪条边使用哪个样式，来看一下代码：

```
from openpyxl import Workbook
from openpyxl.styles import Border, Side

wb = Workbook()
ws = wb.active

ws["B2"] = "B2"

side = Side(
    style="thin",  # 边框样式
    color="ff66dd",  # 边框颜色，16 进制 rgb 表示
)

ws["B2"].border = Border(
    top=side,  # 上
    bottom=Side(style="double"),  # 下
    left=side,  # 左
    right=side,  # 右
)

wb.save("./excel_files/test.xlsx")
```

Side 对象的属性并不多，主要是 style 和 color，分别表示边框的类型和颜色，颜色用 16 进制字符串表示就可以了，边框的类型可以选择 medium（中实线）、thin（细实线）、dotted（点线）、dashed（虚线）、dashDot（虚点线）、dashDotDot（虚点点线）、double（双实线）、hair（细点线），当然还有一些不常用的边框类型，比如说 mediumDashDot、mediumDashDotDot、mediumDashed、slantDashDot 等，大家可以自己动手看一下这些边框长什么样。

6.7.5　填充渐变

填充就是把单元格的颜色变成纯色，渐变就是由一种颜色过渡到另一种颜色，在 openpyxl 中，填充的方法是实例化一个 PatternFill 对象，设置好颜色之后赋值给 Cell 对象的 fill 属性，渐变的设置方法是实例化一个 GradientFill 对象赋值给 Cell 对象的 fill 属性，由此可见同一个单元格填充和渐变不能同时存在。看一下代码吧：

```
from openpyxl import Workbook
from openpyxl.styles import PatternFill, GradientFill

wb = Workbook()
ws = wb.active

ws["B2"] = "B2"


fill = PatternFill(
    patternType="solid",  # 填充类型
    fgColor="F562a4",  # 前景色，16 进制 rgb
    bgColor="0000ff",  # 背景色，16 进制 rgb
    # fill_type=None,  # 填充类型
    # start_color=None, # 前景色，16 进制 rgb
    # end_color=None    # 背景色，16 进制 rgb
)
ws["B2"].fill = fill
ws["B3"].fill = GradientFill(
    degree=60,  # 角度
    stop=("000000", "00FF00", "FFFFFF")  # 渐变颜色，16 进制 rgb
)

wb.save("./excel_files/test.xlsx")
```

PatternFill 对象有三个比较重要的属性，分别是 patternType、fgColor、bgColor，分别表示填充类型、前景色、背景色，颜色没什么好说的，就用 16 进制字符串表示即可，填充类型可选 none（默认）、solid（纯色）、darkGray（暗灰）、mediumGray（中灰）、lightGray（亮灰）等，但一般我们会选择纯色填充。至于 GradientFill 对象，我们只需要关注从什么颜色渐变到什么颜色，所以 stop 属性比较重要，它是一个元组，元组的元素是代表颜色的十六进制字符串，可以填写多个颜色。如果你想要修改渐变的角度的话可以使用 degree 属性，如果你不只是想要单方向渐变，可以试一下使用 left、top、right、bottom 这四个属性分别控制四个方向的颜色。

6.8 过滤和排序

过滤和排序这两个操作都差不多，但需要注意的是 openpyxl 无法真正完成过滤和排序操作，它只能帮你做好准备，要想真的执行这两个操作，需要用 Excel 软件打开工作表然后再手动点击一下才行，看一下演示代码吧：

```
from openpyxl import Workbook

wb = Workbook()
ws = wb.active

# 准备数据
rows = [
    ['月份', '桃子', '西瓜', '龙眼'],
    [1, 38, 28, 29],
    [2, 52, 21, 35],
    [3, 39, 20, 69],
    [4, 51, 29, 41],
    [5, 39, 39, 31],
    [6, 30, 41, 39],
]
for row in rows:
    ws.append(row)

# 选择数据范围
ws.auto_filter.ref = "A1:D7"

# 选择第 2 列为过滤数据（下标从 0 开始），并勾选需要过滤的数据项
ws.auto_filter.add_filter_column(1, [39, 29, 30])

# 设置排序范围，第二个参数是是否倒序，默认为否
ws.auto_filter.add_sort_condition("C2:C7", True)

wb.save("./excel_files/test.xlsx")
```

要想过滤和排序，应该先告诉程序要操作哪些数据，Worksheet 对象有一个 auto_filter 属性，存储的是一个 AutoFilter 对象，AutoFilter 对象有一个 ref 属性用于指定要操作的数据范围，案例代码里的数据有 7 行 4 列，数据范围是 A1:D7。AutoFilter 对象的 add_filter_column() 方法用于过滤，第一个参数是指定过滤哪一列（注意下标是从 0 开始的），第二个参数是一个列表，表示要过滤的数据，即在列表里的数据才会留下。AutoFilter 对象的 add_sort_condition() 方法用于排序，第一个参数是字符串，表示要参与排序的范围，第二个参数是指定是否降序，默认值是 False，即默认是升序的，案例代码中是对 C2:C7 范围的数据进行降序操作。

案例代码中是对“桃子”那一列过滤出 39、29、30 这三个数据，如图 6-5 所示，它只是帮我们勾选了，要想真的过滤，你还需要单击一下“确定”按钮才会真的进行过滤操作。

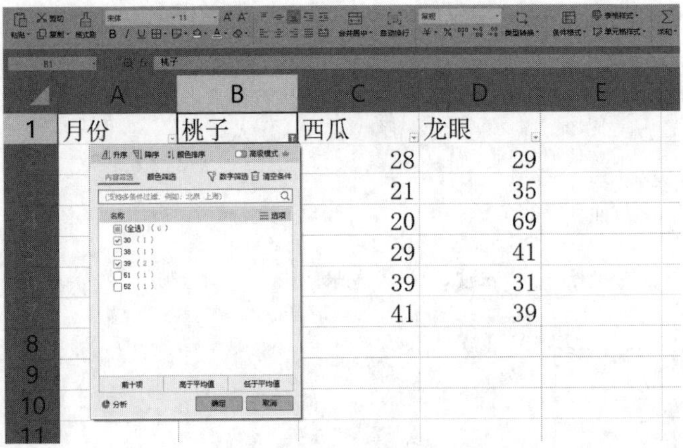

图 6-5 过滤操作

案例代码中的排序是对 C2:C7 这个范围排序，它已经帮我们把这个范围的数据都勾选了，并且设置了“降序”，如图 6-6 所示，也是没有真的完成排序操作，要想排序，你还需要手动单击一下“确定”按钮。

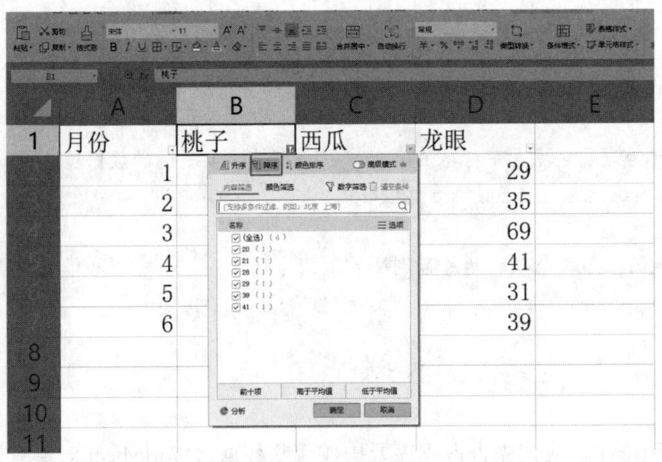

图 6-6 排序操作

话又说回来了，openpyxl 没有真正实现过滤，但如果你确实有此需求该怎么办？既然学过 Python 就不要太过分依赖 openpyxl 或 Excel 了，你完全可以自己写一个遍历然后判断是否删除即可，这似乎没什么难度吧？这些知识点都学过啊。排序也可以吧？在讲 lambda 函数的时候我有认真讲过 list 对象的 sort() 方法，而且 openpyxl 获取多行多列得到的是一个元组，你可以把元组强转成 list 再操作。当然你也可以借助其他库完成排序操作，比如说大名鼎鼎的 pandas，代码如下：

```
import pandas as pd

# 读取上一步保存的 Excel 文件的 "Sheet" 表
```

```
df = pd.read_excel("./excel_files/test.xlsx", sheet_name="Sheet")
# 降序排列，如果 " 桃子 " 的数据相同再按照 " 西瓜 " 进行排列
df_value = df.sort_values(by=[" 桃子 ", " 西瓜 "], ascending=False)
# 保存文件
with pd.ExcelWriter('./excel_files/test.xlsx') as writer:
    df_value.to_excel(writer, sheet_name='Sheet', index=False)
```

pandas 的 read_excel() 函数可以读取一个 Excel 表格，返回一个 DataFrame 对象，该对象的 sort_values() 方法特别好用，参数 by 指定按哪个列排序，可以写多个列，比如说 ["桃子","西瓜"]，它会先按照“桃子”这一列排序，当这一列的数据相同再按照“西瓜”这一列排序，参数 ascending 决定是升序还是降序，为 True 是升序，False 是降序，整个过程看起来就很简洁，而且 pandas 这个库的运算速度比 openpyxl 快上很多，如果你经常需要分析数据的话可以学一下这个库。

6.9 插入图表

用图表显示数据会显得更加直观，Excel 支持的图表类型还挺多的，包括柱状图、折线图、饼图、雷达图等，2D 图表和 3D 图表都有，而且支持很多自定义配置，例如颜色、大小、位置等。而 openpyxl 也可以绘制大部分图表，但因为内容较多，我这里只举例折线图，其他图表类型大家可以参考官方文档。不过我个人的建议还是，复杂的操作应该在 Excel 完成，即使你能把 openpyxl 中所有的图表和设置都学完也不一定能做出比 Excel 更好看的图表，但简单的操作却是可以轻松用 openpyxl 实现的。

一个折线图即一个 LineChart 对象，它有 title、style 属性分别设置图表标题和图表样式，标题就是一个字符串，这没什么好说的，style 却是一个整型，代表样式的编号，最大值是 48，也就是说它一共有 48 种样式，但这些样式都长什么样，你只能逐个试一下，我这里选择的是编号为 13 的样式。y_axis 和 x_axis 分别代表 y 轴和 x 轴，可以设置一下它们的 title，代码如下：

```
from openpyxl import Workbook
from openpyxl.chart import LineChart, Reference

wb = Workbook()
ws = wb.active

# 准备数据
rows = [
    [' 月份 ', ' 桃子 ', ' 西瓜 ', ' 龙眼 '],
    [1, 38, 28, 29],
```

```
    [2, 52, 21, 35],
    [3, 39, 20, 69],
    [4, 51, 29, 41],
    [5, 29, 39, 31],
    [6, 30, 41, 39],
]
for row in rows:
    ws.append(row)

# 创建图表
c1 = LineChart()
c1.title = "折线图"  # 标题
c1.style = 13  # 样式
c1.y_axis.title = '销量'  # Y轴
c1.x_axis.title = '月份'  # X轴
```

你在使用 Excel 作图之前需要选中一些数据，openpyxl 也一样，你得告诉程序你要用哪些数据作图。数据范围用 Reference 对象表示，实例化 Reference 的时候需要指定引用哪个表的哪些数据，选择好数据范围之后再调用 LineChart 对象的 add_data() 方法把数据添加给折线图，add_data() 方法有一个参数 titles_from_data 用于指定这些数据是否包含标题，因为我这里选择的数据范围是包含标题的，所以将这个参数设置为 True，代码如下：

```
…
# 选择数据范围
data = Reference(ws, min_col=2, min_row=1, max_col=4, max_row=7)
c1.add_data(data, titles_from_data=True)
```

有了数据之后就可以设置系列样式了，什么是系列呢？这里画的是折线图，图表里的那条折线就是一个系列，这里有桃子、西瓜、龙眼三种水果，我们要画三条线，所以要有三个系列。LineChart 对象有一个 series 属性，它实际存储的是 Alias 对象，它是用来管理系列的，我们可以使用下标去访问系列（下标从 0 开始），每一个系列都是一个 Alias 对象。取到系列之后就可以设置它的颜色、形状宽度等信息了，代码如下：

```
# 线条样式
s0 = c1.series[0]
s0.marker.symbol = "triangle"  # triangle为三角形标记, 可选
circle、dash、diamond、
dot、picture、plus、square、star、triangle、x、auto
s0.marker.graphicalProperties.solidFill = "FF0000"  # 填充颜色
s0.marker.graphicalProperties.line.solidFill = "0000FF"  # 边框颜色
```

```
# s0.graphicalProperties.line.noFill = True  # 改为 True 则隐藏线条，
但显示标记形状

s1 = c1.series[1]
s1.graphicalProperties.line.solidFill = "00AAAA"
s1.graphicalProperties.line.dashStyle = "sysDot"  # 线条点状样式
s1.graphicalProperties.line.width = 80000  # 线条大小，最大
20116800EMUs

s2 = c1.series[2]  # 采用默认设置
s2.smooth = True  # 线条平滑
```

Alias 对象的 marker.symbol 属性可以设置标记点，也就是线条转折点的形状，triangle 是三角形，还有 circle（圆形）、dash（长点）、diamond（菱形）、dot（点）、star（星形）、x（叉）、picture、plus、square 等，它们具体长什么样你可以自己试一下。marker.graphicalProperties 可以设置标记点的填充色和边框色，如果想要隐藏线条只留下标记点的话（比如说散点图），可以把 Alias 对象的 graphicalProperties.line.noFill 的值设置为 True。

如果要修改线条的样式，可以设置 Alias 对象的 graphicalProperties.line 的属性，比如线条颜色、形状、宽度等，上面的代码中有演示。另外 Alias 对象还有一个 smooth 属性用来设置是否平滑，默认是 False，如果为 True 则得到的线条是没有明显的转折点的，因为它很平滑。

我这里已经对三个系列都进行了一定的设置，有些属性没有修改，那它就会采用默认样式。折线图都设置好了之后你还需要把它添加到工作表里，并且指定添加到哪个位置，Worksheet 对象有一个 add_chart() 方法用于添加图表对象，第一个参数是图表对象，第二个参数是指定添加的位置，比如说把代码中的 c1 折线图添加到 A8 这个单元格。代码如下：

```
# 添加图表
ws.add_chart(c1, "A8")  # 图表位置

wb.save("line.xlsx")
```

最后别忘了调用 Workbook 对象的 save() 方法对文档进行保存，执行代码之后打开看一下最后的结果，如图 6-7 所示。

画图过程看起来好像挺烦琐的，但总结一下其实也就几个步骤，创建一个图表（Chart）–> 指定数据范围（Reference）–> 设置系列（Series）样式 –> 添加到工作表中。其他类型的图表的绘制过程都是类似的，当然肯定也会有区别，如果你要去研究，可以先从官方的案例代码开始，然后再做些修改即可，尽可能站在巨人肩膀上干活。

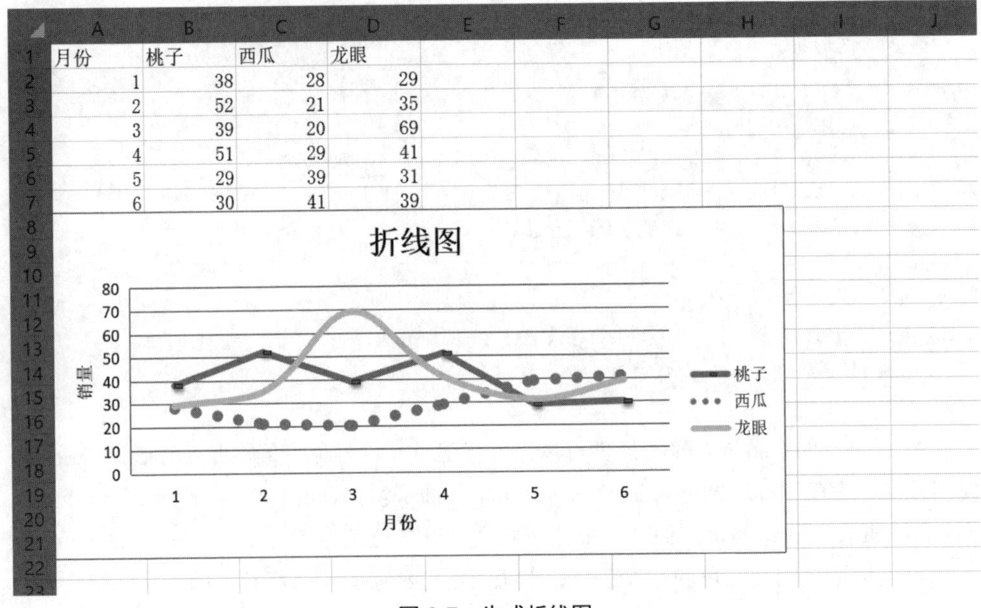

月份	桃子	西瓜	龙眼
1	38	28	29
2	52	21	35
3	39	20	69
4	51	29	41
5	29	39	31
6	30	41	39

图 6-7 生成折线图

6.10 只读只写

前面我们都是使用“normal”模式对 Excel 文件进行读写操作，这是一种兼顾读写，相对平衡的模式，但是，数据加载到内存占用的资源是比较大的，大概是文件的 50 倍。如果你的 Excel 文件本身就有 200M，加载之后程序需要占用 10G 的内存，这很不划算，因为目前大多数家庭电脑的内存才 16G（大内存电脑请自动忽略），这么小的文件就把电脑弄得卡得不行可不好，所以我们需要考虑选择只读或只写模式以便提高性能。

6.10.1 只写模式

如果文件是以写为主，可以在创建工作簿的时候指定为只写模式以便提高性能，不管文件有多大，都可以把内存保持在 10M 以下。演示代码如下：

```
from openpyxl import Workbook
from openpyxl.cell import WriteOnlyCell
from openpyxl.comments import Comment
from openpyxl.styles import Font

wb = Workbook(write_only=True)  # 创建工作簿时指定只写模式
ws = wb.create_sheet()  # 需要通过 create_sheet 创建一个 sheet

# 可以正常保存数据
```

```
for _ in range(100):
    ws.append([i for i in range(200)])  # 只能通过append写

# 如果需要保留公式、注释等操作，可以使用WriteOnlyCell
cell = WriteOnlyCell(ws, value="Excel")
cell.font = Font(name='黑体', size=15)
cell.comment = Comment(text="这是注释", author="pan")

ws.append([cell])

wb.save('./excel_files/test.xlsx')
```

从代码中可以看出启用只写模式很简单，就是在创建Workbook对象的时候把初始化方法的write_only参数的值改为True即可。虽然只写模式可以节省内存，但凡事都有利有弊，启用只写模式之后会有一些限制：

- 创建工作表只能通过Workbook对象的create_sheet()方法，不能使用active属性。
- 只能通过Workbook对象的append()增加数据，不能通过cell()或iter_rows()等方法。
- 如果要操作单元格，比如说修改样式、添加注释等，需要使用WriteOnlyCell对象。
- 一旦调用Workbook对象的save()方法保存文档之后不可以再次修改，否则抛出WorkbookAlreadySaved异常。

6.10.2 只读模式

既然openpyxl有只写模式，那就应该有只读模式。如果你需要读取很大的Excel文件，但是又不用修改文档和保存，例如只读取数值用于其他数据分析，这时候我们完全可以使用只读模式提高性能，只要在打开文档的时候，把load_workbook()函数的read_only参数改为True就行，代码如下：

```
from openpyxl import load_workbook

# 加载Excel文件时使用read_only指定只读模式
wb = load_workbook(filename='./excel_files/test.xlsx', read_only=True)
ws = wb['Sheet']

# 可以正常读取值
for row in ws.rows:
    for cell in row:
```

```
        print(cell.value)

# 注意：读取完之后需要手动关闭避免内存泄露
wb.close()
```

遍历单元格的写法没什么特别的，就不赘述了，主要提醒一下最后要调用 Workbook 对象的 close() 方法关闭工作簿，避免造成内存泄露。工作簿还需要关闭的吗？但我们之前从未使用过这个方法啊，实际上该方法只有只读模式才需要使用，普通模式调不调用都没什么区别。

之前我们已经用了很多次 load_workbook() 这个函数，但都不指定参数，这次我们来学习一下它的几个参数。一共有五个参数，load_workbook(filename, read_only=False, keep_vba=KEEP_VBA, data_only=False, keep_links=True)，第一个参数 filename 是文件名，没什么好介绍的；第二个参数 read_only 表示是否只读，默认是 False，如果改为 True 能提高读取速度，但不能编辑内容；第三个参数 keep_vba 表示是否保留 VBA 内容，默认值是 False，因为 openpyxl 不支持使用 VBA，即使保留 VBA 也不能使用；第四个参数 data_only 表示是否只读取数值，默认是 False，如果为 True，则只读取数值而丢弃公式，这样可以提高性能；第五个参数 keep_links 表示是否保留指向外部工作簿的链接，默认是 True。load_workbook() 函数的五个参数都很简单，使用时可以根据自己的实际情况传参。

6.11 加密保护

如果你不希望别人修改你的 Excel 文件，就给它加个密码吧，这样别人想要修改，也必须输入正确的密码才行。Excel 的加密方式大概分为保护工作簿和保护工作表，如果是给工作簿加密（保护工作簿），则用户不能修改工作表，不是说不能修改工作表里的单元格，而是不能新增、删除或重命名工作表，如果你想让单元格不被修改，那就加密工作表（保护工作表）。简单来说，工作簿只管工作表，工作表只管单元格。这两种加密保护都很简单，都是设置一下密码然后再打开加密开关即可。

6.11.1 保护工作簿

先来看一下保护工作簿的代码，第一个表是默认的“Sheet”表，然后再新建一个“Sheet2”表，设置密码之后保存文件到硬盘，代码如下：

```
from openpyxl import Workbook

wb = Workbook()
ws = wb.active
```

```
ws["A2"] = "a2"
ws2 = wb.create_sheet("Sheet2")
ws2["A1"] = "这是表二"
# 设置保护工作簿
wb.security.workbookPassword = "123"  # 设置保护工作簿的密码
wb.security.lockStructure = True  # 开启保护工作簿
wb.save("./excel_files/test.xlsx")
```

Workbook 对象的 security 属性对应的是一个 WorkbookProtection 对象，它是用来管理工作簿安全的，WorkbookProtection 对象的 workbookPassword 属性是密码，设置为一个字符串即可，设置好之后再把 WorkbookProtection 对象的 lockStructure 属性设置为 True，这样就开启工作簿保护了。设置加密工作簿之后，如果想要在 Excel 中进行操作，需要切换到"审阅"选项，点击"撤销工作簿保护"按钮，然后输入正确的密码就可以了，如图 6-8 所示。

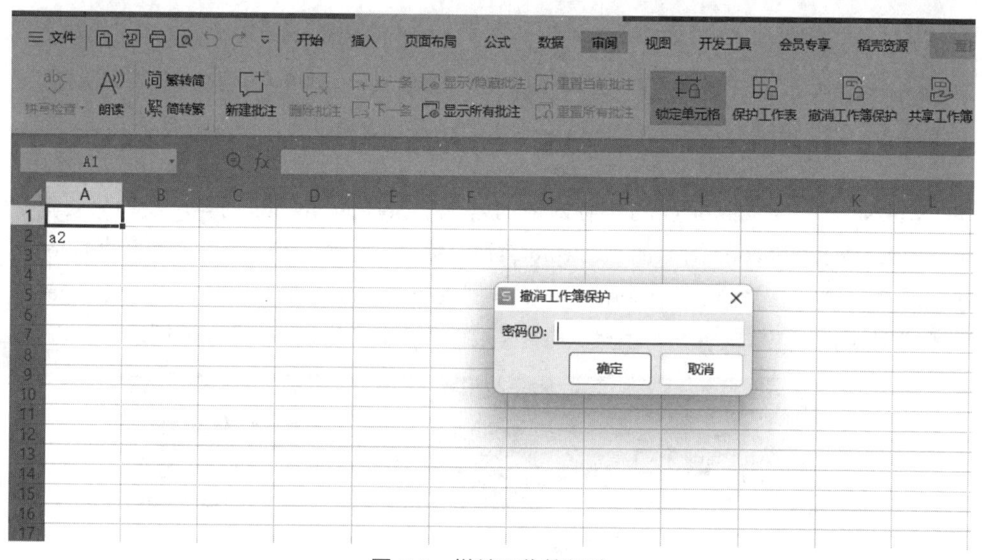

图 6-8 撤销工作簿保护

在 Excel 中操作被保护的工作簿是需要输入正确的密码的，这看起来是比较安全的保护机制，但实际上，我们来做一个实验，我用代码打开这份已经加密的文档，然后新建一个"Sheet3"表，再把"Sheet 表"删了，保存文档，代码如下：

```
from openpyxl import load_workbook

wb = load_workbook("./excel_files/test.xlsx")
wb.create_sheet("Sheet3")
```

```
del wb["Sheet"]
wb.save("./excel_files/test.xlsx")
```

执行上面这段代码，可以发现整个过程非常丝滑，没有任何卡顿，即程序可以正常执行完并退出，然后用 Excel 打开这个文件看一下发现真的修改成功了！所以啊，千万不要觉得设置了保护工作簿就是安全的。

6.11.2 保护工作表

保护工作表的做法与保护工作簿差不多，这里就直接上代码了：

```
from openpyxl import Workbook

wb = Workbook()
ws = wb.active
# 设置保护工作表
ws.protection.password = "123"  # 设置保护工作表的密码
ws.protection.sheet = True  # 开启保护工作表

wb.save("./excel_files/test.xlsx")
```

Worksheet 对象的 protection 属性对应的是一个 SheetProtection 对象，我们只要把密码赋值给 SheetProtection 对象的 password 属性，然后再把 SheetProtection 对象的 sheet 属性改为 True 就开启保护工作表功能了，这样别人想要修改工作表就需要切换到 Excel 的“审阅”选项撤销工作表保护，当然，前提是要输入正确的密码，如图 6-9 所示。

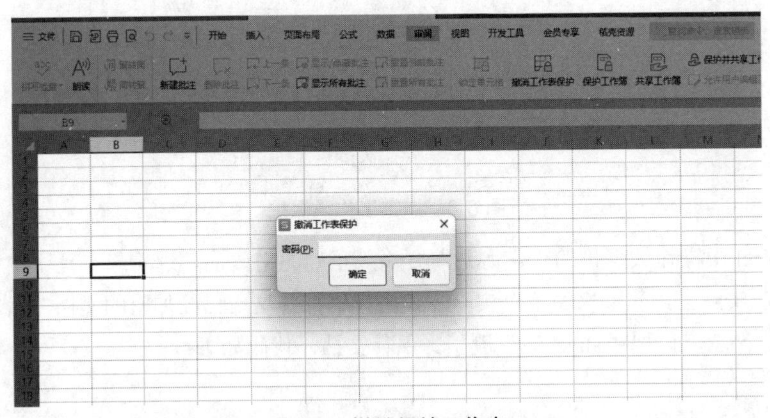

图 6-9　撤销保护工作表

你可能还会想到，既然被保护工作簿可以用代码修改，那被保护的工作表可不可以呢？答案是肯定的，你可以自己实践一下。所以说，保护工作簿和保护工作表都只是在软件层次上保护，如果不经过软件，那就显得一点都不安全了。

6.11.3 加密文档

如果你要的效果就是不想被人查看文档的内容，有没有办法呢？老实说，openpyxl 这个库是没有办法的，但我们可以使用其他库，比如说我前面提到的 win32com 这个强大的库，Excel 支持的操作几乎都能通过它完成，因为它是直接通过 VBA 去操作 Excel 文档的。你可以直接看作是通过代码去控制 Excel 软件去操作 Excel 文档。Excel 很复杂，所以学完 win32com 的接口对小白来说是比较困难的，更何况 win32com 不仅支持操作 Excel，还支持 Word、PPT 等软件，但是，如果你只学习怎么给 Excel 文档加密，那么跟着我的代码走一遍，这似乎没什么难度。

注意，之前我也提过，win32com 只能在 Windows 系统上跑，而且要在系统上安装好 Excel 软件（WPS 也行），如果想要在 macOS、Linux 等系统上运行其实也有解决方案，但略微麻烦，我这里不进行演示，有此需求的同学可以自行搜索相关资料，要是恰巧你也嫌麻烦的话可以装个 Window 虚拟机或者借用一下别人的电脑。

既然要使用 win32com，那就需要安装一个适合的库，win32com 对应的 Python 版库是 pywin32，所以安装命令如下：

```
pip install pywin32
```

我们定义一个函数 encrypt_excel() 完成给文件加密的需求，代码如下：

```
from win32com import client


def encrypt_excel(path, old_pwd, new_pwd, read_only_pwd=""):
    app = client.Dispatch('Excel.Application')  # 打开 Excel 应用
    app.DisplayAlerts = False  # 文件覆盖前不弹窗提示
    # 打开的时候使用旧密码
    wb = app.Workbooks.Open(path, False, False, None, old_pwd,
read_only_pwd)
    # 保存的时候使用新密码
    wb.SaveAs(path, None, new_pwd, read_only_pwd)
    wb.Close()  # 关闭工作簿
    app.Quit()  # 关闭 Excel 应用


if __name__ == '__main__':
    file_path = r"E:\...\test.xlsx"
    encrypt_excel(file_path, "12345", "")
```

上面代码中的 encrypt_excel() 函数一共定义了四个参数，第一个是文件路径，注意要用绝对路径，相对路径是会报错的，然后剩下三个参数就是三个密码，分别是旧密码、新密码和只读密码，旧密码就是文档原来的密码，如果文档本身就没有加密，那就使用空字符串即可，新密码就是你要给文档加密的密码，只读密码的作用是保护文档，如果设置了只读密码则在打开文档之后要输入只读密码才能修改文档。加密过程很简单，首先打开 Excel 应用，然后使用旧密码打开文档，再使用新密码保存文档，最后保存文件和关闭应用，这个过程是不是就像你在操作 Excel 这个软件，只不过我们换成了代码的形式而已。

我已经在 encrypt_excel() 函数的代码上都写了注释，应该都是可以看懂的，我主要讲一下打开文档和保存文档的参数。打开文档用的是 Workbooks.Open() 这个方法，它有很多参数，但我只用到了六个：第一个是文件路径；第二个是是否更新外部引用；第三个是否使用只读模式打开；第四个是文件格式，即文件类型，默认是 xlsx，一般我们保持默认即可；第五个参数是密码；第六个参数是只读密码。SaveAs() 方法用于保存文档，它的参数也是很多的，不过我只用到了四个：第一个参数是文件路径；第二个是文件格式；第三个参数是文档密码，如果设置了，则打开 Excel 时需要输入此密码才能查看内容；第四个参数是只读密码，如果只读密码不对则不能修改文档。

虽然我只写了给文档加密的函数，但如果你有给文档解密的需求，也就是去除已知的文档密码的需求，那又该怎么做呢？你不会在想你没学过 win32com 所以不知道怎么写吧？可别学蒙了啊，其实你只要在调用 encrypt_excel() 函数的时候把新密码和只读密码传入空字符串就行了，当然前提是你有操作该文档的资格，也就是你要传入正确的旧密码，毕竟我们这里说的解密文档可不是破解文档的密码。去除密码也是类似的操作，调用 Open() 方法打开文档的时候传入正确的密码，调用 SaveAs() 保存文档的时候不传入密码就行。

6.12　xls 转 xlsx

现在已经接触到 win32com 这个强大的库了，然后我们又在机缘巧合之下学会了怎么用 win32com 打开和保存文档，而它又恰巧支持打开 xls 文档，所以 openpyxl 不支持 xls 的问题也就可以解决了，因为我们可以借助 win32com 轻松把 xls 转换成 xlsx，代码如下：

```
import os
from win32com import client


def xls_to_xlsx(path):
    print("路径：{}".format(path))
    if not os.path.isabs(path):
        print(f"不是绝对路径")
```

```
        return
    if not os.path.exists(path):
        print("文件不存在")
        return
    if os.path.splitext(path)[1] != ".xls":
        print("文件类型不对")
        return
    app = client.Dispatch('Excel.Application')
    app.DisplayAlerts = False
    work_book = app.Workbooks.Open(path)
    work_book.SaveAs(os.path.splitext(path)[0] + ".xlsx", 51)
    work_book.Close()
    app.Quit()


if __name__ == '__main__':
    file = r"E:\xxx\test.xls"
    xls_to_xlsx(file)
```

转换代码很简单，首先要判断传入的路径是不是绝对路径，因为 win32com 不支持相对路径，然后再把文件扩展名分割出来，看一下是不是“.xls”，当然还要看一下文件是否存在，我们在学习 os 模块的时候我有用一个表格列出 os 模块常用的方法，当然包括 os.path.isabs()、os.path.splitext()、os.path.exists() 等方法，希望你还有印象，现在这些知识就可以派上用场了。确认路径没有问题之后就打开 xls 文件再保存为 xlsx 就可以了，似乎确实没什么难度。前面有提到过 SaveAs() 方法的第二个参数是文件格式，51 表示 xlsx，其实你不指定格式为 51 也行，因为它默认保存格式就是 xlsx，保存好之后记得关闭应用。

我定义的 xls_to_xlsx() 函数每次只转换一个文档，如果你要批量转换文档，肯定是需要写个遍历的，比如说给定一个文件夹，把文件夹里的所有文件的绝对路径全部取出来，依次调用 xls_to_xlsx() 函数，当然，遍历过程加个异常捕获会更好。你觉得这功能难吗？如果你还记得在学习 os 模块的时候我举的那个递归获取绝对路径的例子，那么这个功能就不难了，实在写不出就翻回去看看嘛。

我们这里是借助 win32com 把 xls 格式转换成 xlsx 格式了，是因为它支持操作 Excel，但它还支持操作 Word 和 PPT，所以也可以通过它转换 Word 和 PPT 的格式，现在先留个思路吧，后面学到了那些知识点我再带你写一下具体的转换代码。

第 7 章　操作 Word

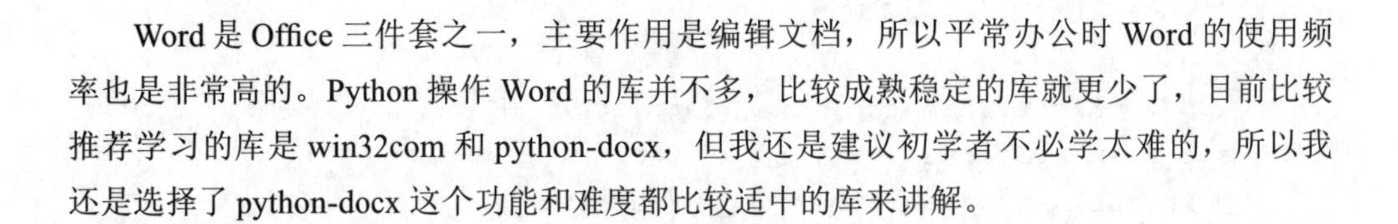

Word 是 Office 三件套之一，主要作用是编辑文档，所以平常办公时 Word 的使用频率也是非常高的。Python 操作 Word 的库并不多，比较成熟稳定的库就更少了，目前比较推荐学习的库是 win32com 和 python-docx，但我还是建议初学者不必学太难的，所以我还是选择了 python-docx 这个功能和难度都比较适中的库来讲解。

7.1　python-docx

python-docx 是一个免费开源的库，可以用来创建和修改 Word 文档，因为是第三方库，所以需要进行安装，代码如下：

```
pip install python-docx
```

7.2　打开与保存

一个 Word 文档就是一个 Word 文件，Word 文件类型主要分为 doc 和 docx 两种，doc 是旧版（Word97-Word2003），docx 是新版（Word2007 及以上），docx 当然是优于 doc 的，主要表现是 docx 的性能更好且体积更小。还要注意，python-docx 只支持 docx，不支持 doc。

7.2.1　新建文档

在 python-docx 中，如果你要新建一个 Word 文档，那是非常简单的，只需要实例化一个 Document 对象即可，代码如下：

```
from docx import Document

doc = Document()
```

7.2.2　保存文档

新建和保存文档都是最基本的操作，如果新建了一个文档最后却没有保存到硬盘上，那就是白忙一场。保存文档也不难，就是调用下 Document 对象的 save() 方法，把文件路径传进去就可以了，文件路径支持相对路径和绝对路径，先看一下我的写法：

```
import os

from docx import Document

# 获取当前工作路径（本代码文件的绝对路径）
work_path = os.getcwd()
# 目标文件夹名
dir_name = "./word_files/"
# 目标文件名
file_name = "test.docx"

# 拼接目标文件夹绝对路径
target_dir = os.path.join(work_path, dir_name)
print(target_dir)
# 如果目标文件夹不存在则创建
if not os.path.exists(target_dir):
    os.makedirs(target_dir)

# 拼接完整绝对路径
full_path = os.path.join(work_path, dir_name, file_name)
print(full_path)

# 新建文档
doc = Document()
# 保存文档
doc.save(full_path)
```

不是说保存文档很简单吗？我这居然写了那么多代码，你看了我的代码就知道其实真正保存文档的就只有最后一行代码，上面的代码都是在处理路径，主要目的也是为了带大家再熟悉一下路径处理。我要做的是在当前工作路径，也就是此代码文件所在的文件夹，里面新建一个 word_files 文件夹，然后把文档保存到 word_files 文件夹里。获取当前工作路径可以使用 os.getcwd() 方法，判断路径是否存在可以使用 os.path.exists() 方法，拼接路径可以使用 os.path.join() 方法，这几个方法也在 os 模块那一节的那个表格里，如果你之前有练习过应该是可以想起来的。

7.2.3　打开文档

如果要打开一个已存在的文档也是相当简单的，只要在实例化 Document 对象的时候传入文档路径即可，支持绝对路径和相对路径，代码如下：

```
from docx import Document

doc = Document("./word_files/test.docx")
```

实例化 Document 对象时，除了可以传入文档路径，还可以传入一个文件操作符。也许一秒前你眼前又会闪过一个大问号，文件操作符？怎么听起来那么耳熟呢？文件操作符就是读写文件的 open() 函数返回的那个对象啊，应该想起来了吧，那么保存 Word 文档的另一个写法也就没什么问题了。我这里还是展示一下使用 with 关键字搭配 open() 函数的写法，代码如下：

```
from docx import Document

with open("./word_files/test.docx", "rb") as f:
    doc = Document(f)
```

7.3 doc 转 docx

由于 python-docx 不支持 doc 类型的文档，所以如果要用 python-docx 处理 doc 文档的话就要先想办法将 doc 文档转换成 docx 文档。不久前我们已经学了怎么使用 win32com 将 xls 转换成 xlsx，既然 win32com 也支持 Word，转换思路还是很清晰的，只要使用 win32com 打开一个 doc 再将其保存为 docx 即可，代码如下：

```
import os
from win32com import client


def doc_to_docx(path):
    print("路径：{}".format(path))
    if not os.path.isabs(path):
        print(f"不是绝对路径")
        return
    if not os.path.exists(path):
        print("文件不存在")
        return
    if os.path.splitext(path)[1] != ".doc":
        print("文件类型不对")
        return
    app = client.Dispatch('Word.Application')
```

```
    app.DisplayAlerts = False
    document = app.Documents.Open(path)
    document.SaveAs(os.path.splitext(path)[0] + ".docx", 12)
    document.Close()
    app.Quit()


if __name__ == '__main__':
    file = r"E:\xxx\test.doc"
    doc_to_docx(file)
```

代码中 client.Dispatch('Word.Application') 是打开一个 Word 应用，然后使用 Open 再 SaveAs 这两个操作，调用 SaveAs() 保存文档的时候要把格式类型设置为 12，12 代表 docx 文档类型，不写也没关系，因为它在保存时默认类型就是 docx。再啰嗦一遍，win32com 只适合在安装有 Office 或 WPS 的 Windows 电脑上运行，最后还要记得关闭文档和应用，避免造成内存泄露。

7.4 段落操作

学会了打开和保存文档之后就可以继续学习操作文档了，其中最主要的操作对象就是段落。相信学过 Word 的同学都知道段落，即使没学过，也可以很容易理解段落的概念。这里段落的概念与语文中的段落是一样，就是把很长的文本根据文章或事情的内容、阶段划分为相对独立的部分，简单来说，段落就是一段文本。

7.4.1 段落

在 python-docx 中，每一个段落都是一个 Paragraph 对象。我们知道 openpyxl 中每一个 Workbook 对象都默认有一个 Worksheet 对象，因为每个工作簿都至少要有一个工作表，但一个 Word 文档里面是可以没有任何段落的，所以在 python-docx 中一个新建的 Document 对象默认是没有 Paragraph 对象的，如果要往文档里添加文本，那就必须添加一个段落，Document 对象提供了 add_paragraph() 方法用来添加段落，它会返回一个 Paragraph 对象，代码如下：

```
from docx import Document

doc = Document()

print(doc.paragraphs)  # 输出：[]
```

```
paragraph1 = doc.add_paragraph()
print(type(paragraph1))  # 输出：<class 'docx.text.paragraph.
Paragraph'>

print(doc.paragraphs)
# 输出：[<docx.text.paragraph.Paragraph object at
0x0000023937AABA30>]

doc.save("./word_files/test.docx")
```

我们访问一下 Document 对象的 paragraphs 属性就能拿到该对象的所有段落（其实 paragraphs 属性是一个被 @property 装饰的方法），从上面的代码中可以看到刚开始访问 paragraphs 属性的时候得到了一个空列表，说明 Document 对象默认是没有任何段落的。我们调用 add_paragraph() 方法添加了一个段落，然后保存文档，然后用 Word 或 WPS 打开文档瞄一眼，该文档依旧是一个空文档，因为我们没有往里面写文本。该怎么写文本呢？其实在添加段落的时候就可以顺便写入文本，add_paragraph() 方法的第一个参数就是文本内容，在其传入一个字符串就行，代码如下：

```
from docx import Document

doc = Document()

paragraph1 = doc.add_paragraph("这是一个段落，取名为 paragraph1")

doc.save("./word_files/test.docx")
```

执行完代码之后，打开文档就可以看到文档里有“这是一个段落，取名为 paragraph1”这段话了。通过这种方式可以添加段落文本，但要怎么管理这个段落呢？比如说想要查看这个段落的文本内容，或者修改它。其实当我们调用 Document 对象的 add_paragraph() 方法的时候，实际上就是创建了一个 Paragraph 对象，然后再调用 Paragraph 对象的 text() 方法保存文本，但 text() 方法已经被 @property 装饰了，所以我们完全可以把它当成属性来使用，这样的话不管查看还是修改段落的文本都变得简单了，代码如下：

```
from docx import Document

doc = Document()

paragraph1 = doc.add_paragraph("这是一个段落，取名为 paragraph1")
print(paragraph1.text)  # 输出：这是一个段落，取名为 paragraph1
```

```
paragraph1.text = "这是被修改之后的段落 1"
print(paragraph1.text)  # 输出：这是被修改之后的段落 1

doc.save("./word_files/test.docx")
```

执行完代码之后可以看到打印出来的文本是正确的，然后你再用 Word 打开保存的文档看一下文本是不是修改了，嗯，不用看了，肯定是已经修改了，除非你抄错了我的代码。

如果要清空段落的文本，可以使用 Paragraph 对象的 clear() 方法，该方法无须任何参数，并且返回被清空内容的 Paragraph 对象。但是要注意，虽然 clear() 方法清空了段落内容，但它保留了段落的样式，所以以后设置样式的时候要注意这个特点，如果连样式都不想保留的话干脆直接不用这个段落对象了，避免给自己带来不必要的麻烦，代码如下：

```
from docx import Document

doc = Document()

paragraph1 = doc.add_paragraph("这是一个段落，取名为 paragraph1")

paragraph1.clear()
print(paragraph1.text)  # 输出：

doc.save("./word_files/test.docx")
```

7.4.2 增删段落

我们已经学过了增加段落，就是调用 Document 对象的 add_paragraph() 方法，这种方式是追加的方式，即在文档后面依次添加段落。如果你想在某一个段落的前面添加一个段落，Paragraph 对象还有一个 insert_paragraph_before() 方法，用于在当前段落的前面插入一个新的段落。来看一下代码演示：

```
from docx import Document

doc = Document()

paragraph1 = doc.add_paragraph("这是段落 1")
paragraph3 = doc.add_paragraph("这是段落 3")
paragraph2 = paragraph3.insert_paragraph_before("这是段落 2")
```

```
for p in doc.paragraphs:
    print(p.text)

doc.save("./word_files/test.docx")

# 输出：
# 这是段落 1
# 这是段落 2
# 这是段落 3
```

还有一种比较特殊的段落，就是分页符，我们知道在 Word 中插入分页符的时候预示着当前段落结束，本页剩余部分会是空白的。分页符真正的作用是分页，但当我们调用 Document 对象的 add_page_break() 方法添加分页符的时候也会添加一个段落，代码如下：

```
from docx import Document

doc = Document()

doc.add_paragraph("这是段落 1")
doc.add_page_break()
doc.add_paragraph("这是段落 2")

print(len(doc.paragraphs))  # 输出：3

doc.save("./word_files/test.docx")
```

聊完了添加段落的两种方式之后，再来聊一下怎么删除段落。糟糕的是，python-docx 并没有提供删除段落的方法，如果要实现删除段落的效果，你可以把某个段落清空，即调用 clear() 方法，之后不再用它就相当于把它删除了。如果你非要真正地删除一个段落，我们可以通过解析 docx 文档的结构最终实现删除段落，但这个过程比较复杂，可以通过代码学习：

```
from docx import Document

doc = Document("./word_files/test.docx")

for paragraph in doc.paragraphs:
    p = paragraph._element
    p.getparent().remove(p)
```

```
    p._p = p._element = None

doc.save("./word_files/test.docx")
```

你可能不知道，Office 文档都是以标签的形式存储数据的，段落也是一种标签，在 python-docx 中每一个标签都存储在该对象的 _element 属性中，我们访问 paragraph 的 _element 属性拿到段落标签，存储为变量 p。我们拿到标签之后就可以调用 remove() 方法进行删除，但它不能自己删除自己，所以还需要调用 getparent() 方法获取它的父标签，再通过父标签调用 remove() 删掉子标签 p。这个过程也许你不能完全理解，但没关系，代码就这么写，你把它记住就行了，猜你肯定记不住，以后需要用的时候再回来这里瞄一眼也行。

7.5 段落样式

7.5.1 段落对齐

段落的对齐方式一共有十种，但我们平时只用到五种，分别是左对齐、中对齐、右对齐、两端对齐和分散对齐，这些对齐方式存储在 WD_PARAGRAPH_ALIGNMENT 这个枚举类里，你也不用管什么是枚举，只要知道它是一个类。然后可以通过小数点去访问该类的 LEFT（左对齐）、CENTER（居中对齐）、RIGHT（右对齐）、JUSTIFY（两端对齐）、DISTRIBUTE（分散对齐）这几个属性，把它赋值给 Paragraph 对象的 alignment 属性，段落对齐的设置就起作用了，代码如下：

```
from docx import Document
from docx.enum.text import WD_PARAGRAPH_ALIGNMENT as ALIGNMENT

doc = Document()

# 左对齐
paragraph1 = doc.add_paragraph(" 这是左对齐段落 ")
paragraph1.alignment = ALIGNMENT.LEFT
# 居中对齐
doc.add_paragraph(" 这是居中对齐段落 ").alignment = ALIGNMENT.CENTER
# 右对齐
doc.add_paragraph(" 这是右对齐段落 ").alignment = ALIGNMENT.RIGHT
# 两端对齐
doc.add_paragraph(" 这是两端对齐段落 ").alignment = ALIGNMENT.JUSTIFY
# 分散对齐
doc.add_paragraph(" 这是分散对齐段落 ").alignment = ALIGNMENT.DISTRIBUTE
```

```
doc.save("./word_files/test.docx")
```

在导入 WD_PARAGRAPH_ALIGNMENT 这个枚举类的时候，我觉得它太长了，所以使用 as 关键字给它取了个别名，为 ALIGNMENT，这个语法应该还没忘记吧？执行代码之后，打开文档看一下新添加的这几个段落是不是已经分别设置为这五种对齐方式了，如果不出意外的话应该是设置成功了。

关于枚举类，我这里还是再多提一点吧，因为我们后面还会经常使用枚举类。首先我们知道枚举类是一个类，但它不像其他的类那样可以随意操作属性和方法，它只用来存储某些固定值，比如说居中对齐“WD_PARAGRAPH_ALIGNMENT.CENTER”这个值实际上对应的是整型 1，所以你完全可以使用 1 来代替“WD_PARAGRAPH_ALIGNMENT.CENTER”这一长串代码，那么为什么非要写成变量的形式而不直接使用 1 呢？因为这样可以望文生义啊，虽然计算机知道 0 是居左对齐，1 是居中对齐，2 是居右对齐，但你自己看代码的时候你还会记得整型 9 对应的是哪种对齐吗？你肯定需要查资料对照才能看懂，但如果使用了枚举类就可以让代码的可读性变得更高。所以枚举类就是存储某些固定值的类，作用是为了让我们可以更容易阅读代码，python-docx 把很多值都定义成枚举类了，我们后面会接触。

7.5.2 使用内置样式

Word 有一些内置样式，在 Word 里面显示为“预设样式”，我们可以直接拿来使用。内置样式非常多，但样式类型大致可以分为四种，分别是字符样式、列表样式、段落样式、表格样式，它们定义在 WD_STYLE_TYPE 这个枚举类里。我们这里先拿段落样式进行演示，代码如下：

```
from docx import Document

doc = Document()

# 列表
paragraph = doc.add_paragraph("有序段落 List")
print(paragraph.style.name)  # 输出：Normal
paragraph.style = "List"
doc.add_paragraph("有序段落 List 2", style="List 2")
doc.add_paragraph("有序段落 List 3", style="List 3")

# 列表编号
doc.add_paragraph("有序段落 List Number", style="List Number")
doc.add_paragraph("有序段落 List Number 2", style="List Number 2")
```

```
doc.add_paragraph("有序段落 List Number 3", style="List Number 3")

# 列表项目符号
doc.add_paragraph("无序段落 List Bullet", style="List Bullet")
doc.add_paragraph("无序段落 List Bullet 2", style="List Bullet 2")
doc.add_paragraph("无序段落 List Bullet 3", style="List Bullet 3")

doc.save("./word_files/test.docx")
```

执行上面的代码之后得到的效果如图 7-1 所示。

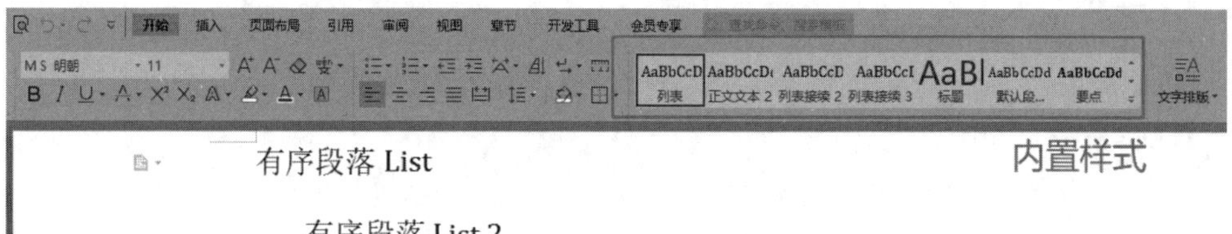

图 7-1 使用内置样式效果

Paragraph 对象有一个 style 属性控制段落样式，我们只要把样式名赋值给该属性就可以引用样式。当然也可以在调用 add_paragraph() 方法新增段落的时候就引用样式，该方法的第二个参数就是样式名。如果不设置段落的样式，则默认样式名是“Normal”，也就是 Word 里的第一个内置样式“正文”。还要注意样式名是一个字符串，这些内置的样式名都是固定的，所以不能写错了。既然样式名是固定的，那我们怎么查看都有哪些样式呢？我们干脆读取 Document 的 styles 取出全部样式，然后过滤出类型为段落的样式，代码如下：

```
from docx import Document
from docx.enum.style import WD_STYLE_TYPE
```

```
doc = Document()

styles = doc.styles
paragraph_styles = [s for s in styles if s.type == WD_STYLE_TYPE.
PARAGRAPH]
for style in paragraph_styles:
    print(style.name)
# 输出:
# Normal
# Header
# Footer
# Heading 1
# Heading 2
# ...
```

代码中通过列表推导式拿到全部内置段落样式，一共有36个。每一个样式对应的类都是继承BaseStyle类的，BaseStyle对象的type属性用于区分样式类型，所以我们让type等于WD_STYLE_TYPE.PARAGRAPH的样式保留下来，而name属性表示样式名，把它打印出来看一下，我们在引用样式的时候就直接写这些样式名就可以了。关于WD_STYLE_TYPE，它是一个枚举类，这里一共定义了四种类型，分别是CHARACTER（字符）、LIST（列表）、PARAGRAPH（段落）和TABLE（表格），如果以后有需要的话可以按照这种方式进行过滤。

7.5.3 间距和缩进

段落与段落之间可以设置距离，比如说段前16磅，段后20磅，这里就需要用到长度单位了，我们以后再学习python-docx的长度单位，现在先提前用一下“磅”这个单位，用Pt这个类表示，实例化对象的时候传入磅数即可，比如说Pt(20)就表示20磅。有了长度单位之后我们就可以设置段落的距离了。首先要知道Paragraph对象用ParagraphFormat这个类来管理样式，前面我们学习对齐的时候设置的alignment属性其实就是ParagraphFormat对象的，这次我们来修改一下ParagraphFormat对象的space_before和space_after属性，这两个属性分别表示段前和段后的距离，看一下我的代码：

```
from docx import Document
from docx.shared import Pt

doc = Document()

paragraph = doc.add_paragraph("某一天 Office 遇到了 Python")
```

```
paragraph.paragraph_format.space_before = Pt(16)  # 段前16磅
paragraph.paragraph_format.space_after = Pt(20)  # 段后20磅

doc.save("./word_files/test.docx")
```

当然 ParagraphFormat 对象肯定没那么简单，它还有其他的属性，比如说 first_line_indent 表示首行缩进，line_spacing 表示行间距，代码如下：

```
...
paragraph = doc.add_paragraph("某一天Office遇到了Python")

paragraph.paragraph_format.line_spacing = Pt(20)  # 行间距，固定值20磅
paragraph.paragraph_format.first_line_indent = Pt(10)  # 首行缩进10磅
```

说到行间距，如果直接指定 line_spacing 的值，那就是固定行间距，如果指定一个数字就表示多倍行距，比如说 1.5 倍行距、2 倍行距、3 倍行距等，代码如下：

```
...
paragraph.paragraph_format.line_spacing = 1.5  # 1.5倍行距
paragraph.paragraph_format.line_spacing = 2  # 2倍行距
```

7.5.4 删除段落样式

如果想要删除段落样式也很简单，先通过段落的 style 属性拿到段落的样式对象，得到的是一个 _ParagraphStyle 类的实例，它是基于 BaseStyle 类的，而 BaseStyle 对象有提供 delete() 方法删除自身样式，所以实际上我们只要通过段落的样式对象直接调用 delete() 方法即可。代码如下：

```
from docx import Document

doc = Document()

p1 = doc.add_paragraph("有序段落List", "List")
p2 = doc.add_paragraph("有序段落List 2", "List 2")
print(type(p2.style))
print(p2.style.name)  # 输出：List 2
# 删除段落样式
p2.style.delete()
```

```
print(p2.style.name)  # 输出：Normal

doc.save("./word_files/test.docx")
```

我们调用 delete() 方法删除段落 p2 的样式之后，再次打印 p2 的样式发现它变成了“Normal”，所以所谓的删除样式，实际上就是把样式重新改为“Normal”，即“正文”样式。

7.6　Run 对象

现在我们知道了怎么添加段落文本，还需要知道怎么操作这些文本，很多时候我们并不是要操作整个段落的文本，而是要操作段落里的某一段文本，或者是一个字，也可能是一部分字。如果是在 Word 中，我们可以直接使用鼠标选中你要操作的文本，但是在 python-docx 中可没有鼠标给你操作，该怎么区分选择了哪些文本呢？为此，我们要认识 Run 的概念。

7.6.1　认识 Run

python-docx 通过段落中的不同样式把段落分割为若干个部分，每一个部分都是一个 Run，就是说，只要段落里的某一个字符的样式与前一个字符不同，它就处于与前一个字符不同的 Run，还不懂的话可以看一下图 7-2。

图 7-2　段落分割 Run 示意图

上图中的这段话是一个段落，其中“天”和“遇上”都设置了样式，所以这个段落一共被分割成 5 个 Run，分别是“某一”“天”“Office”“遇上”“了 Python”。要是你还不信的话，我们可以使用代码验证一下，通过访问 Paragraph 对象的 runs 属性可以获取到该段落的所有 Run 对象，返回一个列表，我们可以打印出该列表的长度，代码如下：

```
from docx import Document

doc = Document("./word_files/test.docx")
# 取文档的一个段落
paragraph = doc.paragraphs[0]
print(len(paragraph.runs))   # 输出：5
```

现在我们知道 Run 代表的是段落的文本，我们之前调用 add_paragraph() 方法的第一个参数也是段落文本，所以这个文本到底是属于谁的？答案很明显，肯定是 Run 对象的，因为段落就是由 Run 组成的。其实你看一下 add_paragraph() 方法的源码就会知道，这个方法里面会调用 add_run() 方法创建一个 Run 对象并且把传进来的文本赋值给 Run 对象的 text 属性，源码如下：

```
def add_paragraph(self, text='', style=None):
  paragraph = self._add_paragraph()
     if text:
         paragraph.add_run(text)
     if style is not None:
         paragraph.style = style
     return paragraph
```

所以到目前为止，我们知道，Document 里有 Paragraph，Paragraph 里有 Run，操作一个段落的文本实际上就是在操作 Paragraph 的 Run，只有搞清楚文档结构之后你才能更好地操作文档，那么我们继续往下学吧。

7.6.2　添加 Run

前面说到，访问 Paragraph 对象的 runs 属性就可以获取到所有的 Run 对象，但这些 Run 对象都是在 Word 那边编辑好之后再用 python-docx 读取的，如果要自己添加 Run 对象该怎么做呢？Paragraph 对象提供了 add_run() 方法，代码如下：

```
from docx import Document

doc = Document()

paragraph = doc.add_paragraph("Office")
run1 = paragraph.add_run(" 遇上了 ")
run2 = paragraph.add_run("Python")
```

```
print(len(paragraph.runs))  # 输出：3
print(type(run1))  # 输出：<class 'docx.text.run.Run'>
print(run1.text)  # 输出：遇上了
print(run2.text)  # 输出：Python

doc.save("./word_files/test.docx")
```

从上面的代码中可以看出，add_run() 方法的第一个参数是文本，达到的效果是在该段落的后面继续追加文本，调用完 add_run() 之后会返回该 Run 对象，方便做其他操作，比如说访问它的 text 属性查看文本或者修改 Run 的文本内容。

现在知道 Run 对象的文本是保存在 text 属性的，所以要修改文本的话可以直接给 text 属性重新赋值。text 属性保存的是字符串类型，所以如果文本中出现了“\n”，在 Word 中看到的效果就是段落换行了，但这种换行并不是增加了新的段落，而是软换行，相当于是在 Word 中按了 Shift 键 + 回车键。而代码中调用 add_paragraph() 方法则是硬换行，相当于在 Word 中直接按回车键，也就是增加了新的段落。

7.6.3 清空 Run

前面我讲过 Paragraph 对象有一个 clear() 方法用于清空整个段落的文本，如果只是想清空某个 Run 对象的文本就不适合调用段落的 clear() 方法了。Run 对象也有一个 clear() 方法，可以清空自身文本，但是要注意，只是清空文本，该 Run 对象的样式还是会保留下来的，代码如下：

```
from docx import Document

doc = Document()

paragraph = doc.add_paragraph("Office")
run1 = paragraph.add_run("遇上了")
print(run1.text)  # 输出：遇上了
# 清空 Run 文本
run1.clear()
print(run1.text)  # 输出：
doc.save("./word_files/test.docx")
```

7.6.4 Run 样式

Run 的样式没有段落那么多，因为 Run 主要是控制段落里的某一部分文本，所以重点是这些文本的样式，比如加粗、改变颜色、加下画线、变斜体等，这些样式都是由 Run 对象的 font 属性控制的，而 font 属性保存的是一个 Font 对象，所以修改 Run 的样式实际上就是修改 Font 对象的属性，下面是常用的设置：

```
from docx import Document
from docx.enum.text import WD_COLOR_INDEX, WD_UNDERLINE
from docx.oxml.ns import qn
from docx.shared import RGBColor, Pt

doc = Document()

paragraph1 = doc.add_paragraph("Office")
run = paragraph1.add_run("遇上了 Python")
print(type(run.font))  # 输出：<class 'docx.text.font.Font'>
# 设置西文是新罗马字体
run.font.name = "Times New Roman"
# 设置中文是宋体
run.element.rPr.rFonts.set(qn('w:eastAsia'), '宋体')
# 设置字号大小为 30 磅
run.font.size = Pt(30)
# 是否加粗
run.font.bold = True
# 是否斜体
run.font.italic = True
# 是否下画线
run.font.underline = True
# 设置为双下画线
# run.font.underline = WD_UNDERLINE.DOUBLE
# 查看所有下画线类型
# for line_type in WD_UNDERLINE.__members__:
#     print(line_type.name)
# 是否阴影
run.font.shadow = True
# 是否删除线
run.font.strike = True
# 是否双删除线
# run.font.double_strike = True
# 字体颜色
run.font.color.rgb = RGBColor(50, 130, 210)
# run.font.color.rgb = RGBColor.from_string("3282d2")
# 文本高亮颜色，此次设置为黄色
run.font.highlight_color = WD_COLOR_INDEX.YELLOW
# 查看所有支持的高亮颜色
# for color in WD_COLOR_INDEX.__members__:
```

```
#     print(color.name)

# # 是否语法检查时不报错
# run.font.no_proof = True
# # 是否隐藏文本
# run.font.hidden = True
# # 是否全部大写
# run.font.all_caps = True
# # 是否全部大写且字号会变小
# run.font.small_caps = True
# # 是否上标
# run.font.superscript = True
# # 是否下标
# run.font.subscript = True

doc.save("./word_files/test.docx")
```

总体上来看 Font 对象的属性都是布尔类型，所以都很容易理解，这些布尔类型的属性取值除了 True 和 False，还可以是 None，当取值为 None 时表示采用默认属性，这些默认属性大多数是继承而来。当然还有一些需要注意的点我这里再补充一下：

（1）字体大小。

字体大小其实是一种长度单位，下一节我们再学，这里先用 Pt 对象表示。

（2）中文字体。

指定文本要使用哪种字体可以直接设置 Font 对象的 name 属性，但当你设置为宋体的时候，打开 Word 看一下发现并没有生效，是的，这种设置方法只对英文字符起作用，中文与西文字体的设置方式并不统一。如果想要设置为宋体等中文字体，需要先修改字体的 name 属性，即先设置西文字体，才能继续设置中文字体。设置中文字体的方式是直接修改文档的标签，用代码表示为“Run 对象 .element.rPr.rFonts.set(qn(‘w:eastAsia’), ‘中文字体名’)”。当然，Paragraph 对象的 style 属性的 font 属性也是一个 Font 对象，所以可以用它来修改整个段落的字体，前提也是先要设置了 font 的 name 才能修改中文字体，修改中文字体用代码表示为“Paragraph 对象 .style.element.rPr.rFonts.set(qn(‘w:eastAsia’), ‘中文字体名’)”。

（3）设置颜色。

Font 对象的颜色属性是一个 RGBColor 对象，有两种实例化方式，第一种是分别传入 r、g、b 三个颜色通道的值，第二种是通过类方法 RGBColor.from_string()，传入一个十六进制 rgb 字符串，这两种方法没有差别，你选一种自己喜欢的就好。关于 RGB 颜色通道在讲 openpyxl 的字体样式的时候已经讲解过了，这里不再赘述，如果忘了，请翻回去瞄一眼。

另外如果是设置文本高亮颜色，只能使用 Word 提供的颜色枚举值，python-docx 中把这些固定的颜色值保存在 WD_COLOR_INDEX 枚举类里，有 AUTO、BLACK、BLUE、DARK_RED 等 15 种颜色，如果你想知道具体有哪些颜色，我们可以把它打印出来看一下。访问 WD_COLOR_INDEX 的 _ _members_ _ 属性可以获取到每一个颜色对象，再打印这些颜色对象的 name 属性就可以了，我在上面的代码注释中有写。

（4）大小写转换。

Font 对象的 all_caps 属性改为 True，则会把 Run 对象的所有英文字母全部改为大写，但没有提供全部改为小写的属性，如果想要将英文字母改为小写，可以读取 Run 对象的 text 然后通过 Python 字符串的 lower() 方法，将字符串转成小写之后重新赋值给 text 属性即可。

（5）下画线。

如果把 Font 对象的 underline 属性设置为 True，则是添加单下画线，但我们在 Word 中看到的下画线类型还有很多，比如说双下画线、虚线、波浪线等，这些值会被 python-docx 保存在 WD_UNDERLINE 枚举类里，具体有哪些值，老样子，遍历一下 WD_UNDERLINE 的 _ _members_ _ 属性把每一个值的 name 属性打印出来就看到了。

7.6.5　案例：社团证明

目前已经学了怎么设置段落和文本，可以做一些小案例了，这里以生成一个参加社团证明的文案为例，把我们学过的知识点用起来。文档不复杂，主要分为标题、正文、署名日期三个部分，标题用二号黑体，居中；正文用四号宋体，首行缩进两个字符；署名日期的格式与正文一样，但居右对齐，最终效果如图 7-3 所示。

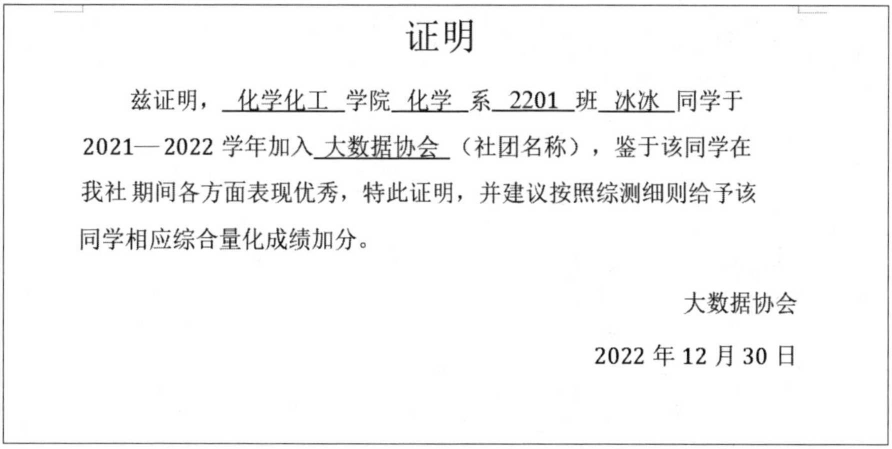

证明

兹证明，化学化工学院化学系2201班冰冰同学于2021—2022 学年加入大数据协会（社团名称），鉴于该同学在我社期间各方面表现优秀，特此证明，并建议按照综测细则给予该同学相应综合量化成绩加分。

大数据协会

2022 年 12 月 30 日

图 7-3　参加社团证明模板

这个案例的主要操作就是添加文本、设置居中或居右对齐、添加下画线、设置字号，这些知识点我们刚学了不久，你可以尝试自己完成，加深一下印象，之后再参考一下我的代码：

```
from docx import Document
from docx.enum.text import WD_PARAGRAPH_ALIGNMENT
from docx.oxml.ns import qn
from docx.shared import Pt

college = "化学化工"
major = "化学"
class_ = "2201"
name = "冰冰"
join_year = "2021-2022"
association = "大数据协会"
prove_date = "2022年12月30日"

doc = Document()

run_list = list()  # 保存需要设置下画线的Run对象

# 标题段落
title = doc.add_paragraph()
title.alignment = WD_PARAGRAPH_ALIGNMENT.CENTER  # 段落居中
title_run = title.add_run("证明")
title_run.font.size = Pt(22)  # 设置字号为二号，即22磅
title_run.font.name = "Times New Roman"  # 要先设置西文才能设置中文
title_run.element.rPr.rFonts.set(qn('w:eastAsia'), '黑体')

# 正文段落
body = doc.add_paragraph()
body.add_run("兹证明，")
run_list.append(body.add_run(f"   {college}   "))
body.add_run("学院")
run_list.append(body.add_run(f"   {major}   "))
body.add_run("系")
run_list.append(body.add_run(f"   {class_}   "))
body.add_run("班")
run_list.append(body.add_run(f"   {name}   "))
body.add_run(f"同学于{join_year}学年加入")
run_list.append(body.add_run(f"  {association}  "))
body.add_run(
    "（社团名称），鉴于该同学在我社期间各方面表现优秀，特此证明，"
    "并建议按照综测细则给予该同学相应综合量化成绩加分。"
)
for run in run_list:
```

```
    run.font.underline = True  # 遍历添加下画线

font_size = 14  # 正文四号字体，即 14 磅
body.style.font.size = Pt(font_size)  # 设置段落字体为 14 磅
body.paragraph_format.first_line_indent = Pt(font_size * 2)  # 首行缩进
body.paragraph_format.line_spacing = 1.5  # 设置行间距为 1.5 倍
body.style.font.name = "Times New Roman"  # 设置西文为新罗马体
body.style.element.rPr.rFonts.set(qn('w:eastAsia'), '宋体')  # 设置宋体

# 署名和日期
p_association = doc.add_paragraph(f"{association}")
p_association.alignment = WD_PARAGRAPH_ALIGNMENT.RIGHT
p_prove_date = doc.add_paragraph(f"{prove_date}")
p_prove_date.alignment = WD_PARAGRAPH_ALIGNMENT.RIGHT

doc.save("./word_files/test.docx")
```

既然我们实现了给一个人生成社团证明的代码，气氛都烘托到这儿了，再顺便实现一下给一群人生成证明的模板吧。假设你收到了一份 Excel 文档，里面是很多同学的信息，要求给每一个同学都生成一份文档并用姓名当文件名保存文档，Excel 文档如图 7-4 所示。

	A	B	C	D	E	F	G
1	姓名	学院	专业	班级	社团	学年	证明日期
2	冰冰	化学化工学院	化学	2201	大数据协会	2021-2022	2022年12月31日
3	花花	文学院	中文	2202	大数据协会	2021-2022	2022年12月31日
4	悠悠	外国语学院	英语	2105	大数据协会	2021-2022	2022年12月31日
5	小黑	音乐学院	艺术	2103	大数据协会	2021-2022	2022年12月31日
6	白佰	环境与资源学院	环境工程	2201	大数据协会	2021-2022	2022年12月31日
7	范范	生命科学学院	食品科学与工程	2102	大数据协会	2021-2022	2022年12月31日
8	小爱	新闻学院	广告学	2203	大数据协会	2021-2022	2022年12月31日
9	小美	美术学院	艺术设计学	2201	大数据协会	2021-2022	2022年12月31日
10	菲菲	经济与管理学院	经济学	2201	大数据协会	2021-2022	2022年12月31日
11	小奥	数学科学学院	信息与计算科学专	2106	大数据协会	2021-2022	2022年12月31日
12	飞飞	初民学院	文科试验班	2201	大数据协会	2021-2022	2022年12月31日
13							
14							

图 7-4 参加社团证明同学名单

首先我们要把上面的生成 Word 模板的代码封装成一个函数，然后读取 Excel 文档数据，之后遍历数据依次调用封装好的函数即可。读取 Excel 文档数据肯定首选 openpyxl，如果我没有猜错，现在你可能记不清了 openpyxl 的知识点了，记得有空的时候多回顾一下啊。还是老样子，你先尝试自己完成代码，然后再参考一下我的代码：

```
from openpyxl import load_workbook


# 读取 Excel 同学名单
def read_excel(path):
    wb = load_workbook(path)
    ws = wb.active

    student_list = list()

    for i, row in enumerate(ws.rows):
        # 第一行是标题，跳过
        if i == 0:
            continue
        stu_dict = {
            "name": row[0].value,
            "college": row[1].value,
            "major": row[2].value,
            "class": row[3].value,
            "association": row[4].value,
            "join_year": row[5].value,
            "prove_date": row[6].value,
        }
        if isinstance(row[6].value, int):
            raise Exception("请先在 Excel 把日期转换成文本格式")
        student_list.append(stu_dict)
    return student_list


if __name__ == '__main__':
    students = read_excel("./word_files/社团证明人员名单.xlsx")
    print(students)
```

特别提醒一下，在用 openpyxl 读取 Excel 文档之前，先用 Excel 打开文档，把“证明日期”那一列的单元格全选，转换成文本格式，不然 openpyxl 读取到的数据是一个整数，表示从 1900 年 1 月 1 日开始到该日期经过了多少天，这样的话你还需要花精力去计算和转换才能得到正确的时间格式，在 Excel 那边 3 秒钟就能完成的事完全没必要拿到 openpyxl 这边徒增工作量，工作嘛，就是要选择最高效率的实现方法。不过话又说回来，虽然我不用练习，但你还需要，所以建议你还是自己使用代码试一下转换格式吧，处理时间的 datetime 模块我已经教过了，这会儿估计你也确实忘得差不多了。

读取到 Excel 的数据之后我们只要再写个循环依次执行生成模板的代码就能完成需求了，参考代码如下：

```
from openpyxl import load_workbook
from docx import Document
from docx.enum.text import WD_PARAGRAPH_ALIGNMENT
from docx.oxml.ns import qn
from docx.shared import Pt


# 读取 Excel 同学名单
def read_excel(path):
    …
    return student_list


def save_template(stu_dict):
    if not stu_dict or not isinstance(stu_dict, dict):
        print("参数错误，请传入一个字典")
        return
    doc = Document()
    run_list = list()  # 保存需要设置下画线的 Run 对象
    # 标题段落
    title = doc.add_paragraph()
    title.alignment = WD_PARAGRAPH_ALIGNMENT.CENTER  # 段落居中
    title_run = title.add_run("证明")
    title_run.font.size = Pt(22)  # 设置字号为二号，即 22 磅
    title_run.font.name = "Times New Roman"  # 要先设置西文才能设置
中文
    title_run.element.rPr.rFonts.set(qn('w:eastAsia'), '黑体')

    # 正文段落
    body = doc.add_paragraph()
    body.add_run("兹证明，")
    run_list.append(body.add_run(f"    {stu_dict['college']}    "))
    body.add_run("学院")
    run_list.append(body.add_run(f"    {stu_dict['major']}    "))
    body.add_run("系")
    run_list.append(body.add_run(f"    {stu_dict['class_']}    "))
    body.add_run("班")
    run_list.append(body.add_run(f"    {stu_dict['name']}    "))
```

```
    body.add_run(f"同学于{stu_dict['join_year']}学年加入")
    run_list.append(body.add_run(f"  {stu_dict['association']}  "))
    body.add_run(
        "（社团名称），鉴于该同学在我社期间各方面表现优秀，特此证明，"
        "并建议按照综测细则给予该同学相应综合量化成绩加分。"
    )
    for run in run_list:
        run.font.underline = True  # 遍历添加下画线

    font_size = 14  # 正文四号字体，即14磅
    body.style.font.size = Pt(font_size)  # 设置段落字体为14磅
    body.paragraph_format.first_line_indent = Pt(font_size * 2)
# 首行缩进
    body.paragraph_format.line_spacing = 1.5  # 设置字间距为1.5倍
    body.style.font.name = "Times New Roman"  # 设置西文为新罗马
    body.style.element.rPr.rFonts.set(qn('w:eastAsia'), '宋体')
# 设置宋体

    # 署名和日期
    p_association = doc.add_paragraph(f"{stu_dict['association']}")
    p_association.alignment = WD_PARAGRAPH_ALIGNMENT.RIGHT
    p_prove_date = doc.add_paragraph(f"{stu_dict['prove_date']}")
    p_prove_date.alignment = WD_PARAGRAPH_ALIGNMENT.RIGHT

    doc.save(f"./word_files/{stu_dict['name']}参加社团证明.docx")


if __name__ == '__main__':
    students = read_excel("./word_files/社团证明人员名单.xlsx")
    print(students)
    for student in students:
        save_template(student)
```

7.7 长度单位

本节来讲解 python-docx 中的长度单位。

7.7.1 Emu

长度单位很重要，比如说要设置字体大小、缩进值、图片尺寸等都需要用到长度单位，在 Word 中的长度单位有磅、英寸、厘米、毫米、字符，而 python-docx 是用一个大整

数表示长度的，一个单位长度称为 1Emu，即 1=1 Emu 当然也可以转换成我们常用的厘米、毫米等长度单位，12700Emu 表示 1 磅 (Pt)，36000Emu，表示 1 毫米 (Mm)，914400Emu 表示 1 英寸 (Inches)。另外还有一个单位是 Twips，翻译为缇，约等于 1/20 磅，等于 635Emu，表示如下：

```
1 Emu = 1
1 Twips = 635 Emu
1 Pt = 12700 Emu
1 Mm = 36000 Emu
1 Cm = 360000 Emu
1 Inches = 914400 Emu
```

7.7.2　单位转换

已经知道 Emu 与其他单位之间的转换关系，意味着我们就可以从一个单位自由转换到其他单位，而实际上这种转换需求也很常见，所以 python-docx 肯定是已经帮我们封装好对应的方法了。这些单位都继承 Length 类，它把转换成其他单位的方法都写好了，我们只管调用就行，这些单位类都在 docx.shared 模块里，代码如下：

```
from docx.shared import Length

length = Length(254000)
print(length)  # 输出：254000
# 磅
print(length.pt)  # 输出：20.0
# 毫米
print(length.mm)  # 输出：7.055555555555555
# 厘米
print(length.cm)  # 输出：0.7055555555555556
# 英寸
print(length.inches)  # 输出：0.2777777777777778
# 缇
print(length.twips)  # 输出：400
```

虽然上面的例子是从 Emu（Length 类）转换成其他单位，但其他单位都继承 Length，所以只要确定有一个单位实例就可以转换成其他单位，比如说我们可以试一下把 2 厘米的长度转换成其他单位看一下是多少，代码如下：

```
from docx.shared import Cm
```

```
cm = Cm(2)
# emu
print(cm.emu)  # 输出：720000
# 磅
print(cm.pt)  # 输出：56.69291338582677
# 毫米
print(cm.mm)  # 输出：20.0
# 英寸
print(cm.inches)  # 输出：0.7874015748031497
# 缇
print(cm.twips)  # 输出：1134
```

从转换结果可以看出，转换得到的数值都是浮点型，实际上转换过程就是根据转换比例进行了一次除法运算，既然涉及浮点数的除法运算，你的脑海里就应该快速想到精度问题。首先除法运算不一定能整除，其次是浮点型本身就存在精度限制，所以最后转换得到的结果不一定准确，可能只是一个近似值，所以，如果你要指定哪个单位，就直接实例化对应的单位类（Pt、Cm、Mm、Inches、Twips），尽量不要通过其他单位转换为目标单位。

7.7.3 中文字符长度

在 Word 中还有一个非常常用的单位，字符，表示一个字体的长度，而 python-docx 中并没有该单位，原因是该字符单位与文字本身大小有关，各国的文字长度都不一样，所以无法用某个单位统一表示，但如果只是针对中文，这个问题不难解决。Word 的官方文档有提到，Word 用一个阿拉伯数字表示字体大小，磅数是阿拉伯数字的一半，比如说字体的大小为五号，对应字号的值是阿拉伯数字 21，对应的磅数是 10.5 磅。换句话说，我们只要知道了中文字体某个字号对应的磅数，我们就可以使用 python-docx 的单位表示出一个字符的长度。这又引出了另一个问题，怎么知道中文字体的字体大小与磅数的关系呢？很简单嘛，你先在 Word 中设置一个中文字符并且设定好字体大小，然后用 python-docx 读取一下不就知道了吗？我这里已经读取了一些常用的字体大小，大家可以瞄一眼表 7-1

表 7-1 中文字体常用字号大小

中文字号	字体大小	磅数	Emu
初号	84	42	533400
小初	72	36	457200
一号	52	26	330200
小一	48	24	304800
二号	44	22	279400
小二	36	18	228600

续表

中文字号	字体大小	磅数	Emu
三号	32	16	203200
小三	30	15	190500
四号	28	14	177800
小四	24	12	152400
五号	21	10.5	133350
小五	18	9	114300

所以知道了中文字体大小的转换方法之后，如果首行缩进 2 个字符你会设置了吗？代码如下：

```
from docx import Document
from docx.shared import Pt

doc = Document()
paragraph = doc.add_paragraph("某一天，Office 遇上了")
# 假设设置了字体的大小
# paragraph.style.font.size = Pt(10.5)
# 读取段落的字体大小
font_size = paragraph.style.font.size
# 若没有设置字体大小，默认是五号大小，即 10.5 磅
if font_size is None:
    font_size = Pt(10.5)
# 首行缩进字体大小的 2 倍，即缩进 2 个字符
paragraph.paragraph_format.first_line_indent = font_size * 2

doc.save("./word_files/test.docx")
```

过程很简单，只要读取一下段落字体大小然后乘以 2 就是两个字符的长度了，只是要注意的是，如果一个段落没有设置过字体大小，也就是默认字体大小，则读取处理的值是 None，其实就是五号字体大小，即 10.5 磅，所以在乘以 2 之前要判断一下是否为 None 避免报错。

7.8 使用标题

本小节讲解 python-docx 中使用标题的知识点。

7.8.1 添加标题

我们在“参加社团证明”的那个案例里需要设置一个标题，就是“证明”这两个字，但在之前的代码中我们是直接使用一个段落，所以在 Word 里显示的不是标题而是正文。如果想要添加标题，可以调用 Document 对象的 add_heading() 方法，第一个参数是标题文本，第二个参数是标题等级，默认等级是 1，代码如下：

```
from docx import Document

doc = Document()

doc.add_heading("证明")

doc.save("./word_files/test.docx")
```

标题等级的取值范围是 0~9，一共 10 个标题等级。当等级为 0 时，则对应的是 Word 里的“标题”样式，当标题等级取值为 1~9 时，它对应的是 Heading 1 到 Heading 9，即 Word 里的样式“标题 1”到“标题 9”，设置标题代码如下：

```
from docx import Document

doc = Document()

doc.add_heading("标题 1", 1)
doc.add_heading("标题 2", 2)
doc.add_heading("标题 3", 3)
doc.add_heading("标题 4", 4)
doc.add_heading("标题 5", 5)
doc.add_heading("标题 6", 6)
doc.add_heading("标题 7", 7)
doc.add_heading("标题 8", 8)
doc.add_heading("标题 9", 9)

doc.save("./word_files/test.docx")
```

标题效果如图 7-5 所示。

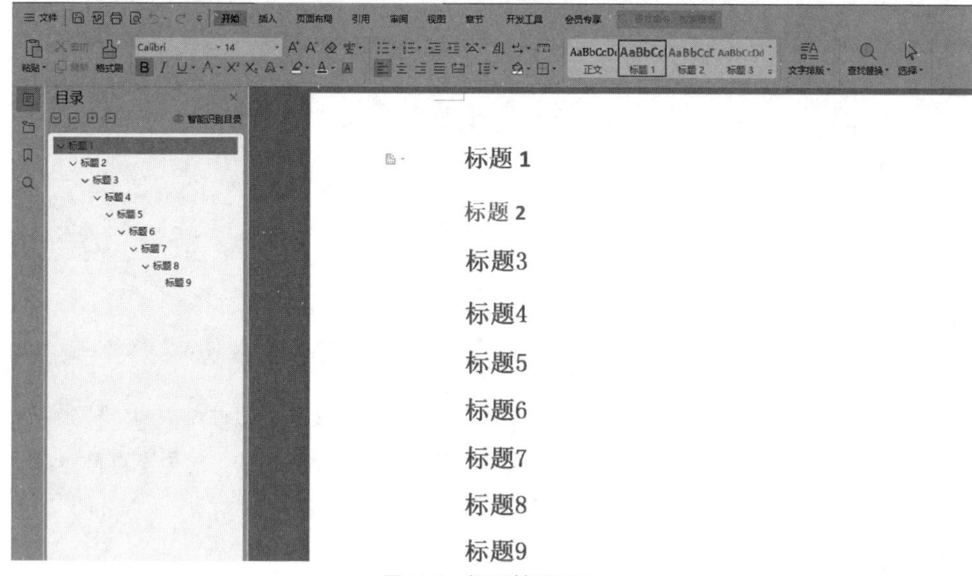

图 7-5　标题等级对比

7.8.2　标题与段落的关系

看到这里也许你已经感觉到了，标题与段落很像，实际上，标题就是段落。我们只要看一下添加标题方法的源码就知道了，代码如下：

```
def add_heading(self, text="", level=1):
    if not 0 <= level <= 9:
        raise ValueError("level must be in range 0-9, got %d" %
 level)
    style = "Title" if level == 0 else "Heading %d" % level
    return self.add_paragraph(text, style)
```

从源码中可以看出它先是拼接一个样式，然后再调用 add_paragraph() 添加一个段落，而我们知道 add_paragraph() 实际上又是在里面调用 add_run() 方法新建了一个 Run 对象，我们完全可以使用代码验证一下：

```
from docx import Document

doc = Document()

doc.add_heading(" 标题 1", 1)
doc.add_heading(" 标题 2", 2)
doc.add_heading(" 标题 3", 3)
```

```
print(len(doc.paragraphs))
for p in doc.paragraphs:
    print(p.runs[0].text)

# 输出:
# 3
# 标题 1
# 标题 2
# 标题 3
```

从上面的代码的执行结果可以看到，标题实际上就是段落，所以要对标题进行修改文本或者设置样式，操作方式与前面学过的操作段落的知识点是一样的，这里不再赘述。

7.9 操作图片

在一个文档里插入图片的需求还是很多的，所以这一部分必不可少。

7.9.1 插入图片

插入图片很简单，Document 对象提供了一个 add_picture() 方法用于插入图片，第一个参数是图片的路径或者文件流，第二和第三个参数分别是文件的宽度和高度，宽高我们先不管，先插入一张图片感受一下效果，代码如下：

```
from docx import Document

doc = Document()

doc.add_picture("./word_files/images/大数据协会印章.png")

doc.save("./word_files/test.docx")
```

保存文件之后用 Word 打开文档就可以看到文件中确实插入了一张图片，接下来我们要看一下 add_picture() 方法里到底做了什么操作，add_picture() 方法源码如下：

```
def add_picture(self, image_path_or_stream, width=None, height=None):
    run = self.add_paragraph().add_run()
    return run.add_picture(image_path_or_stream, width, height)
```

一目了然，插入图片实际上是新建一个段落，然后再给段落新建一个 Run，最终调用的是 Run 对象的 add_picture() 方法，调用完之后会返回一个 InlineShape 对象，翻译为行内形状对象，这有两大信息，一是“行内”，二是“形状”。形状的概念与 Word 里的形状是一样的，就是指各种图形，比如说图表、智能形状、图片等，这里主要介绍“行内”的概念。行内一般指的是行内元素，可以把行内元素简单理解为能在一行显示的元素，比如说 Run 就是一个典型的行内元素，因为每一个 Run 都可以放在同一行，而段落是不能在同一行的，每个段落相互独立，像段落这种类型的元素我们把它称为块级元素。我们添加的图片是属于 Run 的，它也属于行内元素，最容易记住的理解方式就是我们能把多张图片放在同一行并排显示。

行内形状也分为多种，Word 使用数字编号表示各种行内形状，python-docx 把支持的行内形状保存在 WD_INLINE_SHAPE_TYPE 这个枚举类里，包括图片、链接式图片图表、智能图形等类型，比如说我们插入的普通图片的类型编号是 3，智能图形的编号是 15。因为插入图片的时候并不需要指定这些类型，如果你需要知道某个形状对应的类型和编号，我们可以把它打印出来瞄一眼，代码如下：

```
from docx import Document

doc = Document()

pic = doc.add_picture("./word_files/images/ 大数据协会印章 .png")
print(type(pic))   # 输出：<class 'docx.shape.InlineShape'>
print(pic.type)   # 输出：3

doc.save("./word_files/test.docx")
```

把图片放在同一行显示和放在不同行显示你都会了吗？放在同一行显示只需要调用同一个 Run 对象的 add_picture() 方法即可，如果是放在不同行显示，最简单的方法就是把图片分别放在不同的段落里，因为段落是块级元素，肯定不同行。还有一种情况是希望放在同一个段落里的不同行，这也好办，只需要在该段落里的图片之间添加一个用于换行的 Run 即可，代码如下：

```
from docx import Document

img_path = "./word_files/images/ 大数据协会印章 .png"
doc = Document()

# 同一个段落同一行
doc.add_picture(img_path)
doc.paragraphs[0].runs[0].add_picture(img_path)
```

```
# 同一个段落不同行
# p = doc.add_paragraph()
# p.add_run().add_picture(img_path)
# run = p.add_run("\n")
# p.add_run().add_picture(img_path)

# 不同段落不同行
# doc.add_paragraph().add_run().add_picture(img_path)
# doc.add_paragraph().add_run().add_picture(img_path)
# # 等价于 doc.add_picture(img_path)

doc.save("./word_files/test.docx")
```

7.9.2 查看图片

我们现在已经知道插入的图片实际上是一个 InlineShape 对象，如果你想获取这些 InlineShape 对象，可以访问 Document 对象的 inline_shapes 属性，它会返回一个 InlineShapes 对象，代表文档里的所有的 InlineShape。你可以遍历这些 InlineShape 对象，把它们的 type 属性打印出来，如果 type 是 3 就是插入到文档的普通图片，具体这张图片长什么样，得使用 Word 打开文档瞄一眼了，代码如下：

```
from docx import Document

img_path = "./word_files/images/ 大数据协会印章 .png"

doc = Document()

doc.add_picture(img_path)
doc.add_picture(img_path)
doc.add_picture(img_path)

for shape in doc.inline_shapes:
    print(shape, shape.type)

# 输出：
# <docx.shape.InlineShape object at 0x000001BA4FD9CF70> 3
# <docx.shape.InlineShape object at 0x000001BA4FD9C8B0> 3
# <docx.shape.InlineShape object at 0x000001BA4FD9CF70> 3
```

如果你不想遍历 InlineShapes 对象，只想知道它一共有多少个 InlineShape，我们可以访问它的 _inline_lst 属性，它会返回一个列表，列表长度就是 InlineShape 的数量，代码如下：

```
from docx import Document

img_path = "./word_files/images/ 大数据协会印章 .png"

doc = Document()

doc.add_picture(img_path)
doc.add_picture(img_path)
doc.add_picture(img_path)

shape_list = doc.inline_shapes._inline_lst

print(len(shape_list))  # 输出：3
```

7.9.3　删除图片

文档里有段落，段落里有 Run，Run 里有图片，所以要删除图片很简单，可以直接清空图片所在的 Run，或者直接清空图片所在的段落，Paragraph 对象和 Run 对象都有 clear() 方法用于清空自己，所以删除图片的参考代码如下：

```
from docx import Document

img_path = "./word_files/images/ 大数据协会印章 .png"

doc = Document()

paragraph = doc.add_paragraph()
paragraph.add_run().add_picture(img_path)
paragraph.add_run().add_picture(img_path)

run = paragraph.add_run()
run.add_picture(img_path)

print(len(doc.inline_shapes._inline_lst))  # 输出：3

run.clear()
```

```
print(len(doc.inline_shapes._inline_lst))  # 输出：2

paragraph.clear()
print(len(doc.inline_shapes._inline_lst))  # 输出：0
```

7.9.4 图片尺寸

在调用 add_picture() 方法插入图片的时候如果不指定第二和第三个参数，即宽度和高度则是以图片本身的尺寸插入，所以如果你的图片很大，插入文档之后就会占用很大空间，所以调整图片的尺寸大小是很有必要的。图片大小的单位就用 python-docx 的长度单位就好，至于是使用厘米、毫米、英寸还是其他单位，可以自行决定使用不同单位插入三张尺寸为 5 厘米的图片，代码如下：

```
from docx import Document
from docx.shared import Mm, Cm, Pt

img_path = "./word_files/images/ 大数据协会印章 .png"

doc = Document()

doc.add_picture(img_path, width=Mm(50), height=Mm(50))
doc.add_picture(img_path, width=Cm(5))
doc.add_picture(img_path, height=Pt(141.73))

doc.save("./word_files/test.docx")
```

另外需要注意，在调用 add_picture() 方法插入图片的时候，如果只指定了宽度或者只指定了高度，那么它会自动计算未指定的高度或者宽度，目的是把图片进行等比缩放，达到的效果是让插入的图片保持不变形，也就是不进行拉伸，如果你想拉伸，那就同时指定宽度和高度。

在 python-docx 中一张图片就是一个 InlineShape 对象，它除了有 type 属性还有 width 和 height 这两个属性表示图片的宽高，所以要查看一张图片的大小只要访问这两个属性就行，它们返回的都是一个长度单位，所以你可以随意输出厘米、毫米、英寸等值，代码如下：

```
from docx import Document
from docx.shared import Mm

img_path = "./word_files/images/ 大数据协会印章 .png"
```

```
doc = Document()

img = doc.add_picture(img_path, width=Mm(50), height=Mm(50))
print(img.width.cm)   # 输出：5.0
print(img.height.mm)   # 输出：50.0

doc.save("./word_files/test.docx")
```

如果想要修改图片尺寸就必须重新给 InlineShape 对象的 width 和 height 属性赋值即可，代码如下：

```
from docx import Document
from docx.shared import Mm

img_path = "./word_files/images/ 大数据协会印章 .png"

doc = Document()

img = doc.add_picture(img_path, width=Mm(50), height=Mm(50))
img.width = Mm(60)
print(img.width.mm)   # 输出：60.0
print(img.height.mm)   # 输出：50.0

doc.save("./word_files/test.docx")
```

如果想要修改图片尺寸，但又不想图片被拉伸，只能根据长宽比例计算好宽高再分别赋值了，比如说我们把图片的宽高都缩小为原来的 50%，代码如下：

```
from docx import Document
from docx.shared import Mm

img_path = "./word_files/images/ 大数据协会印章 .png"

doc = Document()

img = doc.add_picture(img_path, width=Mm(50), height=Mm(50))
img.width = int(img.width * 0.5)
img.height = int(img.height * 0.5)

doc.save("./word_files/test.docx")
```

7.9.5 图片对齐

图片属于行内元素，如果要对齐，实际上就是对它所在的段落进行对齐。段落的对齐方式主要是居左对齐、居中对齐、居右对齐、两端对齐和分散对齐，这个我们都已经学过了……算了，可能太久没有接触了，已经忘了，我还是再带你再复习一遍吧。代码如下：

```
from docx import Document
from docx.enum.text import WD_PARAGRAPH_ALIGNMENT
from docx.shared import Mm

img_path = "./word_files/images/ 大数据协会印章 .png"

doc = Document()

doc.add_picture(img_path, width=Mm(50), height=Mm(50))
# 居左对齐
doc.paragraphs[0].alignment = WD_PARAGRAPH_ALIGNMENT.LEFT
# 居中对齐
# doc.paragraphs[0].alignment = WD_PARAGRAPH_ALIGNMENT.CENTER
# 居右对齐
# doc.paragraphs[0].alignment = WD_PARAGRAPH_ALIGNMENT.RIGHT
# 两端对齐
# doc.paragraphs[0].alignment = WD_PARAGRAPH_ALIGNMENT.JUSTIFY
# 分散对齐
# doc.paragraphs[0].alignment = WD_PARAGRAPH_ALIGNMENT.DISTRIBUTE

doc.save("./word_files/test.docx")
```

7.9.6 浮动图片

你应该也发现了，使用 python-docx 插入文档里的图片都是与 Run 并排的，这种情况我们称为嵌入型，即文本与图片的位置不能重叠。如果想要二者重叠，需要把图片的布局选项改为环绕型，环绕型又分为四周型环绕、紧密型环绕、上下型环绕、衬于文字下方、浮于文字上方等方式，不过遗憾的是 python-docx 并不支持设置为环绕型，所以如果想要设置图片与文本重叠，只能自己动手实现了。实现过程也不是很难，首先查看一下 docx 文档里的浮动图片的标签，然后仿照图片（CT_Inline 类）的创建方式把自定义的标签注册进去即可。当然，整个过程你不感兴趣的话可以不管，我已经帮你实现了，直接使用我的代码即可：

```
from docx import Document
```

```
from docx.oxml import parse_xml, CT_Picture, register_element_cls
from docx.oxml.ns import nsdecls
from docx.oxml.xmlchemy import BaseOxmlElement, OneAndOnlyOne
from docx.shared import Cm


class CT_Anchor(BaseOxmlElement):
    extent = OneAndOnlyOne('wp:extent')
    docPr = OneAndOnlyOne('wp:docPr')
    graphic = OneAndOnlyOne('a:graphic')

    @classmethod
    def new(cls, pos_x, pos_y, cx, cy, pic_id, pic, behind):
        anchor = parse_xml(cls._anchor_xml(pos_x, pos_y, behind))
        anchor.extent.cx = cx
        anchor.extent.cy = cy
        anchor.docPr.id = pic_id
        anchor.docPr.name = 'Picture %d' % pic_id
        anchor.graphic.graphicData.uri = (
            'http://schemas.openxmlformats.org/drawingml/2006/
picture'
        )
        anchor.graphic.graphicData._insert_pic(pic)
        return anchor

    @classmethod
    def new_pic_anchor(cls, shape_id, rId, filename, cx, cy, pos_x,
 pos_y, behind):
        pic_id = 0
        pic = CT_Picture.new(pic_id, filename, rId, cx, cy)
        anchor = cls.new(pos_x, pos_y, cx, cy, shape_id, pic,
behind)
        anchor.graphic.graphicData._insert_pic(pic)
        return anchor

    @classmethod
    def _anchor_xml(cls, pos_x, pos_y, behind):
        return (
            '<wp:anchor distT="0" distB="0" distL="0" distR="0" '
            '  simplePos="0" relativeHeight="0 " \n'
            '  behindDoc="{}" locked="0" layoutInCell="1" '
            '  allowOverlap="1" \n {}>\n'
```

```
            '  <wp:simplePos x="0" y="0"/>\n'
            '  <wp:positionH relativeFrom="page">\n'
            '    <wp:posOffset>{}</wp:posOffset>\n'
            '  </wp:positionH>\n'
            '  <wp:positionV relativeFrom="page">\n'
            '    <wp:posOffset>{}</wp:posOffset>\n'
            '  </wp:positionV>\n'
            '  <wp:extent cx="2695575" cy="1619250"/>\n'
            '  <wp:wrapNone/>\n'
            '  <wp:docPr id="26429" name="unnamed"/>\n'
            '  <wp:cNvGraphicFramePr>\n'
            '    <a:graphicFrameLocks noChangeAspect="1"/>\n'
            '  </wp:cNvGraphicFramePr>\n'
            '  <a:graphic>\n'
            '    <a:graphicData uri="URI not set"/>\n'
            '  </a:graphic>\n'
            '</wp:anchor>'.format(
                behind, nsdecls('wp', 'a', 'pic', 'r'),
                int(pos_x), int(pos_y)
            )
        )


def add_anchor_picture(p, img, width=None, height=None, pos_x=0,
pos_y=0, behind=0):
    run = p.add_run()
    r_id, image = run.part.get_or_add_image(img)
    cx, cy = image.scaled_dimensions(width, height)
    shape_id, name = run.part.next_id, image.filename
    anchor = CT_Anchor.new_pic_anchor(shape_id, r_id, name, cx,
cy, pos_x, pos_y, behind)
    run._r.add_drawing(anchor)


register_element_cls('wp:anchor', CT_Anchor)
```

我已经实现了一个 add_anchor_picture() 函数，你只要把段落、图片以及图片参数传进去，就可以在段落里创建出一张浮动图片。该函数的参数也很简单：参数 p 是段落对象；参数 img 是图片路径或数据流；参数 width 和 height 是图片的宽高；参数 pos_x 和 pos_y 是图片的位置，坐标原点在文档左上角，向右为 x 正轴，向下为 y 正轴、参数 behind 控制图片是在文字上方还是下方，当为 0 时图片浮在文字上方，当为 1 时图片处于文字下方。

下面是调用 add_anchor_picture() 函数的演示案例，我们让图片处于文字上方：

```
...
register_element_cls('wp:anchor', CT_Anchor)

doc = Document("./word_files/ 冰冰参加社团证明 .docx")

paragraph = doc.add_paragraph()
path = "./word_files/images/ 大数据协会印章 .png"
add_anchor_picture(paragraph, path, width=Cm(3), pos_x=Cm(15.5),
pos_y=Cm(8))

doc.save("./word_files/test.docx")
```

执行之后的效果如图 7-6 所示。

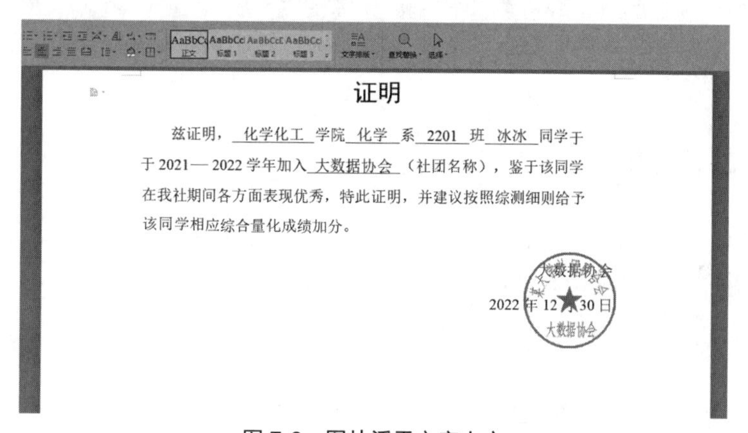

图 7-6　图片浮于文字上方

至此，参加社团证明的案例已经完成了，如果你能独立完成这个案例就说明你对 python-docx 的使用已经基本熟悉。我们学习知识并不是需要把什么知识点都背下来，最重要的还是思路，不会的就去查，时间久了你自然就可以把代码写得很流畅了。

7.9.7　提取图片

提取一个文档里的图片的需求很少见，但也确实有，python-docx 只可以把图片插进文档，不能从文档把图片里分离出来，所以要提取图片只能另找方法了。不过情况也不算太糟，它给我们提供了一个 related_parts() 方法，只要指定图片 id 就能把图片二进制数据取出来，所以我们的主要任务是遍历文档找出所有图片的 id，这就需要对 Word 文档结构有一定的了解了，不了解也没关系，只要把我下面的代码直接拿来用就行了。

```
from os.path import basename, dirname, join
from docx import Document, ImagePart

path = "./word_files/test.docx"
doc = Document(path)
for p in doc.paragraphs:
    # 获取所有图片
    for image in p._element.xpath('.//pic:pic'):
        # 获取图片 id
        for img_id in image.xpath('.//a:blip/@r:embed'):
            # 根据图片 id 获取对应的图片
            part = doc.part.related_parts[img_id]
            if not isinstance(part, ImagePart):
                continue
            # 保存图片
            save_path = join(dirname(path), basename(part.partname))
            with open(save_path, "wb") as f:
                f.write(part.blob)
```

7.10 操作表格

说起操作表格，无非就是行列对象的遍历和修改，再加上我们已经学过 openpyxl 了，所以操作表格部分的内容对你来说应该还是很轻松的。

7.10.1 插入表格

Document 对象有一个 add_table() 方法用于插入表格，该方法的第一个和第二个参数是必需的，分别代表行数和列数，方法调用完之后会返回一个 Table 对象。比如说我们插入一个 3 行 2 列的表格，代码如下：

```
from docx import Document

doc = Document()
table = doc.add_table(3, 2)
print(type(table))  # 输出：<class 'docx.table.Table'>

doc.save("./word_files/test.docx")
```

执行上面的代码之后，用 Word 打开保存的文档就可以看到有一个 3 行 2 列的表格了，不过它的边框线条是虚线，这是它默认的样式，先不管，以后再讲怎么修改样式。

7.10.2　添加行列

在插入表格的时候虽然指定了表格的行数和列数，但后期发现不够用的话也可以继续增加，Table 对象有提供 add_row() 和 add_column() 这两种方法，分别用于添加行和列。需要注意的是，add_row() 不需要任何参数，而 add_column() 需要一个必须传入的参数，表示列的宽度，所以我们给它传入一个长度单位即可，代码如下：

```
from docx import Document
from docx.shared import Cm

doc = Document()
table = doc.add_table(3, 2)
table.add_row()
table.add_column(Cm(3))

doc.save("./word_files/test.docx")
```

新增的行位置是在表格的最下面，新增的列位置是在表格的最右边，不支持自定义位置，果然没有 Excel 那么灵活啊，希望以后的版本支持自定义位置。

7.10.3　行列对象

表格的结构我们已经很熟悉了，首先是一个表格（Table），表格里有行（Row）和列（Column），行列组成单元格（Cell）。我们怎么访问一个表格的行列呢？在 python-docx 中用 _Rows 和 _Columns 分别代表多行和多列，用 _Row 和 _Column 分别代表单行和单列，我们可以访问 Table 对象的 rows 和 columns 属性，分别获取多行和多列，再分别遍历就可以获取到行和列了，代码如下：

```
from docx import Document

doc = Document()
table = doc.add_table(3, 2)
print(type(table.rows))  # 输出：<class 'docx.table._Rows'>
print(type(table.columns))  # 输出：<class 'docx.table._Columns'>

# 按行遍历
for row in table.rows:
    print(type(row))  # 输出：<class 'docx.table._Row'>

# 按列遍历
for col in table.columns:
    print(type(col))  # 输出：<class 'docx.table._Column'>
```

如果你想查看一个 _Rows 对象里有多少个 _Row，或者一个 _Columns 里有多少个 _Column，可以直接使用 len() 函数，以后我们就用这种方式查看一个表格里有多少行和多少列，代码如下：

```
from docx import Document

doc = Document()
table = doc.add_table(3, 2)

print(len(table.rows))  # 输出：3
print(len(table.columns))  # 输出：2
```

取到了 _Row 和 _Column 对象之后，我们就可以访问它的属性了，它们有几个共同的属性，分别是 cells、table、_index，cells 属性会返回所在行或列的全部单元格对象，table 属性则会返回它所在的 Table 对象，_index 会返回它所在的行或列的下标，下标从 0 开始。它们还有不同的属性，_Row 对象有 height 属性，表示行高，而 _Column 有 width 属性，代表列宽，不过如果没有修改过 Table 对象的宽高，则获取到的宽高都是 None，表示采用 Word 默认的宽高值。代码如下：

```
from docx import Document

doc = Document()
table = doc.add_table(3, 2)

row = table.rows[0]
print(type(row))  # 输出：<class 'docx.table._Row'>
print(row.cells)  # 输出：一个元素为 _Cell 的元组
print(type(row.table))  # 输出：<class 'docx.table.Table'>
print(row._index)  # 输出：0
print(row.height)  # 输出：None

column = table.columns[0]
print(type(column))  # 输出：<class 'docx.table._Column'>
print(column.cells)  # 输出：一个元素为 _Cell 的元组
print(type(column.table))  # 输出：<class 'docx.table.Table'>
print(column._index)  # 输出：0
print(column.width)  # 输出：None
```

7.10.4　单元格对象

一个表格最主要的就是单元格了，毕竟大部分操作都是有关单元格的。在 python-docx 中用 _Cell 对象表示一个单元格，我们可以使用 Table 对象的 cell() 方法获取单个指定坐标的单元格，代码如下：

```
from docx import Document

doc = Document()
table = doc.add_table(3, 2)
# 获取第 2 行第 0 列的单元格
cell = table.cell(2, 0)
print(type(cell))  # 输出：<class 'docx.table._Cell'>
```

获取多个单元格的方法我们已经接触过了，就是遍历 _Rows 或者 _Columns 得到 _Row 和 _Column，再遍历一次它们的 cells 属性，就可以得到多个单元格对象了，代码如下：

```
from docx import Document

doc = Document()
table = doc.add_table(3, 2)

# 按行遍历
for row in table.rows:
    for cell in row.cells:
        print(type(cell))  # 输出：<class 'docx.table._Cell'>

# 按列遍历
for col in table.columns:
    for cell in col.cells:
        print(type(cell))  # 输出：<class 'docx.table._Cell'>
```

7.10.5　修改单元格

至于获取到 _Cell 对象之后我们能做什么呢？最主要的还是访问或修改单元格的文本，它的文本存储在 _Cell 对象的 text 属性里，代码如下：

```
from docx import Document
```

```
doc = Document()
table = doc.add_table(3, 2)
cell = table.cell(2, 0)
cell.text = "Python"
print(cell.text)  # 输出：Python
doc.save("./word_files/test.docx")
```

执行上面的代码之后，使用 Word 打开文档就可以看到我们把单元格的值修改了。我们对 text 这个属性挺熟悉的，会不会又与 Run 对象有关呢？想要知道答案，只要看一下它的源码就知道在设置单元格文本的时候，它到底做了什么操作了：

```
@property
def text(self):
    return '\n'.join(p.text for p in self.paragraphs)

@text.setter
def text(self, text):
    tc = self._tc
    tc.clear_content()
    p = tc.add_p()
    r = p.add_r()
    r.text = text
```

显而易见，设置单元格的 text，实际上就是在设置段落里的 Run 对象的 text，换句话说，_Cell 对象里有 Paragraph，很开心，这不又回到了我们熟悉的 Paragraph 和 Run 的操作了吗？我们修改单元格文本的方式就变得自由多了，只要往里面添加 Paragraph 和 Run 就好，而 _Cell 对象的 paragraphs 属性可以返回该单元格的所有段落，也可以使用 _Cell 对象的 add_paragraph() 方法在单元格中添加新的段落，代码如下：

```
from docx import Document

doc = Document()
table = doc.add_table(3, 2)
cell = table.cell(2, 0)
paragraph = cell.paragraphs[0]
paragraph.add_run("Office")
paragraph.add_run(" 遇上了 ")
cell.add_paragraph("Python")

doc.save("./word_files/test.docx")
```

既然单元格里有Run，而Run是可以添加图片的，也就是说我们在单元格里添加图片都没有什么问题，只要你对Paragraph和Run熟悉，你想怎么操作都行，代码如下：

```
from docx import Document

doc = Document()
table = doc.add_table(3, 2)
cell = table.cell(2, 0)
paragraph = cell.paragraphs[0]
paragraph.add_run().add_picture("./word_files/images/大数据协会印章.png")

doc.save("./word_files/test.docx")
```

7.10.6 合并单元格

合并单元格也很容易，_Cell对象提供了merge()方法，把要合并的单元格对象传进去就可以合并了，如果传入的两个单元格位置不连续，则这两个单元格之间的矩形区域内的所有单元格都会被合并，代码如下：

```
from docx import Document

doc = Document()
table = doc.add_table(5, 5)
c1 = table.cell(1, 1)
c2 = table.cell(3, 3)
c2.merge(c1)

doc.save("./word_files/test.docx")
```

与openpyxl不同的是，在python-docx中合并单元格并不会丢失合并单元格之前的数据，而是把被合并的所有单元格的数据全都以段落的方式存储在合并之后的单元格里，如果不想要这些数据，可以手动使用clear()方法把它们清理掉。

7.10.7 单元格样式

设置单元格的样式不就是设置Paragraph和Run的样式吗？我们都已经学过了，为了方便回忆知识点，这里就写几行代码复习一下：

```
from docx import Document
from docx.enum.text import WD_PARAGRAPH_ALIGNMENT
```

```
from docx.shared import RGBColor, Pt

doc = Document()
table = doc.add_table(3, 2)
cell = table.cell(2, 0)
paragraph = cell.paragraphs[0]
paragraph.text = "Office"
run = paragraph.add_run("遇上了")
# 设置 Run 文本颜色
run.font.color.rgb = RGBColor.from_string("ff0000")
paragraph.add_run("Python")
# 设置段落字体大小
paragraph.style.font.size = Pt(14)
# 设置段落居中对齐
paragraph.paragraph_format.alignment = WD_PARAGRAPH_ALIGNMENT.
CENTER

doc.save("./word_files/test.docx")
```

以上代码中的对齐方式是段落的水平方向的对齐，但我们知道在一个单元格中还可以设置垂直方向的对齐，_Cell 对象有一个 vertical_alignment 属性，用它可以控制垂直方向的对齐，它的取值与段落对齐方式的枚举值一致，代码如下：

```
from docx import Document
from docx.enum.text import WD_PARAGRAPH_ALIGNMENT
from docx.shared import Cm

doc = Document()
table = doc.add_table(3, 2)

# 为了方便观察，先设置第三行高度
table.rows[2].height = Cm(3)
cell = table.cell(2, 0)
cell.text = "Office遇上Python"
# 水平方向居中
paragraph = cell.paragraphs[0]
paragraph.paragraph_format.alignment = WD_PARAGRAPH_ALIGNMENT.
CENTER
# 垂直方向居中
cell.vertical_alignment = WD_PARAGRAPH_ALIGNMENT.CENTER
doc.save("./word_files/test.docx")
```

7.10.8　表格样式

针对单元格的样式，我们已经算是掌握了，接下来还要学习设置整个表格的样式。首先是表格的宽高，如果要设置某一行高度，直接修改对应的 _Row 对象的 height 属性，如果要设置某一列的宽度，直接修改对应的 _Column 对象的 width 属性，但是一定要注意，要把 Table 对象的 autofit 属性关闭，否则设置列宽将不生效，代码如下：

```
from docx import Document
from docx.shared import Cm, Inches

doc = Document()
table = doc.add_table(3, 2)
table.autofit = False
table.rows[0].height = Cm(1.5)
table.columns[0].width = Cm(3)

doc.save("./word_files/test.docx")
```

如果每一行每一列都要设置，就遍历 Table 对象的 rows 和 columns 属性，代码如下：

```
from docx import Document
from docx.shared import Cm

doc = Document()
table = doc.add_table(3, 2)
table.autofit = False
for row in table.rows:
    row.height = Cm(1.5)

for column in table.columns:
    column.width = Cm(3)

doc.save("./word_files/test.docx")
```

说完了行高和列宽的设置方式之后，再来学习怎么使用内置的表格样式。我们在调用 Document 对象的 add_table() 方法的时候，第三个参数就是表格的样式，只要传入一个样式名就可以了，比如说使用我们最常见的实线网格样式，代码如下：

```
from docx import Document
```

```
doc = Document()
table = doc.add_table(3, 2, style="Table Grid")

doc.save("./word_files/test.docx")
```

如果后期要将表格改成其他内置样式的话只要修改 Table 对象的 style 属性就行，代码如下：

```
…
table.style = "Colorful Grid Accent 1"

doc.save("./word_files/test.docx")
```

这里可能会有问题，我们怎么知道内置样式都有哪些？这些内置样式的样式名在哪查看？可以去查看官方文档，官方文档里是有列出来的，不过还有其他方法，仔细想一下，之前在学习使用内置段落样式的时候我们是怎么处理的？对，读取全部样式然后输出样式的 name 属性就行了，代码如下：

```
from docx import Document
from docx.enum.style import WD_STYLE_TYPE

doc = Document()

styles = doc.styles
table_styles = [s for s in styles if s.type == WD_STYLE_TYPE.TABLE]
for style in table_styles:
    print(style.name)
# # 输出：
# # Normal Table
# # Table Grid
# # Light Shading
# # Light Shading Accent 1
# # Light Shading Accent 2
# # …
```

7.11 页面设置

说完了对文档的基础操作之后，现在我们来聊聊怎么对文档页面进行设置，比如说页面大小、页面方向、页眉页脚、装订线等，内容不多，不用紧张。

7.11.1 使用节

如果你没有学过Word可能会不知道节的概念，这里还是对这一概念简单介绍一下。一个Word可以被分成一个或多个部分，每一个部分都是独立的，这些部分我们称为节（section）。比如说，我们可以把一本书的首页、目录、正文都分别作为一个节，因为这三个部分的页码、装订线等设置可能会不同，分开管理就方便多了。我们现在知道了，一个Word文档里有节，节里有段落，段落里有Run。

在python-docx中，每一个节都是一个Section对象，一个Word文档至少有一个节，我们可以访问Document对象的sections属性获取所有节，代码如下：

```
from docx import Document

doc = Document()
print(type(doc.sections))  # 输出：<class 'docx.section.Sections'>
print(len(doc.sections))  # 输出：1
section = doc.sections[0]
print(type(section))  # 输出：<class 'docx.section.Section'>
```

如果想要添加节，可以调用Document对象的add_section()方法，代码如下：

```
from docx import Document

doc = Document()

section1 = doc.add_section()
section2 = doc.add_section()

print(len(doc.sections))  # 输出：3
```

7.11.2 分节符

节也分为好几种，主要是根据分节符进行划分，分节符有新页分节符、连续分节符、偶数页分节符、奇数页分节符。新页分节符，Word里一般翻译为“下一页”，它的作用是分节并且分页，连续分节符表示分节但新节从同一页开始，偶数分节符表示分节且从下一个偶数页开始，奇数分节符表示分节且从下一个奇数页开始。一般我们用新页分节符比较多，奇偶数分节符在设置奇偶页不同的时候比较有用。

在python-docx中，Section对象的start_type属性表示的就是这些分节符的类型，而这些分节符被定义在 WD_SECTION_START 这个枚举类里，可选值有 NEW_PAGE（新页分节符）、CONTINUOUS（连续分节符）、EVEN_PAGE（偶数页分节符）、ODD_PAGE（奇数页分节符）。当我们创建一个新节的时候如果不指定分节符，它默认采用的是新页分节符，我们用代码演示一下：

```
# 分节符
from docx import Document
from docx.enum.section import WD_SECTION_START

doc = Document()

s1 = doc.add_section()
print(s1.start_type)  # 输出：NEW_PAGE (2)
s2 = doc.add_section(WD_SECTION_START.NEW_PAGE)
print(s2.start_type)  # 输出：NEW_PAGE (2)
s3 = doc.add_section(WD_SECTION_START.CONTINUOUS)
print(s3.start_type)  # 输出：CONTINUOUS (0)
s4 = doc.add_section(WD_SECTION_START.EVEN_PAGE)
print(s4.start_type)  # 输出：EVEN_PAGE (3)
s5 = doc.add_section(WD_SECTION_START.ODD_PAGE)
print(s5.start_type)  # 输出：ODD_PAGE (4)
```

7.11.3 纸张大小

文档经常被用来打印，这时候纸张的尺寸就显得很重要了，一般来说，使用 Word 创建的文档大小默认是使用 A4 纸的尺寸，即宽为 21cm，高为 29.7cm，而使用 python-docx 创建的文档大小默认是信纸的尺寸，即宽为 21.59cm，高为 27.94cm。纸张大小是针对节来说的，每个节都可以分开设置，所以想要查看某个节的纸张大小，可以访问 Section 对象的 page_width 属性和 page_height 属性，代码如下：

```
from docx import Document

doc = Document()

section = doc.sections[0]
print(section.page_width.cm)   # 输出：21.59
print(section.page_height.cm)   # 输出：27.94
```

如果需要修改纸张大小的话，就直接给 page_width 属性和 page_height 属性都赋值长度单位即可，比如说这里把第一个节的大小从信纸的尺寸改为 A4 纸的尺寸，代码如下：

```
from docx import Document
from docx.shared import Cm

doc = Document()

section = doc.sections[0]
section.page_width = Cm(21.0)
section.page_height = Cm(29.7)
print(section.page_width.cm)   # 输出：21.00086111111111
print(section.page_height.cm)   # 输出：29.70036111111111

doc.save("./word_files/test.docx")
```

改完之后再把宽高的值打印出来，发现居然多了一些小数，这很正常，出现这个问题的原因之前也讲过了，转换单位涉及除法运算，就肯定会遇到精度问题，当然这只是我们把单位转换成厘米的时候才出现，实际的值是正确的，因为实际存储的是一个整型，当你使用 Word 打开文档就可以看到纸张确实被改成 A4 的尺寸了。

7.11.4　纸张方向

Section 对象的 orientation 属性控制纸张的方向，方向只有横向和纵向两种，分别用 WD_ORIENTATION 枚举类型里的 LANDSCAPE、PORTRAIT 这两个值表示，前者表示横向，后者表示纵向，一般文档的默认纸张方向是纵向，有特殊要求的话我们可以把它改为横向，代码如下：

```
from docx import Document
from docx.enum.section import WD_ORIENTATION

doc = Document()

section = doc.sections[0]
# 默认方向是竖向
print(section.orientation)  # 输出：PORTRAIT (0)
# 改写横向
section.orientation = WD_ORIENTATION.LANDSCAPE
print(section.orientation)  # 输出：LANDSCAPE (1)

doc.save("./word_files/test.docx")
```

实现过程好像并没有我们想象的那样简单，执行代码之后使用 Word 打开看一下，发现纸张依然是纵向，按道理来说，我们已经把 Section 对象的 orientation 属性改为

LANDSCAPE 了，纸张方向应该变为横向才对啊，问题出在哪了？既然修改 orientation 属性不行，我们就自己手动调换一下纸张的宽高试一下，代码如下：

```
from docx import Document
from docx.enum.section import WD_ORIENTATION

doc = Document()

section = doc.sections[0]

section.orientation = WD_ORIENTATION.LANDSCAPE

width = section.page_width
height = section.page_height
section.page_width = height
section.page_height = width

doc.save("./word_files/test.docx")
```

互换纸张的宽高之后，使用 Word 打开看一下，发现居然真的变成横向了，我又尝试了一下只互换宽度而不设置 orientation 属性为 LANDSCAPE，发现也是可以的，所以看起来好像 orientation 属性的值并没有起到什么作用啊。为什么不起作用呢？其实纸张方向确实从默认的纵向变成了横向，只不过页面宽高没有改变，所以看起来的效果依然是纵向，换句话说，如果想要改变页面方向，最关键的步骤就是互换一下宽高的值。虽然这里 orientation 属性没有起到作用，但还是建议设置一下，毕竟 Open XML 国际化开放标准就是这么设计的，也许会在某些场景下起到作用，反正我们尽力做到规范处理，不要给自己留下不必要的隐患。

7.11.5 页边距

页边距就是指文档内容距离纸张边缘的距离，它会影响纸张的利用率，如果页边距太大则正文内容占比就太小，如果页边距太小则打印不全的概率增大，而且可能导致页面排版不美观，所以需要根据实际内容为页面设置一个比较适合的页边距。我们可以访问和修改 Section 对象的 top_margin、bottom_margin、left_margin、right_margin 这四个属性，它们分别表示上、下、左、右四个方向的页边距，代码如下：

```
from docx import Document
from docx.shared import Cm

doc = Document()
```

```
section = doc.sections[0]

print(section.top_margin.cm)  # 输出: 2.54
print(section.right_margin.cm)  # 输出: 3.175
print(section.bottom_margin.cm)  # 输出: 2.54
print(section.left_margin.cm)  # 输出: 3.175
# 修改页边距
section.top_margin = Cm(2.5)
section.right_margin = Cm(3)
section.bottom_margin = Cm(2.5)
section.left_margin = Cm(3)

print(section.top_margin.cm)  # 输出: 2.4994305555555556
print(section.right_margin.cm)  # 输出: 3.000375
print(section.bottom_margin.cm)  # 输出: 2.4994305555555556
print(section.left_margin.cm)  # 输出: 3.000375

doc.save("./word_files/test.docx")
```

7.11.6　装订线

装订线就是在纸张边缘附近用一条线划分出一部分区域，主要目的是为了装订成册的时候不会把文本内容也装进去，Section 对象的 gutter 属性表示装订线与边缘的距离，默认值是 0，如果有需要的话可以进行修改，代码如下：

```
from docx import Document
from docx.shared import Cm

doc = Document()
section = doc.sections[0]

print(section.gutter.cm)  # 输出: 0.0
section.gutter = Cm(0.5)
print(section.gutter.cm)  # 输出: 0.49918055555555557

doc.save("./word_files/test.docx")
```

7.11.7　页眉页脚

页眉页脚就是在一个节的每个页面顶部区域或底部区域统一显示的文本，一般都是显示书名、公司名、品牌 logo、页码、文档标题等附加信息，页眉和页脚是差不多的，只是位置不一样而已，在上面的叫作页眉，在下面的叫作页脚。在 python-docx 中，Section 对象的 header 属性是页眉，是一个 _Header 对象，footer 属性是页脚，是一个 _Footer 对象，获取到页眉页脚对象之后我们就可以修改它们的文本了，代码如下：

```
from docx import Document

doc = Document()
section = doc.sections[0]

header = section.header
header.paragraphs[0].add_run("这是页眉")

footer = section.footer
footer.paragraphs[0].text = "这是页脚"

doc.save("./word_files/test.docx")
```

通过上面修改页眉页脚的代码，你可以轻松发现其实页眉页脚的文本也是我们非常熟悉的段落和 Run 对象。

页眉和页脚都有到纸张边缘的距离，Section 对象的 header_distance 属性表示页眉与纸张最顶部之间的距离，Section 对象的 footer_distance 属性表示页脚与纸张最底部之间的距离，这两个属性的默认值都是 1.27 厘米，我们可以访问和修改它，代码如下：

```
from docx import Document
from docx.shared import Cm

doc = Document()
section = doc.sections[0]

section.header.paragraphs[0].add_run("这是页眉")
section.footer.paragraphs[0].text = "这是页脚"

print(section.header_distance.cm)  # 输出：1.27
print(section.footer_distance.cm)  # 输出：1.27

section.header_distance = Cm(1.0)
section.footer_distance = Cm(1.2)

doc.save("./word_files/test.docx")
```

我们给文档分节的目的就是为了方便对不同部分做出不同的设置，比如说让第一节的页眉、页脚与第二节的页眉、页脚不同，我们只要修改不同节的属性就行。但要注意，你还需要把页眉和页脚对象的 is_linked_to_previous 属性改为 False，默认是 True，表示当前节链接到前一节，这样当前节的设置会受到前一节的影响，将该属性改为 False 之后当前节才真的独立，还是用代码举一个例子吧：

```
from docx import Document
from docx.enum.section import WD_SECTION_START
from docx.enum.text import WD_PARAGRAPH_ALIGNMENT
from docx.shared import Cm

doc = Document()

doc.add_paragraph("这是第一节的段落 1")
doc.add_paragraph("这是第一节的段落 2")

# 修改第一节的页眉
s1 = doc.sections[0]
s1.header.paragraphs[0].add_run("这是第一节的页眉")

# 修改第一节的页脚为居中
footer = s1.footer
footer.paragraphs[0].text = "这是居中的页脚"
footer.paragraphs[0].alignment = WD_PARAGRAPH_ALIGNMENT.CENTER

# 创建第二节
s2 = doc.add_section(start_type=WD_SECTION_START.NEW_PAGE)

# 设置第二节的页眉取消链接到前一节
s2.header.is_linked_to_previous = False

# 设置第二节的页眉
s2.header.paragraphs[0].add_run("这是第二节的页眉")
doc.add_paragraph("这是第二节的段落 1")
doc.add_paragraph("这是第二节的段落 2")

# 第二节页脚使用前一节的
s2.footer.is_linked_to_previous = True

# 此处为了方便截图，把所有页面高度都改成 7 厘米
for section in doc.sections:
```

```
    section.page_height = Cm(7)

doc.save("./word_files/test.docx")
```

代码中创建了两个节，第二个节的 header.is_linked_to_previous 属性被设置为 False，即第二个节的页眉与第一个节的页眉不同，分别被设置为不同的段落文本，但第二个节的页脚的 is_linked_to_previous 属性设置为 True，则不管如何设置第二个节的页脚，它都会采用第一个节的页脚。设置效果如图 7-7 所示。

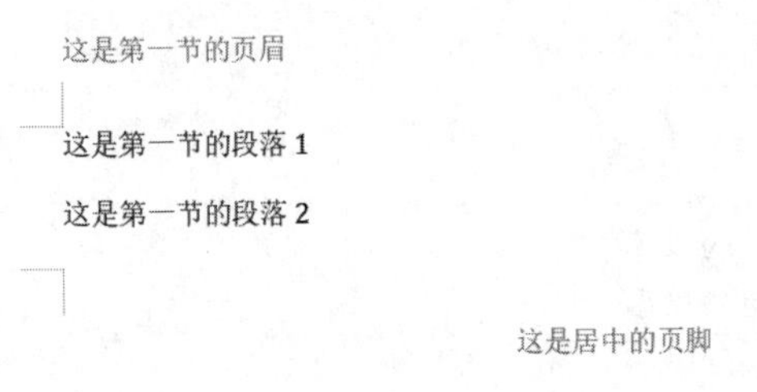

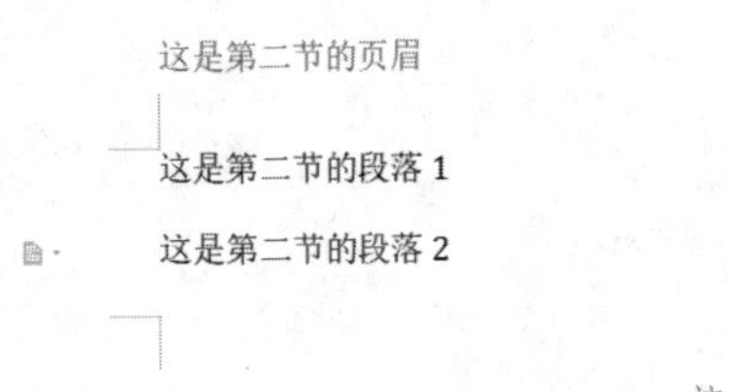

图 7-7 页眉页脚设置效果

7.11.8 奇偶页不同

前面的设置都是对整个节起作用的，即偶数页和奇数页都一样，但如果想要设置为奇偶页不同也是可以的。Document 对象的有一个 settings 属性，存储的是一个 Settings 对象，听这个名字就感觉它是对整个文档的设置项，应该挺厉害的，但实际上，Settings 对象只有一个 odd_and_even_pages_header_footer 属性，并没有其他的设置项。odd_and_even_pages_header_footer 属性的默认值是 False，当我们把它改为 True 之后，偶数页的设置就会与奇数页不同了，但要注意，此时我们之前设置页眉页脚的方式就会只对奇数页生效，不对偶数页生效。换句话说，之前我们对页眉页脚的设置主要是对奇数页的，但是因为 odd_and_even_pages_header_footer 属性没有设置为 True，它就顺便帮我们把偶数页也按照奇数页的方式一起设置了。

如果设置为奇偶页不同了，首先要获取到偶数页的页眉、页脚才能操作啊，该怎么获取呢？分别访问一下 Section 对象的 even_page_header 属性和 even_page_footer 属性就可以获取到偶数页的页眉、页脚了，之后要怎么修改就看具体需求了：

```
from docx import Document

doc = Document()

doc.settings.odd_and_even_pages_header_footer = True

section = doc.sections[0]

section.header.paragraphs[0].text = "奇数页页眉"
section.footer.paragraphs[0].text = "奇数页页脚"

even_page_header = section.even_page_header
even_page_footer = section.even_page_footer
print(type(even_page_header))  # 输出：<class 'docx.section._Header'>
print(type(even_page_footer))  # 输出：<class 'docx.section._Footer'>
even_page_header.paragraphs[0].text = "偶数页页眉"
even_page_footer.paragraphs[0].text = "偶数页页脚"

doc.add_page_break()
doc.add_page_break()
doc.add_page_break()

doc.save("./word_files/test.docx")
```

7.11.9　首页不同

如果奇偶页不同还不能满足需求，还想让首页不同的话，可以把 Section 对象的 different_first_page_header_footer 属性设置为 True，该属性默认值是 False。设置好首页不同之后，分别访问 Section 对象的 first_page_header 属性和 first_page_footer 属性获取首页的页眉和页脚，然后就可以去设置了：

```
from docx import Document

doc = Document()

section = doc.sections[0]
```

```
# 开启首页不同
section.different_first_page_header_footer = True
section.first_page_header.paragraphs[0].text = "首页页眉"
section.first_page_footer.paragraphs[0].text = "首页页脚"

section.header.paragraphs[0].text = "其他页页眉"
section.footer.paragraphs[0].text = "其他页页脚"

doc.add_page_break()
doc.add_page_break()

doc.save("./word_files/test.docx")
```

至此，我们已经把 python-docx 学得差不多了，自己回顾一下，最重要的还是段落和 Run 吧，文本和图片都是由段落和 Run 控制，表格和节的操作也都很简单，认真练习应该也没什么问题，关键还是得要多动手练习。

第 8 章 操作 PPT

Office 三件套中，我们已经学了 Word 和 Excel，剩下的 PPT 肯定也是要学的，为了防止一些没怎么接触过 PPT 的小白同学不认识 PPT，这里简单介绍一下。PPT 的全称是 PowerPoint，是微软 Office 三件套之一，平时我们也经常把 PPT 叫作幻灯片或者演示文稿，实际上幻灯片也不一定就是指 PowerPoint，制作幻灯片的软件还有很多，比如说 focusky、keynote 等，但我们后面提到幻灯片就是指 PowerPoint，PPT 文档类型有 ppt 和 pptx 两种，前者是 PowerPoint2003 或更早版本使用的格式，pptx 是从 PowerPoint2007 开始使用的文档格式，pptx 性能优于 ppt。

说实在的，在平时办公的时候使用 PPT 的场景没有 Word 和 Excel 那么多，即使有，也只是针对某个主题设计一套演示文稿，而批量操作幻灯片的情况并不多。但不管平时是否需要使用 Python 操作 PPT，趁此机会先学了吧，如果你已经学会了使用 python-docx 操作 Word，那么本节的内容你也可以轻松掌握，因为我们要使用一个与 python-docx 非常相似的库，那就是 python-pptx。

8.1 python-pptx

使用 Python 操作 PPT 的库并不多，不过还是有一个比较好用的库，就是 python-pptx。从这个库的名字就可以看出它与 python-docx 是亲戚，这两个库有不少操作方式都是类似的，比如说段落、Run、长度单位等，所以如果你掌握了 python-docx，在学习 python-pptx 的时候就会感觉它是一个熟悉的陌生人，具体的情况请跟着我的步骤慢慢了解。

在学习之前，先使用 pip 安装好 python-pptx 这个库，代码如下：

```
pip install python-pptx
```

8.2 打开与保存

首先，来看一下如何使用 Python 打开并保存 PPT。

8.2.1 新建和保存

在 python-pptx 中，每一个 PPT 文档都是一个 Presentation 对象，所以新建 PPT 文档实际上就是实例化一个 Presentation 对象。如果想要保存 PPT 文档的话，可以调用

Presentation 对象的 save() 方法，把保存路径传进去即可。这些操作与我们之前学过的 openpyxl 和 python-docx 这两个库的用法差不多，所以等你习惯了编程就会觉得这些操作实在是太 easy 了，代码如下：

```
from pptx import Presentation

ppt = Presentation()

ppt.save("./ppt_files/test.pptx")
```

根据我们的经验，调用 save() 方法，如果路径中已存在同名文件，程序不会提示或报错，而是直接覆盖掉原文件，所以如果你不希望文件被覆盖，保存之前可以使用 os.path.exists() 判断一下该文件是否存在，这是基本功，我这里就不写演示代码了。

8.2.2 打开文档

学会了使用 python-pptx 新建和保存 PPT 文档之后，猜一下我们怎么打开一个已储存在硬盘上的 PPT 文档？不用猜了，就是在实例化 Presentation 对象的时候传入文档路径，代码如下：

```
from pptx import Presentation

ppt = Presentation("./ppt_files/test.pptx")
```

再猜一下 python-pptx 能不能打开扩展名为 .ppt 的文件类型？也不用猜了，不能，python-pptx 只支持 pptx 类型的文件，那如果非要打开一个 ppt 类型的文件怎么办？转换一下格式啊。

8.2.3 ppt 转 pptx

之前我们已经学会了怎么把 xls 类型文件转成 xlsx 类型以及如何将 doc 类型文件转成 docx 类型，现在再来把 ppt 类型转为 pptx 类型，套路都是一样的，照葫芦画瓢即可，代码如下：

```
from win32com import client

app = client.Dispatch('PowerPoint.Application')
app.DisplayAlerts = False
ppt = app.Presentations.Open(r"C:\xxx\演示文稿.ppt", WithWindow=False)
ppt.SaveAs(r"C:\xxx\演示文稿.pptx")
```

```
ppt.Close()
app.Quit()
```

我们使用 win32com 打开 PPT 应用，再打开一个 ppt 类型的文档，最后在保存的时候设置为 pptx 类型就算完成转换了。不过不一样的地方是，在调用 Presentations.Open() 方法打开文档时候，把参数 WithWindow 设置为 False，它的作用是在执行代码的时候，隐藏软件界面以提高执行效率。另外就是在调用 SaveAs() 方法保存文件的时候，并没有指定第二个参数，也就是格式类型的编号，默认保存为 pptx 类型，正好与我们的目标一致。

8.3　长度单位

为了方便后面使用长度单位，我们还是先提前学一下吧。其实如果你掌握了 python-docx 的长度单位，那么也差不多也掌握了 python-pptx 的长度单位，因为它们都采用了相同的表示长度的方式，只是单位类型有些不太一样。

8.3.1　长度单位

python-pptx 的长度单位有 Emu、Cm（厘米）、Mm（毫米）、Pt（磅）、Inches（英寸）、Centipoints（百分之一磅）一共六种，与 python-docx 相比，python-pptx 少了 Twips 但多了 Centipoints 。python-pptx 也是使用一个整数表示长度，1 表示 1 emu，127 emu = 1 centipoints，12700 emu = 1 pt，36000 emu = 1 mm，360000 emu = 1 cm，914400 emu = 1 inches。由此可见，python-docx 与 python-pptx 除了 Twips 和 Centipoints 这两个单位不同，其他单位的转换比例其实是一样的，因为它们都遵循了微软给出的长度标准。转换比例如下：

```
1 Emu = 1
1 Centipoints = 127 Emu
1 Pt = 12700 Emu
1 Mm = 36000 Emu
1 Cm = 360000 Emu
1 Inches = 914400 Emu
```

8.3.2　单位转换

与 python-docx 的单位一样，python-pptx 的单位转换也很简单，它们都继承了 Length 类，Length 对象有 emu、inches、centipoints、cm、mm、pt 六个属性，所以只要得到一种单位类型，通过获取 Length 对象的相应属性，就可以轻松知道其他单位的值了，代码如下：

```
from pptx.util import Inches, Pt

length = Inches(1)
print(length)  # 输出: 914400
print(length.emu)  # 输出: 914400
print(length.inches)  # 输出: 1.0
print(length.cm)  # 输出: 2.54
print(length.mm)  # 输出: 25.4
print(length.pt)  # 输出: 72.0
print(length.centipoints)  # 输出: 7200
```

还是要注意，既然转换单位的时候涉及除法运算，就可能会存在精度问题，尤其是当转换单位时遇到不能除尽的情况，所以要用哪个单位就尽量实例化哪个长度类，尽可能避免单位转换。

8.4 操作幻灯片

一个 PPT 文档是由多个幻灯片页面组成的，也就是由多张幻灯片组成的，如果你打开过上一小节新建的 PPT 文件就会发现文档是空的，一张幻灯片也没有，所以我们首先要做的就是学会怎么新建幻灯片页面。

8.4.1 幻灯片布局

每一个幻灯片页面都必须要指定一个幻灯片布局，那么什么是布局呢？幻灯片布局就是指幻灯片的模板，PPT 里面把它叫作母版，一般来说一个母版上面会存在一些文本框、形状、图表等空白控件。当使用这个母版添加一张幻灯片的时候，这张幻灯片上面就会出现母版里已有的控件，这样做的好处是节省了添加控件和排版的步骤。

在 python-pptx 中，母版就是布局（layout），我们可以访问 Presentation 对象的 slide_layouts 属性获取该文档全部布局，它是一个可迭代对象，我们可以通过遍历它取得所有的单个布局，每一个布局都是一个 SlideLayout 对象，代码如下：

```
from pptx import Presentation

ppt = Presentation()

print(len(ppt.slide_layouts))  # 输出: 11

for layout in ppt.slide_layouts:
    print(type(layout))
    # 输出: <class 'pptx.slide.SlideLayout'>
```

我偷偷打印了 slide_layouts 的长度，发现是 11，也就是说默认的 PPT 文档一共有 11 种布局，至于这 11 种布局到底长什么样，我们可以打开 PPT 软件看看。单击 PPT 软件的“视图”选项卡，单击“幻灯片母版”按钮即可看到默认的页面母版，如图 8-1 所示。

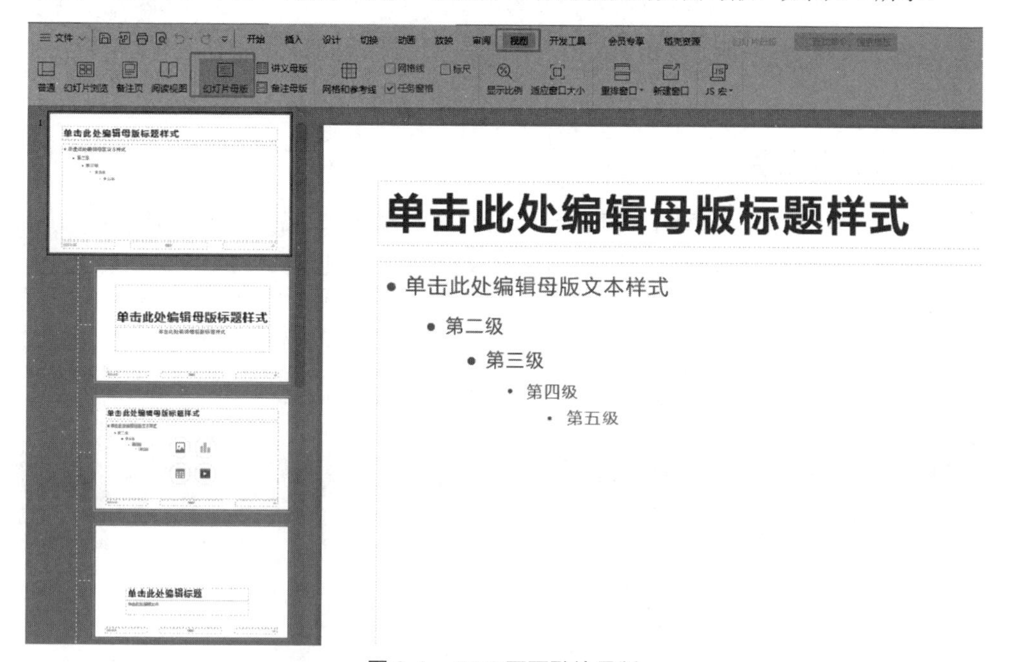

图 8-1　PPT 页面默认母版

我们晚点再学习关于 SlideLayout 对象的其他知识点，这里主要是先提前跟布局打个招呼，因为等会儿新建幻灯片的时候需要用到布局。

8.4.2　新建幻灯片

在 python-pptx 中，每一个幻灯片页面都是一个 Slide 对象，Presentation 对象并不能直接创建 Slide 对象，但它能创建 Slides 对象。听这个名字就知道 Slides 是用来管理 Slide 的，没错，Slides 对象有一个 add_slide() 方法可以创建 Slide 对象，add_slide() 方法的参数是一个 SlideLayout 对象。简单来说，要创建幻灯片，首先要获取布局，然后再调用 Presentation 对象的 slides 属性获得一个 Slides 对象，再调用 add_slide() 方法，演示代码如下：

```
from pptx import Presentation

ppt = Presentation()

slide_layout = ppt.slide_layouts[0]
print(type(ppt.slides))   # <class 'pptx.slide.Slides'>
slide = ppt.slides.add_slide(slide_layout)
```

```
print(type(slide))  # 输出: <class 'pptx.slide.Slide'>

ppt.save("./ppt_files/test.pptx")
```

通过 add_slide() 这种方法添加的幻灯片只能添加到文档的最后面，目前没有办法在两个幻灯片之间插入其他幻灯片，希望以后的版本会实现。

8.4.3 幻灯片位置

虽然我们不能把一张幻灯片插入到指定位置，但查看幻灯片的位置却是可以的，Slides 对象有个 index() 方法，只要把 Slide 对象传进去就可以返回它对应的位置索引值了，索引从 0 开始，代码如下：

```
from pptx import Presentation

ppt = Presentation()

slide_layout = ppt.slide_layouts[0]

slide1 = ppt.slides.add_slide(slide_layout)
slide2 = ppt.slides.add_slide(slide_layout)
slide3 = ppt.slides.add_slide(slide_layout)

print(ppt.slides.index(slide1))  # 输出: 0
print(ppt.slides.index(slide2))  # 输出: 1
print(ppt.slides.index(slide3))  # 输出: 2

ppt.save("./ppt_files/test.pptx")
```

8.4.4 获取幻灯片

我们可以通过 index() 方法获取幻灯片对应的位置索引，当然，反过来，也可以根据幻灯片的索引获取一个 Slide 对象，只要对 Presentation 的 Slides 对象使用中括号取值即可。当然 Slides 对象也提供了一个 get() 方法，用它可以获取一个 Slide 对象，参数是 Slide 对应的索引，代码如下：

```
from pptx import Presentation

ppt = Presentation()

slide_layout = ppt.slide_layouts[0]
```

```
ppt.slides.add_slide(slide_layout)
ppt.slides.add_slide(slide_layout)

slide1 = ppt.slides[0]
slide2 = ppt.slides.get(1)

ppt.save("./ppt_files/test.pptx")
```

8.4.5 删除幻灯片

我简单阅读了一下 python-pptx 的源码，并没有发现它提供删除幻灯片的相关方法，但我们可以从添加幻灯片的方法找到突破口。先看看 add_slide() 方法的源码：

```
def add_slide(self, slide_layout):
    """
    Return a newly added slide that inherits layout from *slide_
layout*.
    """
    rId, slide = self.part.add_slide(slide_layout)
    slide.shapes.clone_layout_placeholders(slide_layout)
    self._sldIdLst.add_sldId(rId)
    return slide
```

可以发现添加一个 Slide 对象，实际上在创建完 Slide 对象之后会把它添加到 _sldIdLst 这个容器里面，是不是意味着我们只要把它从 _sldIdLst 里删除了就相当于删除幻灯片了呢？是的，不过需要操作元素标签，应该还记得在 python-docx 那里介绍过怎么删除段落吧，就是通过标签的 remove() 方法，这里删除页面的方法也差不多，我还是先上代码吧：

```
from pptx import Presentation

ppt = Presentation("./ppt_files/ 测试文档 1.pptx")

sld_list = list(ppt.slides._sldIdLst)

for i in [1, 2]:
    slide_el = sld_list[i]
    ppt.slides._sldIdLst.remove(slide_el)

ppt.save("./ppt_files/test.pptx")
```

在代码中，我通过 list() 把 _sldIdLst 这个容器强转成一个 list 对象，因为它本来是 CT_SlideIdList 类型，我们没办法通过下标获取对应的幻灯片对象，转成 list 对象之后就可以使用索引获取元素了，之后再使用 remove() 方法删除元素即可。我在代码中删除的是索引为 1 和 2 的元素，也就是删除掉第 2 和第 3 张幻灯片，代码执行完之后，打开 PPT 文档看看就清楚了。

8.5 使用形状

学会了怎么增删幻灯片页面之后，是时候学学怎么在幻灯片上添加点内容了。在 PPT 中，幻灯片页面上基本都是形状，我们要先对形状有一定了解才能更好地在幻灯片上添加内容。

8.5.1 了解形状

如果你学过 PPT，应该就知道什么是形状。可能首先想到的是 PPT 软件的“插入”菜单里的“形状”选项，里面有很多预设形状，比如说线条、矩形、圆形、三角形、箭头等。是的，那些都是形状，但那只是一部分形状，我们这里说的形状，是把 PPT 页面里的所有页面元素都当成是形状，可以把它们分为六类：

（1）自动形状（auto shape）。自动形状就是指矩形、椭圆、箭头等比较规则的预设形状，大概有 180 种，可以填充颜色和添加文本在这些形状中。我们常用到的文本框，也是形状，只不过它有文本但没有填充色而已。

（2）图片（picture）。没想到吧，图片也是形状，换一个角度看，图片的填充色是图片像素颜色而不是 rgb 纯颜色。

（3）图形框架（graphic frame）。图形框架可能会有点抽象，它指的是组织某个形状的框架。我们看不到图形框架，但创建某些形状就需要用到它来组织，比如说创建一个表格、图表、智能图形，这些形状里面都包含了很多其他的各种元素，这些元素之所以不乱掉就是因为它们有图形框架在组织和管理。

（4）组形（group shape）。这个比较容易理解，就是我们同时选中多个对象，然后可以把它们打包成一个组，这样就可以把多个元素当成是一个整体操作，比如说一起移动、旋转、调整大小，虽然我们看不见这个组，但它是一种形状。

（5）线条（line）。这个也好理解吧，虽然在 PPT 软件里线条属于预设形状，但线条并没有被归为自动形状，因为线条是线性的，有些线条还可以连接形状并在移动形状的时候依然保持连接。

（6）content part。这个我也不知道怎么翻译，因为官方文档也没有详细提到，大概是指一些嵌入到 PPT 的外来 xml 元素。

说了那么多，其实概括起来就是一句话，页面元素都是形状。

8.5.2　获取形状

形状指在 PPT 页面上的各种元素，所以形状应该是由 Slide 对象管理的，要获取一个页面的所有形状，我们可以访问 Slide 对象的 shapes 属性，它会返回一个可迭代的 SlideShapes 对象，即该页面的所有形状，代码如下：

```
from pptx import Presentation

ppt = Presentation()

layout = ppt.slide_layouts[0]
slide = ppt.slides.add_slide(layout)

shapes = slide.shapes
print(type(shapes))
# 输出：<class 'pptx.shapes.shapetree.SlideShapes'>
```

如果只是想获取某个形状，也没什么问题，因为 SlideShapes 对象是一个可迭代对象，完全可以通过下标去获取某个形状，但要注意，下标必须存在，不要让下标越界了，代码如下：

```
from pptx import Presentation

ppt = Presentation()

slide = ppt.slides.add_slide(ppt.slide_layouts[0])

shapes = slide.shapes
print(len(shapes))  # 输出：2

shape1 = shapes[0]
shape2 = shapes[1]
print(type(shape1))
# 输出：<class 'pptx.shapes.placeholder.SlidePlaceholder'>
print(type(shape2))
# 输出：<class 'pptx.shapes.placeholder.SlidePlaceholder'>

ppt.save("./ppt_files/test.pptx")
```

上面的代码使用第 0 个布局创建了一个 Slide 对象，该布局有两个 SlidePlaceholder 形状，其实就是两个文本框，你可以打开该文档查看这部分内容。

8.5.3 添加形状

既然 SlideShapes 对象是用来管理形状的，根据我们的经验，它肯定也有添加形状对象的方法。对，它有一个 add_shape() 方法用来新增形状，根据你的经验，它应该会有哪些参数？首先肯定要有被添加的形状类型，然后考虑一个形状在页面里的状态，比如说形状的位置和大小，如果这些要素都确定了，那么一个形状就可以添加到页面上了。SlideShapes 对象的 add_shape() 方法一共有五个参数，第一个是用来确定添加哪种形状的形状类型 id，第二和第三个参数分别是形状的左边、上边与页面的左边、上边之间的距离，这两个值决定了形状的位置，第四和第五个参数分别是形状的宽高，宽高确定形状的大小。那么我们来试一下添加一个形状，代码如下：

```
from pptx import Presentation
from pptx.util import Inches
from pptx.enum.shapes import MSO_AUTO_SHAPE_TYPE

ppt = Presentation()

slide = ppt.slides.add_slide(ppt.slide_layouts[0])

autoshape_type_id = MSO_AUTO_SHAPE_TYPE.ROUNDED_RECTANGLE
left = top = Inches(3.0)
width = height = Inches(1)

shape = slide.shapes.add_shape(autoshape_type_id, left, top,
width, height)
print(type(shape))  # 输出：<class 'pptx.shapes.autoshape.Shape'>

ppt.save("./ppt_files/test.pptx")
```

上面的代码中，我们调用 add_shape() 方法添加了一个距离页面的左边和上边都是 3 英寸的圆角矩形，它的宽高都是 1 英寸，该方法会返回一个 Shape 对象，代表一个自动形状。比较关键的是，怎么知道圆角矩形的类型 id？也不难，python-pptx 已经把这些自动形状都定义在 MSO_AUTO_SHAPE_TYPE 这个枚举类里，而圆角矩形在这个类里的名字就叫 ROUNDED_RECTANGLE，它对应的 id 是 5，我们直接使用名字去代替 id 也是可以的。至于怎么知道 ROUNDED_RECTANGLE 就是指圆角矩形呢，我们可以添加该形状，再打开 PPT 软件看一下就确定了。

实际上，MSO_AUTO_SHAPE_TYPE 这个枚举类一共有 182 种自动形状，老方法，我们遍历一下它的 __members__ 属性，这样就能拿到所有自动形状了，再访问一下这些形状的 value 属性就可以知道它们对应的名字和 id，代码如下：

```
from pptx.enum.shapes import MSO_AUTO_SHAPE_TYPE

print(len(MSO_AUTO_SHAPE_TYPE.__members__))  # 输出：182

for shape in MSO_AUTO_SHAPE_TYPE.__members__:
    print(shape.value)
# 输出：
# ACTION_BUTTON_BACK_OR_PREVIOUS (129)
# ACTION_BUTTON_BEGINNING (131)
# ACTION_BUTTON_CUSTOM (125)
# ACTION_BUTTON_DOCUMENT (134)
# ACTION_BUTTON_END (132)
# ...
```

知道了这些形状的名字和 id 之后，具体要用哪个就看需求了，这些形状分别长什么样，只能添加后在 PPT 中查看了。如果希望添加在 PPT 软件上看到的某个形状，但又不知道在 python-pptx 中它叫什么名字怎么办？这也很简单啊，在 PPT 软件中添加好这个形状，然后在 python-pptx 读取一下该形状，并把它的名字打印出来就 ok 了。

我们在创建形状的时候指定了位置和宽高，如果后期想要查看某个形状的位置，可以直接访问它的 left 和 top 属性，如果要看它的宽高，可以访问它的 width 和 height 属性，当然，直接通过这些属性修改它的位置和宽高也是可以的，代码如下：

```
from pptx import Presentation
from pptx.util import Inches, Cm
from pptx.enum.shapes import MSO_AUTO_SHAPE_TYPE

ppt = Presentation()

...

shape = slide.shapes.add_shape(autoshape_type_id, left, top,
width, height)
print(type(shape))

print(shape.left.inches)  # 输出：3.0
print(shape.top)  # 输出：2743200
print(shape.width.inches)  # 输出：1.0
print(shape.height)  # 输出：914400

shape.left = Inches(2)
shape.top = Inches(3)
```

```
shape.width = Cm(10)
shape.height = Cm(3)

ppt.save("./ppt_files/test.pptx")
```

8.5.4 形状填充色

自动形状是可以被填充颜色的，如果没有填充，它会有默认颜色，比如说上面代码中添加的圆角矩形，并没有设置填充颜色，但用 PPT 软件打开之后会发现它是蓝色的。如果要修改这些自动形状的颜色，可以访问 Shape 对象的 fill 属性，它会返回一个 FillFormat 对象，我们可以通过 FillFormat 对象控制 Shape 的颜色，主要是前景色和背景色。代码如下：

```
from pptx import Presentation
from pptx.dml.color import RGBColor, ColorFormat
from pptx.util import Inches

ppt = Presentation()
slide = ppt.slides.add_slide(ppt.slide_layouts[0])
left = top = width = height = Inches(3)
shape = slide.shapes.add_shape(5, left, top, width, height)

fill = shape.fill
print(type(fill))  # 输出：<class 'pptx.dml.fill.FillFormat'>

# 使用纯色
fill.solid()
# 修改前景色
fill.fore_color.rgb = RGBColor.from_string("F0FFF0")
print(fill.fore_color.rgb)  # 输出：F0FFF0
# 继承父元素颜色
fill.patterned()
print(fill.back_color.rgb)  # 输出：FFFFFF
# 变透明
fill.background()

ppt.save("./ppt_files/test.pptx")
```

前景色就是我们打开 PPT 可以最直观地看到的颜色，如果要设置前景色，一定要先调用一下 FillFormat 对象的 solid() 方法，然后再修改该对象 fore_color.rgb 属性的值，不然程序会报错的。关于 RGB 颜色的知识点之前已经讲过了，这里不再赘述，至于颜色的表示，还是得用到我们的老朋友 RGBColor 类。背景色是通过调用 FillFormat 对象的 patterned() 方法继承父元素的颜色。如果想要设置前景色为透明，直接调用一下 FillFormat 对象的 background() 方法即可，但是要注意，一旦调用了 background() 之后再访问 fore_color 就会报错，因为已经没有前景色了。

8.5.5　形状边框

也可以修改自动形状边框的某些属性，比如说颜色和大小。Shape 对象的边框是一个 LineFormat 对象，它的 color 属性控制边框的颜色和亮度，width 属性控制边框的宽度，也就是边框的大小。边框的亮度是由 color.brightness 控制的，赋值为一个浮点数就行，取值范围是 -1~1，当为 -1 的时候因为太暗了所以会显示为黑色，当为 1 时因为太亮了会显示为白色，当为 0 的时候是正常的亮度，参考代码如下：

```
from pptx import Presentation
from pptx.dml.color import RGBColor
from pptx.util import Inches, Pt

ppt = Presentation()
slide = ppt.slides.add_slide(ppt.slide_layouts[0])
left = top = width = height = Inches(3)
shape = slide.shapes.add_shape(5, left, top, width, height)

line = shape.line
print(type(line))
# 边框颜色
line.color.rgb = RGBColor.from_string("00FF0")
# 边框颜色亮度
line.color.brightness = 0
# 边框大小
line.width = Pt(5)

ppt.save("./ppt_files/test.pptx")
```

8.6　使用占位符

本节将对 PPT 中的占位符进行讲解。

8.6.1　了解占位符

在 PPT 文档中，占位符是一个很重要的概念。简单来说，占位符就是一个空的形状，我们可以用文本、图表等内容去填充它。比如说当你使用母版新建一张幻灯片的时候，这张幻灯片上面往往会有一些文本框、图片框、表格框等，这些框就是占位符，它们等待你去把文本或其他内容填充进去。

前面我们把形状分为了六大类，这里区分占位符就可以用上了。大多数占位符都是形状，比如说自动形状、图片、图形框架，但组形、线和 content part 不能是占位符。我们比较常见的占位符类型有标题、正文、图片、表格、图表、SmartArt、剪贴画、媒体剪辑等，记不住没关系，在 PPT 软件中看一下可以被填充的类型就是占位符了。

8.6.2 获取占位符

既然占位符是形状，我们可以通过遍历一张幻灯片上所有的 Shape 的方式获取占位符，代码如下：

```
from pptx import Presentation

ppt = Presentation()

slide = ppt.slides.add_slide(ppt.slide_layouts[0])

for shape in slide.shapes:
    print(type(shape), shape.shape_type)

# 输出：
# <class 'pptx.shapes.placeholder.SlidePlaceholder'> PLACEHOLDER (14)
# <class 'pptx.shapes.placeholder.SlidePlaceholder'> PLACEHOLDER (14)
```

上面的代码中使用第 0 个布局新建一个幻灯片页面，用 PPT 软件打开看看，第 0 个布局会有两个文本框，这两个文本框都是占位符，我们自然可以通过 Slide 对象的 shapes 属性获取到，这里的每一个占位符都是一个 SlidePlaceholder 对象，然后访问一下该对象的 shape_type 属性，可以知道它们的形状类型是 PLACEHOLDER。

上面的方式是遍历了所有形状才拿到了占位符，但我们知道并不是所有的形状都是占位符，仅仅通过一个 shape_type 属性也不好区分啊，毕竟我们对这些枚举值并不是很熟。python-pptx 也想到了这一点，所以它在形状对象中提供了一个 is_placeholder 属性判断该形状是否占位符，代码如下：

```
from pptx import Presentation

ppt = Presentation()
```

```
slide = ppt.slides.add_slide(ppt.slide_layouts[0])

for shape in slide.shapes:
    print(shape.is_placeholder)  # 输出: True
```

我们要获取占位符就要先获取形状，再进行判断是否占位符，可能 python-pptx 觉得这个步骤有点烦琐，所以它在 Slide 对象上提供了一个 placeholders 属性，我们访问该属性就能拿到所有占位符，代码如下：

```
from pptx import Presentation

ppt = Presentation()

slide = ppt.slides.add_slide(ppt.slide_layouts[8])

for placeholder in slide.placeholders:
    print(placeholder.shape_type, placeholder.name)

# 输出:
# PLACEHOLDER (14) Title 1
# PLACEHOLDER (14) Picture Placeholder 2
# PLACEHOLDER (14) Text Placeholder 3
```

上面的代码中，为了方便演示，我使用了索引为 8 的布局，它有三个不同的占位符，分别是标题、图片和正文，通过访问 Slide 的 placeholders 属性也确实顺利拿到了该页面的所有占位符。

8.6.3　占位符类型

虽然我们能拿到所有占位符，但还不能填充它们，因为要先知道它是什么类型的占位符才能去填充，比如说用图片去填充一个文本框类型的占位符就不合适了，那么我们怎么知道占位符是什么类型呢？ Shape 对象有一个 placeholder_format 属性，通过它可以拿到占位符的信息，代码如下：

```
from pptx import Presentation

ppt = Presentation()

slide = ppt.slides.add_slide(ppt.slide_layouts[8])
```

```
for placeholder in slide.placeholders:
    phf = placeholder.placeholder_format
    print(phf.idx, phf.type)

# 输出:
# 0 TITLE (1)
# 1 PICTURE (18)
# 2 BODY (2)
```

通过访问 placeholder_format 属性得到的是一个 _PlaceholderFormat 对象，它的 idx 属性表示该占位符在幻灯片的顺序位置，即第几个占位符（下标从 0 开始），它的 type 属性表示该占位符的类型。上面的代码使用的是第 8 个布局，它有 TITLE（标题）、PICTURE（图片）和 BODY（正文）三个占位符，对应的占位符类型 id 分别是 1、18 和 2。只知道这三种占位符类型好像也不太够用啊，实际上占位符类型一共有 20 种，被定义在 PP_PLACEHOLDER_TYPE 枚举类里，我们还是老样子，遍历一下该枚举类就可以拿到所有类型了，代码如下：

```
from pptx.enum.shapes import PP_PLACEHOLDER_TYPE

print(len(PP_PLACEHOLDER_TYPE.__members__))  # 输出: 20

for pt in PP_PLACEHOLDER_TYPE.__members__:
    print(pt.name, pt.value)

# 输出:
# BITMAP BITMAP (9)
# BODY BODY (2)
# CENTER_TITLE CENTER_TITLE (3)
# CHART CHART (8)
# …
```

8.6.4 填充占位符

占位符的作用不就是等待被内容填充吗？现在我们已经能获取到占位符并且知道怎么判断它们的类型了，那就顺便把它填充了呗。填充之前首先要判断该占位符是哪种类型，不要填错了，比如说是文本类型的就填充文本，图片类型的就填充图片，代码如下：

```
from pptx import Presentation
from pptx.enum.shapes import PP_PLACEHOLDER_TYPE
```

```
ppt = Presentation()

slide = ppt.slides.add_slide(ppt.slide_layouts[8])

for placeholder in slide.placeholders:
    phf = placeholder.placeholder_format
    if phf.type == PP_PLACEHOLDER_TYPE.TITLE:
        placeholder.text = "这是标题"
    elif phf.type == PP_PLACEHOLDER_TYPE.BODY:
        placeholder.text = "这是正文"

ppt.save("./ppt_files/test.pptx")
```

Shape 对象有一个 text 属性是用来控制形状的文本内容的，我们可以直接给它赋值达到填充文本的目的，但是要注意，即使该 Shape 不是文本类型的占位符，也可以使用文本进行填充，但不太推荐，填充对应的类型可以避免给自己带来不必要的麻烦，上面的代码判断了是 TITLE 和 BODY 这两种占位符类型才修改 text 属性。还需要特别注意，text 属性只能接收字符串类型的数据，如果是整型或者其他类型的数据，应该先将数据强转成字符串类型再赋值，不然是会报错的。

如果占位符是图片类型，那它会是一个 PicturePlaceholder 对象，想要填充图片，可以直接调用 insert_picture() 方法，把图片路径传进去就可以了，代码如下：

```
from pptx import Presentation
from pptx.enum.shapes import PP_PLACEHOLDER_TYPE

ppt = Presentation()

slide = ppt.slides.add_slide(ppt.slide_layouts[8])

for placeholder in slide.placeholders:
    phf = placeholder.placeholder_format
    if phf.type == PP_PLACEHOLDER_TYPE.PICTURE:
        picture = placeholder.insert_picture("./ppt_files/images/
test.jpg")

ppt.save("./ppt_files/test.pptx")
```

当占位符的长宽比例固定的时候，用一张图片去填充它，如果图片的长宽比例与占位符的比例不匹配，则它会在保持图片长宽比（让图片不被拉伸）的前提下，默认适配图片的最短边尽可能展示更多图片像素，这也意味着图片多余的部分会被裁减掉。如果你想手动控制被裁减的部分，可以调用 PicturePlaceholder 对象的 crop_left()、crop_right()、crop_top()、crop_bottom() 这四个方法，分别表示图片左边、右边、上边、下边被裁减掉的比例，比如说我们把图片的上边和下边都裁掉 10%，左边和右边都裁掉 20%，代码如下：

```
from pptx import Presentation
from pptx.enum.shapes import PP_PLACEHOLDER_TYPE

ppt = Presentation()

slide = ppt.slides.add_slide(ppt.slide_layouts[8])

for placeholder in slide.placeholders:
    phf = placeholder.placeholder_format
    if phf.type == PP_PLACEHOLDER_TYPE.PICTURE:
        picture = placeholder.insert_picture("./ppt_files/images/
test.jpg")
        picture.crop_left = 0.2
        picture.crop_right = 0.2
        picture.crop_top = 0.1
        picture.crop_bottom = 0.1

ppt.save("./ppt_files/test.pptx")
```

裁减效果图如图 8-2 所示。

图 8-2　占位符插入图片裁剪图

除了图片类型的占位符，其实还有其他的几种类型，比如说表示表格类型的

TablePlaceholder、表示图表类型的 ChartPlaceholder 等，但由于我们现在还没学到如何添加和操作表格和图表，所以暂时先不做演示，后面会进行补充。

8.7 操作文本

最常用的填充占位符的方式应该是填充文本，前文中我们是直接修改 Shape 对象的 text 属性达到填充文本的效果。其实 text 属性对应的是一个 TextFrame 对象，也就是我们常说的文本框，如果想要进一步操作文本，就要好好学习一下 TextFrame 对象的属性和方法了。

8.7.1 获取文本框

Shape 对象有一个 text_frame 属性可以返回该形状对应的文本框，即获取 TextFrame 对象。但是我们知道，并非所有的形状都有文本框，所以在获取 Shape 对象的 TextFrame 对象之前，可以先调用一下 Shape 对象的 has_text_frame 属性，如果该 Shape 对象没有文本框，则会返回 False，代码如下：

```
from pptx import Presentation

ppt = Presentation()

slide = ppt.slides.add_slide(ppt.slide_layouts[0])

for shape in slide.shapes:
    if not shape.has_text_frame:
        continue

    text_frame = shape.text_frame
    print(type(text_frame))

# 输出：
# <class 'pptx.text.text.TextFrame'>
# <class 'pptx.text.text.TextFrame'>
```

8.7.2 添加文本框

上面代码中获取的文本框是本来就已经存在页面上的，如果你想新建一个文本框，可以调用 SlideShapes 对象的 add_textbox() 方法。该方法的参数与 add_shape() 方法的参数差不多，只不过不用指定形状 id 了，比如说这里创建一个距离页面左边和上边都是 3 厘米，宽度是 15 厘米，高度是 5 厘米的文本框，代码如下：

```
from pptx import Presentation
from pptx.util import Cm

ppt = Presentation()

slide = ppt.slides.add_slide(ppt.slide_layouts[0])
left = top = Cm(3)
width = Cm(15)
height = Cm(5)
text_box = slide.shapes.add_textbox(left, top, width, height)
print(type(text_box), text_box.shape_type)
# 输出：<class 'pptx.shapes.autoshape.Shape'> TEXT_BOX (17)
text_frame = text_box.text_frame
print(type(text_frame))
# 输出：<class 'pptx.text.text.TextFrame'>
ppt.save("./ppt_files/test.pptx")
```

调用 add_textbox() 方法得到是一个文本框类型的 Shape，我们只要再访问一下它的 text_frame 属性就能获取到 TextFrame 对象了。

8.7.3 添加文本

有了文本框之后我们就可以尝试添加或者修改一些文字了，读者对这个部分应该是比较熟悉的，因为文本框的文本是通过 Paragraph 对象和 Run 对象控制的，没错，与操作 python-docx 里的段落和 Run 是一样的方法。每个 TextFrame 对象都默认有一个段落，我们访问一下 TextFame 对象的 paragraphs 属性可以获取到所有段落（返回值是一个元组），我们取第 0 个元素就拿到默认段落了，拿到 Paragraph 对象之后直接修改它的 text 属性就相当于改变了文本框的文本了，但是要注意 text 属性只能被赋值为字符串类型，赋值为其他数据类型是会报错的，代码如下：

```
from pptx import Presentation

ppt = Presentation()
slide = ppt.slides.add_slide(ppt.slide_layouts[0])

for shape in slide.shapes:
    if not shape.has_text_frame:
        continue
    text_frame = shape.text_frame
    paragraph = text_frame.paragraphs[0]
    paragraph.text = "这是一个文本框"
```

```
ppt.save("./ppt_files/test.pptx")
```

当然，如果一个段落还不够用的话，可以调用 TextFrame 的 add_paragraph() 方法添加段落，不过与 python-docx 不同的是，TextFrame 的 add_paragraph() 方法不能传参数，也就是不能在创建段落的时候顺便把段落文本也写上去，只能手动调用段落的 text 属性填写文本，代码如下：

```
from pptx import Presentation

ppt = Presentation()
slide = ppt.slides.add_slide(ppt.slide_layouts[0])

shape = slide.shapes[0]
if shape.has_text_frame:
    text_frame = shape.text_frame
    p1 = text_frame.paragraphs[0]
    p1.text = "这是默认段落"
    p2 = text_frame.add_paragraph()
    p2.text = "这是新增的段落"
    text_frame.add_paragraph().text = "再新增了一个段落"
    print(len(text_frame.paragraphs))  # 输出：3

ppt.save("./ppt_files/test.pptx")
```

8.7.4 段落样式

设置文本的样式可以分为设置文本框的样式和设置文本本身的样式，我们先来讲一下后者吧，毕竟我们刚接触了比较熟悉的段落，气氛都烘托到这里了不学习一下就是不给面子。

设置文本的样式无非是设置段落的样式和 Run 的样式，对段落的样式应该还算熟悉吧。python-pptx 的 Paragraph 对象主要有段落对齐、行间距、段前段后距离等相关属性，看一下代码吧：

```
from pptx import Presentation
from pptx.enum.text import PP_PARAGRAPH_ALIGNMENT
from pptx.util import Pt

ppt = Presentation()
```

```
slide = ppt.slides.add_slide(ppt.slide_layouts[0])
shape = slide.shapes[0]

paragraph = shape.text_frame.paragraphs[0]
paragraph.clear()  # 清空段落文本
paragraph.text = "Office遇到了Python\nOffice meets Python"
# 段落对齐
paragraph.alignment = PP_PARAGRAPH_ALIGNMENT.LEFT  # 居左对齐
# paragraph.alignment = PP_PARAGRAPH_ALIGNMENT.CENTER  # 居中对齐
# paragraph.alignment = PP_PARAGRAPH_ALIGNMENT.RIGHT  # 居右对齐
# paragraph.alignment = PP_PARAGRAPH_ALIGNMENT.JUSTIFY  # 两端对齐
# paragraph.alignment = PP_PARAGRAPH_ALIGNMENT.DISTRIBUTE  # 分散对齐
# 段落缩进等级
paragraph.level = 0  # 可选0~8，默认是0级
# 行间距
paragraph.line_spacing = 1.5  # 1.5倍行间距
# paragraph.line_spacing = Pt(50)  # 固定值，50磅行间距
# 段前段后距离
paragraph.space_before = Pt(15)  # 段前15磅
paragraph.space_after = Pt(20)  # 段后20磅

ppt.save("./ppt_files/test.pptx")
```

Paragraph 对象的 text 属性控制文本，只要是字符串类型就行了，其他没什么需要注意的。Paragraph 对象的 alignment 属性控制的是段落水平方向的对齐，垂直方向由 TextFrame 对象控制，这个我们后面再说。水平方向的对齐方式被定义在 PP_PARAGRAPH_ALIGNMENT 枚举类里，一共有 7 种，但这里只列举了最常用的五种。Paragraph 对象的 level 属性控制的是缩进等级，取值范围是 0~8，一共 9 级，默认是顶级，也就是 0 级，段落缩进一般用在段落前使用项目符号列表等需要缩进的场景。Paragraph 对象的 line_spacing 属性控制段落的行间距，你可以直接指定一个长度距离，比如说 Pt(50)，表示固定行间距为 50 磅，如果指定一个数字，就表示倍距，比如说赋值为 1.5，表示 1.5 倍行间距。段前和段后距离分别用 space_before 和 space_after 属性控制，也没什么需要注意的，直接指定一个长度距离就行。

8.7.5 Run 样式

如果想要设置段落中某些文本的样式，就需要修改段落的 Run 属性了。把一个段落按照不同的样式分割成几个部分，每一个部分都是一个 Run，只要文本样式不同，就是两个不同的 Run，但文本样式相同却不一定是同一个 Run，这个我们已经在 python-docx 中接触过了，就不多解释了。现在来操作 Run，代码如下：

```
from pptx import Presentation
from pptx.dml.color import RGBColor
from pptx.util import Pt

ppt = Presentation()
slide = ppt.slides.add_slide(ppt.slide_layouts[0])
shape = slide.shapes[0]
paragraph = shape.text_frame.paragraphs[0]

paragraph.add_run().text = "Office"
paragraph.add_run().text = "遇上了"
run = paragraph.add_run()
run.text = "Python"
run.font.name = "微软雅黑"  # 字体名
run.font.size = Pt(50)  # 字体大小
run.font.bold = True  # 是否加粗
run.font.italic = True  # 是否斜体
run.font.underline = True  # 是否下画线
run.font.color.rgb = RGBColor.from_string("0000ff")  # 字体颜色
run.hyperlink.address = 'https://python.org'  # 设置超链接
# 除了最后一个 Run，其他的 Run 统一设置为黑体、45 磅大小
for run in paragraph.runs[:-1]:
    run.font.name = "黑体"
    run.font.size = Pt(45)

ppt.save("./ppt_files/test.pptx")
```

Run 对象的 text 属性控制文本内容，可以通过该属性获取或修改 Run 文本，但是要特别注意，赋值的时候要给它一个字符串。之前提到段落和文本框等对象的 text 属性只能存储字符串，就是因为它们实际操作的就是 Run 的 text 属性。Run 对象的 hyperlink 属性可以指定一个超链接，python-docx 是没有这个功能的，设置超链接就是给文本指定一个网址，当播放幻灯片的时候点击一下该文本就会跳转到指定网址。Run 对象还有一个 font 属性，对应的是一个 Font 对象，可以控制文本的字体样式，比如说字体名、大小、粗体、斜体、下画线、颜色等。

经过对比，我们发现 python-pptx 的 Paragraph 对象和 Run 对象的知识点与 python-docx 中的知识点基本一致，读者掌握起来应该没什么难度，至于具体要把文档的样式修改成什么样就看实际情况了。

8.7.6　文本框样式

设置文本框的样式主要是控制框内文本的位置以及让太长的文本自动换行。

我们先来看一下调整文本位置的操作，主要是文本的偏移距离和垂直方向的对齐。看一下代码演示：

```
from pptx import Presentation
from pptx.enum.text import MSO_VERTICAL_ANCHOR
from pptx.util import Pt

ppt = Presentation()
slide = ppt.slides.add_slide(ppt.slide_layouts[0])
shape = slide.shapes[0]

text_frame = shape.text_frame
text_frame.text = "Office遇上了Python"
# 文本位置偏移
text_frame.margin_left = 0
# text_frame.margin_top = Pt(50)
# text_frame.margin_bottom = Pt(50)
# text_frame.margin_right = Pt(50)

# 垂直对齐方式
text_frame.vertical_anchor = MSO_VERTICAL_ANCHOR.TOP  # 居上对齐
# text_frame.vertical_anchor = MSO_VERTICAL_ANCHOR.MIDDLE  # 居中对齐
# text_frame.vertical_anchor = MSO_VERTICAL_ANCHOR.BOTTOM  # 居下对齐

ppt.save("./ppt_files/test.pptx")
```

文本的偏移距离是指文本距离文本框边缘的长度，TextFrame 对象的 margin_top、margin_bottom、margin_left、margin_right 四个属性分别控制文本的上、下、左、右四个方向上与文本框边缘的距离。但是要注意的是，相反方向的偏移量会相互抵消，比如说把 margin_top 和 margin_bottom 的值都设置为 50 磅，则相当于上下方向没有任何移动；把 margin_top 设置为 100 磅，margin_bottom 设置为 60 磅，结果就是文本向下移动了 40 磅。

文本的垂直方向的样式只有三种，那就是上对齐、中对齐和下对齐，这三个值都定义在 MSO_VERTICAL_ANCHOR 这个枚举类里，把它们赋值给 TextFrame 对象的 vertical_anchor 属性即可。需要注意的是，如果设置了垂直对齐，则 margin_top 和 margin_bottom 属性带来的垂直方向的偏移效果就会失效，即 vertical_anchor 属性的优先级高于 margin_top 和 margin_bottom。

我们在新建一个文本框的时候会指定文本框的宽度，如果填充的文本长度超过了文本框的宽度，我们可以使用“\n”，即换行符让文本以多行显示，但这似乎比较麻烦。其实我们只要把 TextFrame 对象的 word_wrap 属性的值改为 True，文本就会根据文本框的宽度自动换行了，代码如下：

```
from pptx import Presentation
from pptx.util import Cm

ppt = Presentation()
slide = ppt.slides.add_slide(ppt.slide_layouts[0])

text_box = slide.shapes.add_textbox(Cm(3), Cm(5), Cm(10), Cm(5))
text_frame = text_box.text_frame
text_frame.text = "Office遇上了Python，从此它们就幸福地在一起了。" * 10
# 文本自动换行
text_frame.word_wrap = True

ppt.save("./ppt_files/test.pptx")
```

8.8　添加图表

PowerPoint 支持的图表可不少，而且很多图表的自定义程度都很高，所以会比较复杂。python-pptx 也支持少量比较简单的图表，比如说柱状图、折线图、散点图、饼图等，而且可以设置的东西也不是很多，所以如果有制作复杂图表的需求，还是尽量使用 PPT 软件操作吧。那么 python-pptx 支持的图表功能是什么样的，我们这一小节就来学习一下。

添加图表的话，可以调用 SlideShapes 的 add_chart() 方法，该方法需要六个参数：第一个参数是图表的类型，它决定了添加柱状图、饼状图还是其他类型的图表，这些类型被定义在 XL_CHART_TYPE 这个枚举类里；第二和第三个参数是图表在页面的位置，也就是距离页面左边和上边的距离；第四和第五个参数是图表的宽高；第六个参数是图表的数据。由此来看，添加图表好像并不难，下面会分别列举几种常见的图表进行演示。

8.8.1　柱状图

柱状图应该是最常用的图表了，比如说要在幻灯片页面上添加某超市某一年的四个季度不同类别产品的销售量的柱状图。我就直接上代码了：

```
from pptx import Presentation
from pptx.chart.data import CategoryChartData
from pptx.enum.chart import XL_CHART_TYPE
from pptx.util import Cm

ppt = Presentation()
```

```
chart_data = CategoryChartData()
chart_data.categories = ['数码娱乐', '生活用品', '文化用品']
chart_data.add_series('Q1', (36.6, 65.5, 10.0))
chart_data.add_series('Q2', (21.1, 52.1, 3.1))
chart_data.add_series('Q3', (15.9, 22.3, 9.8))
chart_data.add_series('Q4', (20.4, 35.3, 3.2))

slide = ppt.slides.add_slide(ppt.slide_layouts[6])

x = y = Cm(3)
width = Cm(20)
height = Cm(10)

graphic_frame = slide.shapes.add_chart(
    XL_CHART_TYPE.COLUMN_CLUSTERED, x, y, width, height, chart_data
)

ppt.save("./ppt_files/test.pptx")
```

在上面的代码中，在距离页面左边和上边都是3厘米的位置上，添加了一个宽度为20厘米、高度为10厘米的柱状图，柱状图的类型用XL_CHART_TYPE.COLUMN_CLUSTERED表示。如果想知道其他图表的类型，可以打印XL_CHART_TYPE这个枚举类，这种操作我已经演示过好几次了，这里就不上代码了，参考以前的代码试一下吧。存储柱状图数据的是一个CategoryChartData对象，它的categories属性存储的是类别，对应x轴的标签，我们给它一个列表就行了。调用CategoryChartData对象的add_series()方法可以添加数据系列，要添加几组数据就调用几次。

执行上面的代码之后我们就可以得到一个柱状图了，这个柱状图的样式是未经修改的默认样式，如图8-3所示。

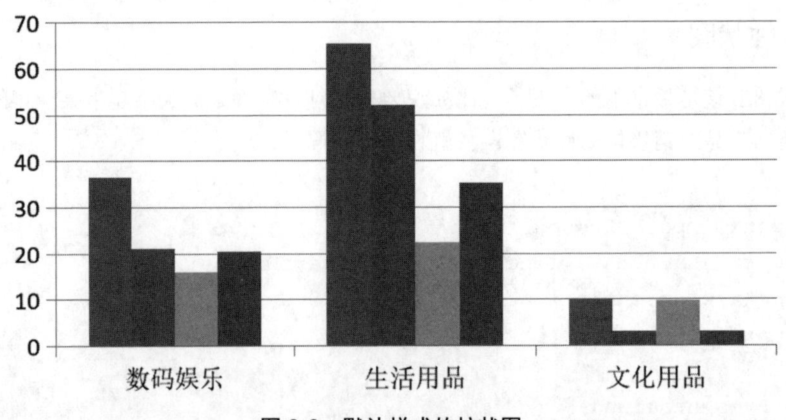

图8-3　默认样式的柱状图

默认的样式好像太简单了，也许你还有更多的需求，比如说修改它的坐标轴，尤其是x轴和y轴的标签，修改x轴和y轴的代码如下：

```
from pptx import Presentation
from pptx.chart.data import CategoryChartData
from pptx.enum.chart import XL_CHART_TYPE, XL_TICK_MARK
from pptx.util import Cm, Pt

ppt = Presentation()
…
graphic_frame = slide.shapes.add_chart(
    XL_CHART_TYPE.COLUMN_CLUSTERED, x, y, width, height, chart_data
)

chart = graphic_frame.chart

# 获取分类，即获取 x 轴
category_axis = chart.category_axis
# 不同分类用竖线隔开
# category_axis.has_major_gridlines = True
# x 轴标签字体样式
# category_axis.tick_labels.font.italic = True
# category_axis.tick_labels.font.size = Pt(15)

# 获取 y 轴
value_axis = chart.value_axis
# y 轴最大刻度，不设置则自动调整
# value_axis.maximum_scale = 100
# y 轴小刻度方向，INSIDE 朝内，OUTSIDE 朝外
# value_axis.minor_tick_mark = XL_TICK_MARK.INSIDE
# 显示 y 轴小刻度线
# value_axis.has_minor_gridlines = True

# 获取 y 轴标签
tick_labels = value_axis.tick_labels
# y 轴标签格式化
tick_labels.number_format = '0"万"'
# y 轴标签字体样式
# tick_labels.font.bold = True
tick_labels.font.size = Pt(15)

ppt.save("./ppt_files/test.pptx")
```

我们调用 SlideShapes 的 add_chart() 方法得到的是一个 GraphicFrame 对象，访问它的 chart 属性就能拿到图表对象了，也就是 Chart 对象。访问 Chart 对象的 category_axis 属性可以拿到它的标签信息，其实就是 x 轴，然后就可以修改分类的分隔线、字体等样式了，它的字体存储在 x 轴的标签上，访问 tick_labels 属性即可拿到标签。访问 Chart 对象的 value_axis 属性可以获取到 y 轴，再访问一下 y 轴的 tick_labels 属性就可以拿到 y 轴的标签了，修改字体等操作都很容易。上面修改样式的代码被我注释了一部分，因为如果这些样式都设置了，图表就会显得很乱，但我在主要代码上方都写好注释了，自己动手跟着操作一遍看看具体的效果，上面的代码执行之后的效果如图 8-4 所示。

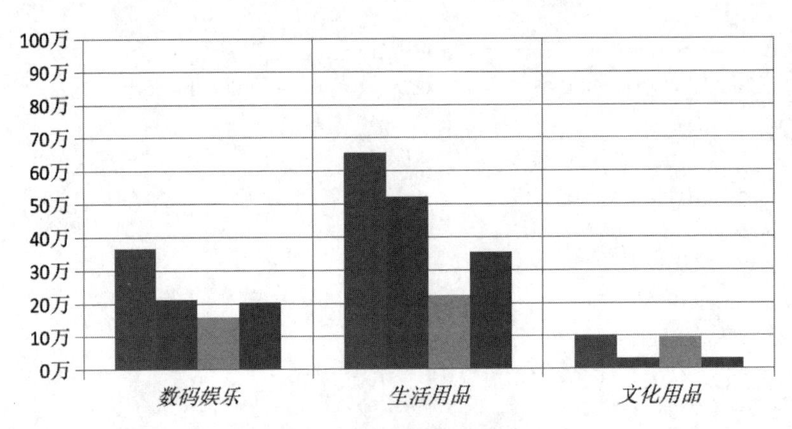

图 8-4　设置柱状图坐标样式

除了修改坐标轴的标签，也许还需要添加一些图例，不然也不知道哪个颜色的柱子代表哪个季度啊。添加图例很简单，代码如下：

```
from pptx import Presentation
from pptx.chart.data import CategoryChartData
from pptx.enum.chart import XL_CHART_TYPE, XL_LEGEND_POSITION
from pptx.util import Cm, Pt

ppt = Presentation()

...
graphic_frame = slide.shapes.add_chart(
    XL_CHART_TYPE.COLUMN_CLUSTERED, x, y, width, height, chart_data
)

chart = graphic_frame.chart

# 添加图例
chart.has_legend = True
```

```
# 图例位置
chart.legend.position = XL_LEGEND_POSITION.TOP
# 图例是否在图表里
chart.legend.include_in_layout = False

ppt.save("./ppt_files/test.pptx")
```

执行完上面的代码之后，打开文档看看，就会发现这个柱状图有图例了，如图 8-5 所示。

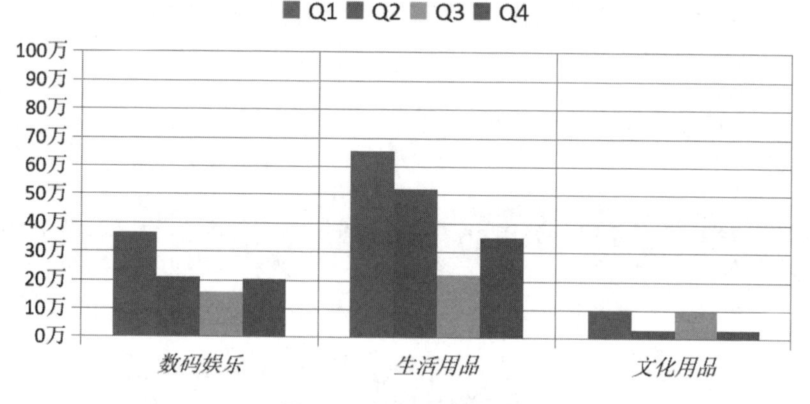

图 8-5　设置柱状图图例

添加图例，首先要把 Chart 对象的 has_legend 属性改为 True，然后再设置一下它的位置就可以了。图例的位置可以位于图表的上下左右四个方向，比如说 XL_LEGEND_POSITION.TOP 表示把图例放在图表的顶部，因为 TOP 就是指上边嘛，其他的方向也容易猜到，无非就是 BOTTOM、LEFT、RIGHT，可以自己动手尝试。

特别说明一下，给柱状图设置坐标轴样式的写法，在其他有坐标轴的图表类型中同样适用，至于图例的写法，基本上对常用的图表类型都适用，不过任何时候都不要把话说太满，反正具体情况具体分析吧。

8.8.2　折线图

折线图也用得挺多的，类型是 XL_CHART_TYPE.LINE。折线图与柱状图在数据表现形式上非常相似，所以把上面的柱状图改为折线图简单得不得了，比如说我们想要让每一条线都表示一个分类，只要把原来柱状图的数据转置，也就是行变成列、列变成行就可以了，代码如下：

```
from pptx import Presentation
from pptx.chart.data import CategoryChartData
from pptx.enum.chart import XL_CHART_TYPE, XL_LEGEND_POSITION
```

```
from pptx.util import Cm, Pt

ppt = Presentation()

chart_data = CategoryChartData()
chart_data.categories = ['Q1', 'Q2', 'Q3', 'Q4']
chart_data.add_series('数码娱乐', (36.6, 21.1, 15.9, 20.4))
chart_data.add_series('生活用品', (65.5, 52.1, 22.3, 35.3))
chart_data.add_series('文化用品', (10.0, 3.1, 9.8, 3.2))

slide = ppt.slides.add_slide(ppt.slide_layouts[6])

x = y = Cm(3)
width = Cm(20)
height = Cm(10)

graphic_frame = slide.shapes.add_chart(
    XL_CHART_TYPE.LINE, x, y, width, height, chart_data
)

chart = graphic_frame.chart

chart.has_legend = True
chart.legend.position = XL_LEGEND_POSITION.TOP
chart.legend.include_in_layout = False

ppt.save("./ppt_files/test.pptx")
```

创建折线图的代码几乎与创建柱状图的一致，至于设置标签样式，也是和在柱状图中一样的操作方法，这里就不过多演示了，上面代码的最终效果如图 8-6 所示。

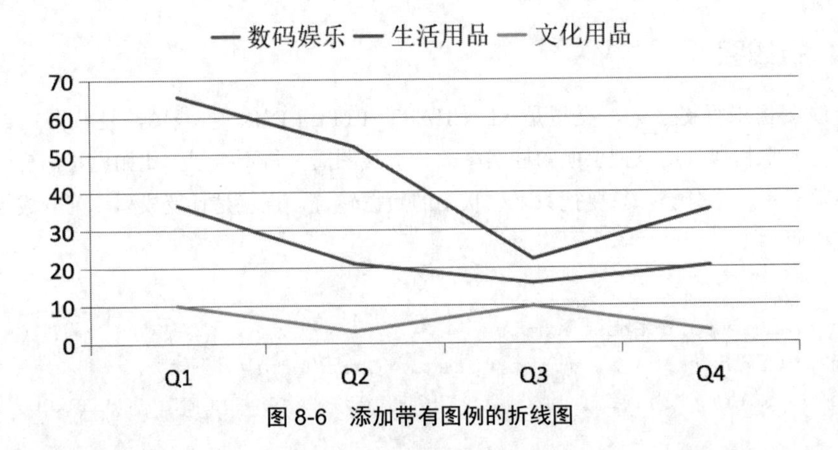

图 8-6　添加带有图例的折线图

8.8.3 散点图

散点图就是在图表上画一些点，这些点的位置由它们的 x、y 坐标决定，先来简单看看 python-pptx 绘制散点图的方法吧。假设我们要画两组数据，每组数据就只有三个点，代码如下：

```
from pptx import Presentation
from pptx.chart.data import XyChartData
from pptx.enum.chart import XL_CHART_TYPE
from pptx.util import Cm

ppt = Presentation()
chart_data = XyChartData()

series_1 = chart_data.add_series('系列 1')
series_1.add_data_point(0.7, 2.7)
series_1.add_data_point(1.8, 3.2)
series_1.add_data_point(2.6, 0.8)

series_2 = chart_data.add_series('系列 2')
series_2.add_data_point(1.3, 3.7)
series_2.add_data_point(2.7, 2.3)
series_2.add_data_point(1.6, 1.8)

slide = ppt.slides.add_slide(ppt.slide_layouts[6])

x = y = Cm(3)
width = Cm(20)
height = Cm(10)

slide.shapes.add_chart(
    XL_CHART_TYPE.XY_SCATTER, x, y, width, height, chart_data
)

ppt.save("./ppt_files/test.pptx")
```

散点图的数据与柱状图的不同，因为它只有 x、y 两个值，所以要实例化一个 XyChartData 对象去存储，调用它的 add_series() 方法新增一个系列，也就是一组数据，你有几组就调用几次。每个系列对象都是通过调用 add_data_point() 方法把点的 x、y 坐标添加进去，最后调用 slide.shapes.add_chart() 方法创建一个散点图，散点图的图表类型是 XL_CHART_TYPE.XY_SCATTER，至于散点图的位置和宽高的设置方法就不用多说了，和柱状图的设置方法一致。

执行上面的代码之后就可以得到一个散点图了，如图 8-7 所示。

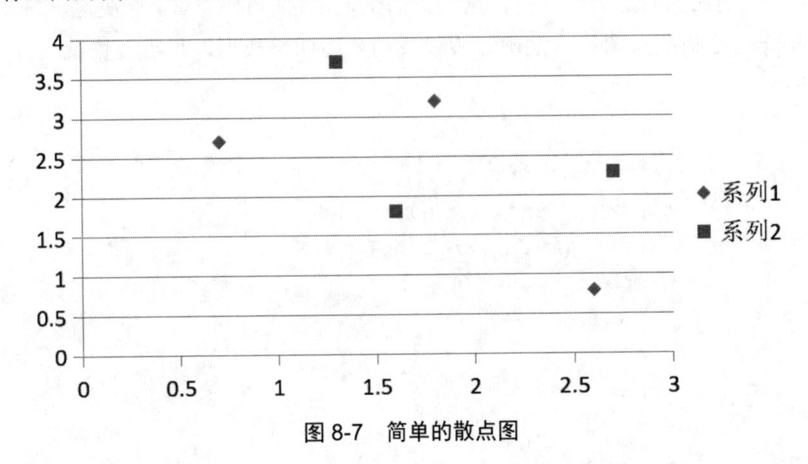

图 8-7 简单的散点图

我们不妨把之前的四个季度的不同类型产品销量也做成一个散点图，x 轴是季度，y 轴是销量，每一个分类都是一个系列，可以想想这代码应该怎么写，其实不难，就把上面的简单散点图的数据稍微改一下就行，自己思考之后再参考我的代码：

```
from pptx import Presentation
from pptx.chart.data import XyChartData
from pptx.enum.chart import XL_CHART_TYPE
from pptx.util import Cm

ppt = Presentation()

chart_data = XyChartData()

sale_info = [
    {"category": "数码娱乐", "sale_volume": [36.6, 21.1, 15.9, 
20.4]},
    {"category": "生活用品", "sale_volume": [65.5, 52.1, 22.3, 
35.3]},
    {"category": "文化用品", "sale_volume": [10.0, 3.1, 9.8, 3.2]},
]

for info in sale_info:
    series = chart_data.add_series(info.get("category"))
    for quarter, volume in enumerate(info.get("sale_volume")):
        series.add_data_point(quarter + 1, volume, number_
format='0"季度"')
```

```
slide = ppt.slides.add_slide(ppt.slide_layouts[6])

x = y = Cm(3)
width = Cm(20)
height = Cm(10)

chart = slide.shapes.add_chart(
    XL_CHART_TYPE.XY_SCATTER, x, y, width, height, chart_data
).chart

x_axis = chart.category_axis
x_axis.has_title = True
x_axis.axis_title.text_frame.text = "季度"

y_axis = chart.value_axis
y_axis.has_title = True
y_axis.axis_title.text_frame.text = "销量"

chart.has_legend = True

ppt.save("./ppt_files/test.pptx")
```

为了方便读取数据，我把销售数据放在一个列表里，然后再通过遍历的方式读取每一个系列的数据，如果对遍历的写法已经熟悉了，那么应该是很容易看懂的。添加好散点图之后，再修改一下 x、y 坐标轴的标题，先获取坐标轴，然后把坐标轴的 has_title 属性设置为 True，这样就可以显示标题了。标题的文本存储在 axis_title 属性里，访问该属性就能得到一个文本框，关于 TextFrame 对象，前面已经学习过了，这里就看你对它的熟悉程度了。

最终得到的散点图如图 8-8 所示。

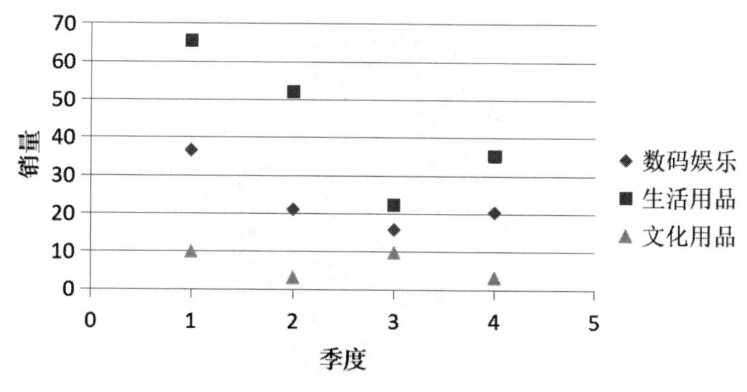

图 8-8　带有坐标轴标题的散点图

8.8.4 饼图

饼图就是把一个圆按照数据的比例划分成若干部分，大家应该都见过。饼图的形状类型是 XL_CHART_TYPE.PIE，所以根据前面的画图经验，创建一个 ChartData 然后把数据添加进去，应该就能得到饼图了，看起来好像不是很难，代码如下：

```
from pptx import Presentation
from pptx.chart.data import ChartData
from pptx.enum.chart import XL_CHART_TYPE
from pptx.util import Cm

chart_data = ChartData()
chart_data.categories = ['Q1', 'Q2', 'Q3', 'Q4']
sale_volume = [36.6, 21.1, 15.9, 20.4]

chart_data.add_series('数码娱乐', sale_volume)

ppt = Presentation()
slide = ppt.slides.add_slide(ppt.slide_layouts[6])

x = y = Cm(3)
width = Cm(20)
height = Cm(10)
chart = slide.shapes.add_chart(
    XL_CHART_TYPE.PIE, x, y, width, height, chart_data
).chart

ppt.save("./ppt_files/test.pptx")
```

果然不是很难，执行代码之后确实可以得到一个饼图，得到的饼图如图 8-9 所示。

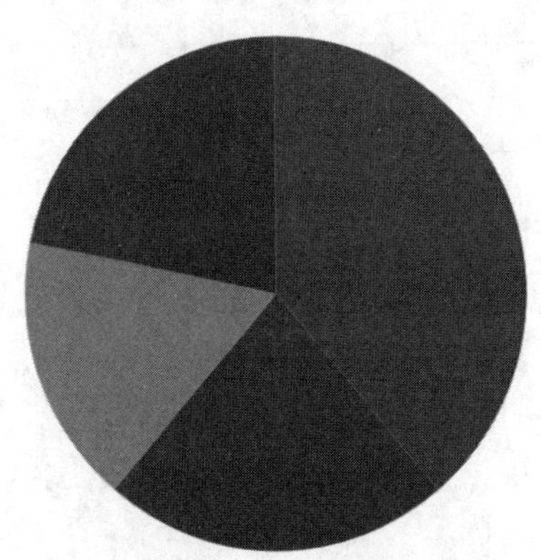

图 8-9 简单的饼图

不过这个饼图确实简单得过分了，除了知道它是一个被分成四份的饼图，其他信息都没有，所以我们还需要改进，至少要把图例显示出来吧，另外我们还可以把每个部分的占比情况给显示出来，代码如下：

```
from pptx import Presentation
from pptx.chart.data import ChartData
from pptx.enum.chart import XL_CHART_TYPE, XL_LEGEND_POSITION
from pptx.enum.chart import XL_DATA_LABEL_POSITION
from pptx.util import Cm

chart_data = ChartData()
chart_data.categories = ['Q1', 'Q2', 'Q3', 'Q4']
sale_volume = [36.6, 21.1, 15.9, 20.4]
percent = [volume / sum(sale_volume) for volume in sale_volume]
print(percent)
# 输出：[0.3893617021276596, 0.224468085106383, 0.16914893617021276,
0.21702127659574466]
chart_data.add_series('数码娱乐', percent)

ppt = Presentation()
slide = ppt.slides.add_slide(ppt.slide_layouts[6])

x = y = Cm(3)
width = Cm(20)
height = Cm(10)
chart = slide.shapes.add_chart(
    XL_CHART_TYPE.PIE, x, y, width, height, chart_data
).chart

chart.has_legend = True
chart.legend.position = XL_LEGEND_POSITION.BOTTOM

chart.plots[0].has_data_labels = True
data_labels = chart.plots[0].data_labels
data_labels.number_format = '0%'
data_labels.position = XL_DATA_LABEL_POSITION.OUTSIDE_END

ppt.save("./ppt_files/test.pptx")
```

我们已经会了图例的设置，只要把 Chart 对象的 has_legend 属性改为 True 就行了，关键是还需要特别学一下显示饼图的百分比。首先，我们要提前算好数据的比例，添加系列的时候我们就传入算好的百分比而不是原始数据，因为饼图本来就是按照百分比显示的，所以我们把数据变成百分比之后显示的饼图比例是不会发生变化的。饼图其实是一个PiePlot对象，我们通过chart对象的plots[0]拿到第一个PiePlot对象（本例中只有一个），先把PiePlot对象的has_data_labels属性改为True，它控制是否显示数据标签，然后再访问PiePlot对象的data_labels属性获取到数据标签，然后调用数据标签的number_format属性修改数据的显示格式，调用数据标签的position属性修改位置。上面代码的最后效果如图8-10所示。

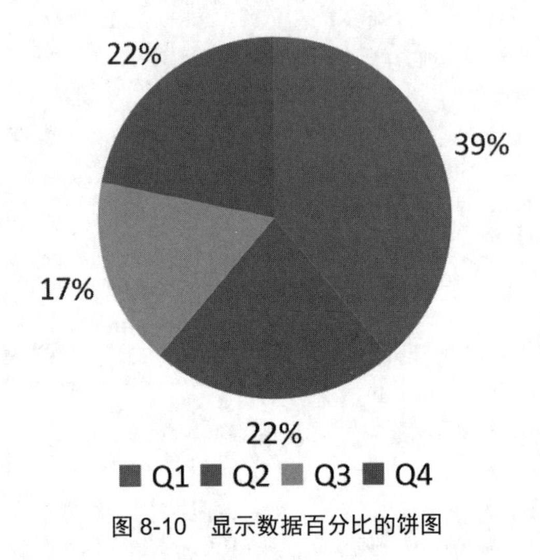

图 8-10 显示数据百分比的饼图

8.8.5 占位符图表

之前我们讲到填充占位符的时候只讲了怎么填充文本到占位符里，现在学到了如何添加图表，那么就顺便补充一下如何把图表填充到占位符里吧。

由于PPT默认自带的那些母版并没有ChartPlaceholder类型的占位符，所以我们要自己准备一个PPT文档，当然也可以使用书中提供的PPT文档"测试文档2.pptx"，里面创建了图片、图表、表格、文本框等多种母版，其中下标为2的母版是图表占位符，现在我们用它把图表占位符填充为一个饼图，代码如下：

```
from pptx import Presentation
from pptx.chart.data import ChartData
from pptx.enum.chart import XL_CHART_TYPE
from pptx.enum.shapes import PP_PLACEHOLDER_TYPE

ppt = Presentation("./ppt_files/测试文档2.pptx")
slide = ppt.slides.add_slide(ppt.slide_layouts[2])
for placeholder in slide.placeholders:
    phf = placeholder.placeholder_format
    print(phf.type)  # 输出：CHART (8)
```

```
    if phf.type != PP_PLACEHOLDER_TYPE.CHART:
        continue
    chart_data = ChartData()
    chart_data.categories = ['Q1', 'Q2', 'Q3', 'Q4']
    chart_data.add_series('数码娱乐', (36.6, 21.1, 15.9, 20.4))
    graphic_frame = placeholder.insert_chart(XL_CHART_TYPE.PIE,
chart_data)
    graphic_frame.chart.has_legend = True

ppt.save("./ppt_files/test.pptx")
```

还是与之前填充文本占位符一样，首先通过占位符对象的 placeholder_format 获取到占位符的类型，如果 type 是 PP_PLACEHOLDER_TYPE.CHART，就给它填充，填充操作就是调用占位符对象的 insert_chart() 方法，把图表类型和图表数据传进去就可以了，整个过程应该没有什么比较难理解的地方。

8.9 操作表格

我们已经接触过多次表格的操作了，先后是 openpyxl 和 python-docx，很明显，python-docx 中操作表格的知识点要比 openpyxl 中少很多，毕竟 Excel 和 Word 的用途不同，由于 PPT 也不是专门处理表格的，所以 python-pptx 对表格的操作也不会很多。处理表格的重点就是对行列和单元格进行操作，我们分别学习一下。

8.9.1 插入表格

在 python-pptx 中，表格也是一种形状，所以我们还是要借助 SlideShapes 对象，它有一个 add_table() 方法，该方法一共有六个参数，不用担心，这些参数都是很简单的，前面两个参数分别是行数和列数，中间两个参数分别是到达页面左边缘和上边缘的距离，最后两个参数是宽高。如此，我们可以先添加一个表格看看效果，代码如下：

```
from pptx import Presentation
from pptx.util import Cm

ppt = Presentation()

slide = ppt.slides.add_slide(ppt.slide_layouts[6])

row = 4
column = 3
left = top = Cm(3)
```

```
width = Cm(20)
height = Cm(10)
graphic_frame = slide.shapes.add_table(row, column, top, left,
width, height)
print(type(graphic_frame))
# 输出：<class 'pptx.shapes.graphfrm.GraphicFrame'>

ppt.save("./ppt_files/test.pptx")
```

结果如我们所料，执行上面的代码之后顺利在 PPT 中添加了一个 4 行 3 列的表格，这个简单的表格会有一个默认的样式，如图 8-11 所示。

图 8-11 新添加的简单表格

8.9.2 读取表格

有时候需求是打开一个 PPT 文档，并读取里面表格的数据，想象一下如何读取一个已存在的表格。我们知道表格也是一种形状，所以方法就是遍历 Slide 对象的所有形状，然后判断该形状是不是表格就行了，我们可以把通过上面代码保存在文档里的表格读取出来，代码如下：

```
from pptx import Presentation
from pptx.enum.shapes import MSO_SHAPE_TYPE

ppt = Presentation("./ppt_files/test.pptx")

for slide in ppt.slides:
    for shape in slide.shapes:
        if shape.shape_type == MSO_SHAPE_TYPE.TABLE:
            print("当前 Shape 是表格")
            print(type(shape))
            # 输出：<class 'pptx.shapes.graphfrm.GraphicFrame'>
```

8.9.3　占位符表格

在学习如何填充占位符的时候也提到了，占位符对象也有表格类型的，当然 PPT 默认的母版中并没有表格占位符，所以又需要自己准备一份文档了，或者使用书中准备好的“测试文档 2.ppt”，里面下标为 1 的母版是有表格占位符的，填充表格占位符的代码如下：

```
from pptx import Presentation
from pptx.enum.shapes import PP_PLACEHOLDER_TYPE

ppt = Presentation("./ppt_files/测试文档 2.pptx")

slide = ppt.slides.add_slide(ppt.slide_layouts[1])
for placeholder in slide.placeholders:
    phf = placeholder.placeholder_format
    if phf.type != PP_PLACEHOLDER_TYPE.TABLE:
        continue
    graphic_frame = placeholder.insert_table(rows=4, cols=3)

ppt.save("./ppt_files/test.pptx")
```

在填充表格占位符之前还要先判断当前的占位符是不是表格类型，如果类型不是 PP_PLACEHOLDER_TYPE.TABLE，硬要填充一个表格的话程序肯定是会罢工报错的，确定是表格占位符之后再调用占位符对象的 insert_table() 方法，把表格行数和列数传进去就行了。

8.9.4　表格对象

在 python-pptx 中，每一个表格都是一个 Table 对象，但我们调用 SlideShape 对象的 add_table() 方法或者调用占位符对象的 insert_table() 方法，返回的都不是 Table 对象，而是一个 GraphicFrame 对象，我们需要再访问它的 table 属性才能得到 Table 对象。代码如下：

```
from pptx import Presentation
from pptx.util import Cm

ppt = Presentation()

slide = ppt.slides.add_slide(ppt.slide_layouts[6])

...
graphic_frame = slide.shapes.add_table(row, column, top, left,
width, height)
print(type(graphic_frame))
```

```
# 输出：<class 'pptx.shapes.graphfrm.GraphicFrame'>
table = graphic_frame.table
print(type(table))
# 输出：<class 'pptx.table.Table'>
```

8.9.5 行列对象

Table 对象的属性和方法挺多的，我们只学习最常用的就行，其中行对象和列对象最重要。行列对象可以分为多行多列和单行单列，我们可以访问 Table 对象的 rows 属性获取到所有行，得到的是一个可迭代的 _RowCollection 对象，可以通过遍历或者下标取值的方式由 _RowCollection 对象得到行对象，即 _Row 对象。列与行很相似，要获取全部列可以访问 Table 对象的 columns 属性，得到的是一个 _ColumnCollection 对象，再通过遍历或者下标取值的方式由 _ColumnCollection 对象得到列对象，即 _Column 对象。代码如下：

```
from pptx import Presentation
from pptx.util import Cm

ppt = Presentation()
slide = ppt.slides.add_slide(ppt.slide_layouts[6])

…
graphic_frame = slide.shapes.add_table(row, column, top, left,
width, height)
table = graphic_frame.table

rows = table.rows
print(type(rows))  # 输出：<class 'pptx.table._RowCollection'>
row = rows[0]
print(type(row))  # 输出：<class 'pptx.table._Row'>

columns = table.columns
print(type(columns))  # 输出：<class 'pptx.table._ColumnCollection'>
column = columns[0]
print(type(column))  # 输出：<class 'pptx.table._Column'>
```

拿到行列对象之后我们就可以修改行高和列宽了，行是控制高度的，所以 _Row 对象会有一个 height 属性，而列是控制宽度的，所以 _Column 对象有一个 width 属性。我们分别修改这两个属性，比如说把首行的高度改为 2 厘米，把所有列的宽度改为 6 厘米，代码如下：

```
from pptx import Presentation
from pptx.util import Cm

ppt = Presentation()

slide = ppt.slides.add_slide(ppt.slide_layouts[6])

…
graphic_frame = slide.shapes.add_table(row, column, top, left,
 width, height)
table = graphic_frame.table

table.rows[0].height = Cm(2)
for column in table.columns:
    column.width = Cm(6)

ppt.save("./ppt_files/test.pptx")
```

8.9.6　访问单元格

在 python-pptx 中，每一个单元格都是一个 _Cell 对象，获取 _Cell 对象的方式有两种：一种是调用 Table 对象的 cell() 方法，返回一个 _Cell 对象；还有一种方法是访问 _Row 对象的 cells 属性，返回该行所有的单元格，得到的是一个可迭代的 _CellCollection 对象，遍历该对象就能获取每一个 _Cell 对象，来看看代码吧：

```
from pptx import Presentation
from pptx.util import Cm

ppt = Presentation()

slide = ppt.slides.add_slide(ppt.slide_layouts[6])

table = slide.shapes.add_table(4, 3, Cm(3), Cm(3), Cm(20),
Cm(10)).table

cell = table.cell(0, 0)
print(type(cell))  # 输出：<class 'pptx.table._Cell'>

cells = table.rows[0].cells
print(type(cells))  # 输出：<class 'pptx.table._CellCollection'>
for cell in cells:
```

```
    print(type(cell))
    # 输出：<class 'pptx.table._Cell'>
```

8.9.7 单元格文本

既然拿到了单元格对象，就可以对它为所欲为了，首先是要修改单元格的文本内容，_Cell 对象把文本存储在 text 属性上，所以我们可以通过直接访问或修改 text 属性，来修改文本内容，代码如下：

```
from pptx import Presentation
from pptx.util import Cm

ppt = Presentation()

slide = ppt.slides.add_slide(ppt.slide_layouts[6])

table = slide.shapes.add_table(4, 3, Cm(3), Cm(3), Cm(20), Cm(10)).table

cell = table.cell(0, 0)
cell.text = "Python"
print(cell.text)  # 输出：Python
table.cell(0, 1).text = "Office"
table.cell(0, 2).text = "ppt"

ppt.save("./ppt_files/test.pptx")
```

8.9.8 单元格样式

当你看到修改"text"属性的时候有没有感觉有点熟悉？没错，实际上修改 _Cell 对象的 text 就是在修改文本框的文本，即修改的是 TextFrame 对象的 text 属性，我们可以通过访问 _Cell 对象的 text_frame 属性获得它的 TextFrame 对象。所以事情变得简单了，如果你在学习文本框的时候有认真对待，修改单元格就没什么难度了，因为文本框的文本是由段落和 Run 对象控制的，而如何修改段落和 Run，我们早在学习 python-docx 的时候就学过了。但是这里还是简单举一些例子方便你回忆吧，如果你还是不熟悉，就趁机练习这部分，这种基础操作到处可见，必须要掌握，代码如下：

```
from pptx import Presentation
from pptx.dml.color import RGBColor
from pptx.enum.text import PP_PARAGRAPH_ALIGNMENT, MSO_VERTICAL_
```

```
ANCHOR
from pptx.util import Cm, Pt

ppt = Presentation()

slide = ppt.slides.add_slide(ppt.slide_layouts[6])

table = slide.shapes.add_table(4, 3, Cm(3), Cm(3), Cm(20),
Cm(10)).table
# 获取 TextFrame 对象
text_frame = table.cell(0, 0).text_frame
# TextFrame 垂直方向居中对齐
text_frame.vertical_anchor = MSO_VERTICAL_ANCHOR.MIDDLE

# 获取文本框的第一个段落
paragraph = text_frame.paragraphs[0]
# 修改段落的文本内容
paragraph.text = "Python"
# 段落（水平）居中对齐
paragraph.alignment = PP_PARAGRAPH_ALIGNMENT.CENTER

# 获取段落的第一个 Run 对象
run = paragraph.runs[0]
# 修改字体
run.font.name = "微软雅黑"
run.font.size = Pt(20)
run.font.color.rgb = RGBColor.from_string("ffffff")

# 修改填充色
fill = table.cell(0, 0).fill
fill.solid()
fill.fore_color.rgb = RGBColor.from_string("708069")

ppt.save("./ppt_files/test.pptx")
```

关于文本的样式就不多提了，但填充色还是简单提一下。因为表格是一种形状，所以它也应该可以被填充，我们访问 _Cell 对象的 fill 属性就能拿到一个 FillFormat 对象，在学习填充形状颜色的时候就是用它控制形状的颜色的，要是忘了的话可以再翻回去瞄一眼。

8.9.9 合并单元格

在 python-pptx 中合并单元格，首先要获取一个 _Cell 对象，然后调用它的 merge() 方法进行合并，该方法的参数也是一个 _Cell 对象，则这两个 _Cell 对象对角线之间的矩形区域都会被合并，且被合并的那些单元格的文本数据会按从左到右、从上到下的顺序迁移到合并之后的单元格里。

为了方便观察，先制造一些数据，在 4 行 3 列的表格中按照顺序依次填充数字，代码如下：

```
from pptx import Presentation
from pptx.util import Cm

ppt = Presentation()

slide = ppt.slides.add_slide(ppt.slide_layouts[6])

table = slide.shapes.add_table(4, 3, Cm(3), Cm(3), Cm(20),
Cm(10)).table

i = 1
for row in table.rows:
    for cell in row.cells:
        cell.text = str(i)
        i += 1

ppt.save("./ppt_files/test.pptx")
```

现在我们把坐标为 (0,1) 和坐标为 (2,2) 的两个单元格进行合并，这两个单元格对角线形成的矩形区域内的所有单元格都会被合并，代码如下：

```
from pptx import Presentation
from pptx.util import Cm

ppt = Presentation()

slide = ppt.slides.add_slide(ppt.slide_layouts[6])

table = slide.shapes.add_table(4, 3, Cm(3), Cm(3), Cm(20),
Cm(10)).table

i = 1
for row in table.rows:
    for cell in row.cells:
        cell.text = str(i)
```

```
        i += 1

c1 = table.cell(0, 1)
c2 = table.cell(2, 2)
print(c1.is_merge_origin)  # 输出：False
print(c2.is_spanned)  # 输出：False
print(table.cell(1, 1).is_spanned)  # 输出：False

# 合并单元格
c1.merge(c2)

print(c1.is_merge_origin)  # 输出：True
print(c2.is_spanned)  # 输出：True
print(table.cell(1, 1).is_spanned)  # 输出：True

ppt.save("./ppt_files/test.pptx")
```

我们把合并单元格前后的表格进行对比就很容易看出效果了，如图 8-12 所示。

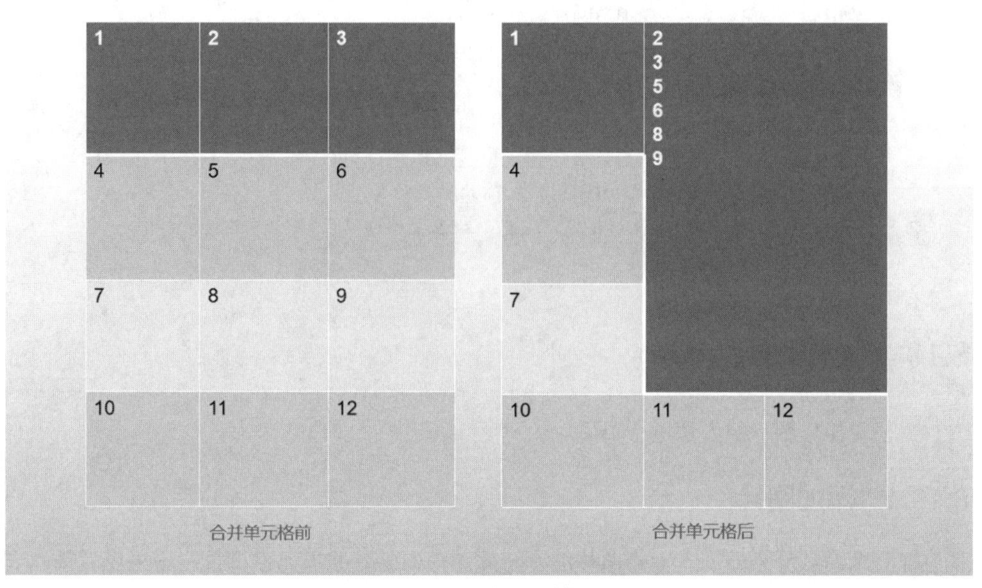

图 8-12　合并单元格前后对比

在代码中，访问了 _Cell 对象的 is_merge_origin 属性和 is_spanned 属性，这两个属性返回的都是布尔值，前者表示是否合并过其他单元格，后者表示是否被合并过。

8.9.10　拆分单元格

既然有合并单元格的操作，就肯定有取消合并单元格的操作，也就是把已合并的单元格拆分为原来的样子，这操作很简单，只要调用 _Cell 对象的 split() 方法就行，不需要传入任何参数。但是要注意的是，只有合并过其他单元格的 _Cell 对象才有取消合并的资格，所以我们在取消合并之前最好判断一下 is_merge_origin 属性是否为 True，否则可能会引发异常，代码如下：

```
from pptx import Presentation
from pptx.enum.shapes import MSO_SHAPE_TYPE

ppt = Presentation("./ppt_files/test.pptx")

for slide in ppt.slides:
    for shape in slide.shapes:
        if shape.shape_type != MSO_SHAPE_TYPE.TABLE:
            continue
        table = shape.table
        c1 = table.cell(0, 1)
        c2 = table.cell(2, 2)
        print(c1.is_merge_origin)  # 输出：True
        print(c2.is_spanned)  # 输出：True
        print(table.cell(1, 1).is_spanned)  # 输出：True
        if c1.is_merge_origin:
            c1.split()
        print(c1.is_merge_origin)  # 输出：False
        print(c2.is_spanned)  # 输出：False
        print(table.cell(1, 1).is_spanned)  # 输出：False
```

8.10 操作图片

本节对操作图片的方法进行讲解。

8.10.1 添加图片

在一个幻灯片页面插入一张图片的方法除了前面学过的填充占位符，还可以像插入表格和图表那样指定图片的位置和宽高，那就需要调用 SlideShapes 对象的 add_picture() 方法了，该方法的第一个参数是图片路径，后面四个参数是位置和宽高，我们已经接触过这几个参数很多次了，只要是插入形状基本上都会用到 left、top、width 和 height 这四个参数。值得注意的是，如果插入图片的时候不设置宽高参数则会以图片本身的尺寸显示，如果只指定了宽（或高），则会自动计算高（或宽）保持图片不变形，即等比缩放，代码如下：

```
from pptx import Presentation
from pptx.util import Cm

ppt = Presentation()

slide = ppt.slides.add_slide(ppt.slide_layouts[6])

path = "./ppt_files/images/test.jpg"
top = left = Cm(3)
width = Cm(20)
height = Cm(10)

picture = slide.shapes.add_picture(path, top, left, width, height)

ppt.save("./ppt_files/test.pptx")
```

8.10.2 提取图片

如果想要把一个 PPT 文档里的图片都提取出来也是可以的，这里说一下大概思路。图片属于形状，所以我们肯定要遍历所有页面的所有形状，然后判断形状对象是否为图片对象。要注意的是，我们插进来的图片是 Picture 对象，但别忘了占位符里也可能有图片，占位符里的图片是 PlaceholderPicture 对象，如果发现还有其他类型的图片，就用 type() 函数判断具体类型。一般来说图片都是 Picture 对象或者继承了 Picture 对象，从源码中可以看出它有一个 image 属性，访问它能得到一个 Image 对象，再访问 Image 对象的 blob 属性，就能得到图片的二进制数据了，然后通过 open() 函数将二进制数据写到硬盘上就行。至于保存的文件名就不是重点了，我这里使用的是形状的 name 属性作为文件名，它是不会重复出现的，所以保存的图片不会相互覆盖。

有了上面的思路，我们就可以动手写代码了，但如果不看源码的话，这好像有些许难度。可以参考下方的代码，代码里写了注释，如果你想提高自己的编程水平就尽量把整个过程弄清楚吧：

```
from pptx import Presentation
from pptx.shapes.picture import Picture
from pptx.shapes.placeholder import PlaceholderPicture

ppt = Presentation("./ppt_files/测试文档3_提取图片.pptx")

for slide in ppt.slides:
    for shape in slide.shapes:
        pic_type = (Picture, PlaceholderPicture)
```

```
        # 如果不是 Picture 或 Picture 的子类，跳过
        if not isinstance(shape, pic_type):
            continue
        # 图片格式，形如 "image/jpeg"
        content_type = shape.image.content_type
        file_type = content_type.split("/")[-1] if content_type
else "jpg"

        # 形状名，但有空格，形如 " 图片 3"，可以把空格全部替换掉
        shape_name = shape.name
        shape_name = str(shape_name).replace(" ", "")

        # 拼接保存路径，形如 "./xxx/ 图片 3.jpg"
        save_path = f"./ppt_files/images/{shape_name}.{file_type}"

        # # 获取图片二进制数据
        blob = shape.image.blob
        # 保存图片
        with open(save_path, "wb") as f:
            f.write(blob)
```

8.10.3 页面保存为图片

不知道你有没有这种需求，就是把一个 PPT 文档的所有页面都保存为图片。python-pptx 并不能满足这个需求，但我们可以借鉴一下把 doc 转为 docx 的思路，PPT 软件有将文档另存为图片的操作，所以我们可以使用 win32com 完成，查阅微软的官方文档，可以知道把全部幻灯片页面都保存为图片的格式类型是 17，代码如下：

```
from win32com import client

app = client.Dispatch('PowerPoint.Application')
app.DisplayAlerts = False
ppt = app.Presentations.Open(r"E:\xxx\ 测试文档 1.pptx",
WithWindow=False)
ppt.SaveAs(r"C:\xxx\ppt 页面 ", 17)
ppt.Close()
app.Quit()
```

上面的代码是把“测试文档 1.pptx”这个 PPT 文档里的全部页面都以 jpg 的格式保存到“ppt 页面”这个文件夹里，文档的路径和保存的路径以实际情况为准，但别忘了要使用绝对路径。

第 9 章　操作 PDF

终于学完 Office 三件套了，但是如果只会使用 Office 三件套还是不够用的，所以有精力的话肯定是要再多学点，本章要学习操作 PDF 文件的相关知识点。

PDF 文件最大的好处就是排版固定，比如说你有一个 Word 文档，在电脑上已经把它的样式调整好了，但用另一台电脑打开这个文件有可能会看到样式错乱的情况。主要原因是能打开 Word 文档的软件太多了，它们之间处理 Word 的逻辑并不完全相同，而且即使都是用 Word 打开文档，但由于 Word 版本不同，也可能会出现不兼容的现象，但是如果你把文档转换成 PDF 文件，可以大大减少出现这种问题的概率。PDF 最初是由 Adobe 公司发明的，不过由于这种文件格式太好用了，所以它现在是由国际标准化组织 (ISO) 维护。

你现在应该能体会到 Python 的库有很多了，操作 PDF 的需求那么常见，相关的库自然也不会少，比如说 pdfrw、reportlab、pikepdf、pymupdf 等，但是本章主要以 pypdf2 为主。pypdf2 属于 pypdf 系列，目前最新版本是 pypdf4，那么为什么还选择 pypdf2 呢？主要是因为 pypdf2 更成熟，知名度更高，网上的参考资料比较多，对新手也比较友好，当然，选择它的前提是它能满足我们操作 PDF 文件的大部分需求。

9.1　pypdf2

pypdf2 是一个免费开源的纯 Python 库，我们可以通过 pypdf2 完成对 PDF 文件的大部分操作，比如说提取文本、加密解密、合并分割、裁剪页面、旋转缩放、添加水印等。

因为 pypdf2 是第三方库，所以我们需要使用 pip 安装后才能使用，代码如下：

```
pip install pypdf2
```

9.2　打开与保存 PDF 文件

pypdf2 有打开文件和保存文件的操作。pypdf2 的读和写是两个不同的对象，PdfReader 对象用于读取 PDF 文件，即打开一个 PDF 文档，PdfWriter 对象用于写入文件，即保存文档到硬盘。

9.2.1　保存文档

还是先看一下保存文档的代码吧：

```
from PyPDF2 import PdfWriter

writer = PdfWriter()
writer.add_blank_page(595.27, 841.89)
writer.add_blank_page()

with open("./pdf_files/test.pdf", "wb") as f:
    writer.write(f)
```

保存文档需要一个 PdfWriter 对象，但是只创建一个 PdfWriter 对象还不够，因为一个 PDF 文档至少要有一个页面，所以我们这里调用 PdfWriter 对象的 add_blank_page() 方法新增空白页面。add_blank_page() 方法可以传入页面的宽度和高度，宽高都是整型或浮点型，如果不指定这两个参数，则会使用上一页的宽高。但本例中是一个全新的文档，第一次调用 add_blank_page() 之前还不存在其他页面，所以此处必须要指定宽高，我传入的是 A4 纸大小的宽高值，我们晚点再讨论这个值怎么来的。

PdfWriter 对象的 write() 方法可以保存文档，参数是一个流文件对象，我们这里直接给它一个文件描述符即可，为了避免忘记关闭文件描述符，所以还是使用上下文管理器的方式吧。还需要注意的是，文件描述符的模式要选择“wb”，有关读写模式的知识点应该有点忘了吧？不太记得没关系，你要是说完全没印象就不太给面子了哈。读写模式中的“w”是指覆盖写入（字符串），但 PDF 数据不是纯文本，所以我们要使用二进制写入，即还要使用“b”，既要覆盖又要二进制读写，所以要设置为“wb”模式。

9.2.2 读取文档

读取文档，前提是该文档存在，然后再实例化一个 PdfReader 对象，实例化的时候要传入文档所在路径，可以是绝对路径或者相对路径。这里读取的是上一步保存的 PDF 文档，记得里面添加了两个空页面吧，我们可以访问 PdfReader 对象的 pages 属性获取所有页面，使用 len() 函数看一下 pages 是否有两个页面，答案是肯定的。代码如下：

```
from PyPDF2 import PdfReader

reader = PdfReader("./pdf_files/test.pdf")
print(len(reader.pages))  # 输出：2
```

9.2.3 文档尺寸

刚刚在调用 add_blank_page() 方法新增空白页的时候，传入的宽高参数分别是 595.28 和 841.89，这个是 A4 纸的尺寸，这两个值是怎么得到的呢？首先要知道 pypdf2 的长度单位叫作“用户默认空间单位 (default user space units)”，可能每个字你都懂，但连起来就不懂了。其实用户默认空间单位就是我们常说的磅，而 1 磅约等于 0.3528 毫米，主要换算关系如下：

1 磅 = 1 / 72 英寸

1 英寸 = 25.4 毫米

1 磅 = 1 / 72 * 25.4 = 0.35277777777…（无限不循环）毫米

A4 的大小是 210 毫米 ×297 毫米，按照磅与毫米的关系就可以轻松得到 A4 尺寸的磅数是 595.28 磅 ×841.89 磅，当然这只是一个大概的值。

9.3　操作页面

来看一下如何操作 PDF 的页面。

9.3.1　读取页面

要操作一个文档，则操作它的页面是不可缺少的常规操作，第一件事就是获取页面。

在 pypdf2 中，一个页面即一个 PageObject 对象，我们可以访问 PdfReader 对象的 pages 属性获取所有页面，然后再遍历一下所有页面即可获取每一个页面，代码如下：

```
from PyPDF2 import PdfReader

reader = PdfReader("./pdf_files/test.pdf")
for page in reader.pages:
    print(type(page))  # <class 'PyPDF2._page.PageObject'>
```

如果想要指定某个页面，PdfReader 对象还提供了 getPage() 方法，参数是页面的索引，为了避免索引越界，我们可以使用 len(reader.pages) 查看一共有多少个页面，也可以调用 PdfReader 对象的 getNumPages() 方法，代码如下：

```
from PyPDF2 import PdfReader

reader = PdfReader("./pdf_files/test.pdf")
print(reader.getNumPages())  # 输出：2
page = reader.getPage(0)
print(type(page))  # 输出：<class 'PyPDF2._page.PageObject'>
```

9.3.2　保存页面

读取到页面之后，我们就可以调用 PdfWriter 对象的 addPage() 方法保存页面了，参数就传入一个 PageObject 对象就行。这个 PageObject 对象可以从上一步的 getPage() 方法获得或者遍历 pages 属性获取。比如说，我们要读取一个 PDF 文档，将它的前 2 页取出来，保存为一个新的 PDF 文档，当然，直接覆盖原文档也没问题，但不建议这么做，代码如下：

```
from PyPDF2 import PdfWriter, PdfReader

writer = PdfWriter()
reader = PdfReader("./pdf_files/测试文档 1.pdf")
for page in reader.pages[:2]:
    writer.addPage(page)

with open("./pdf_files/test.pdf", "wb") as f:
    writer.write(f)
```

这里采取的是访问 PdfReader 对象的 pages 属性的方式，主要是因为可迭代对象可以使用切片，这样即使原文档的页数小于 2 也不会报错。如果你使用 getPage() 方法获取页面，在调用之前一定要先判断索引会不会越界，具体写法就不演示了，毕竟这些都是很基础的 Python 语法，如果还没掌握基础的话，就花点时间翻回 Python 基础部分耐心学习一下吧。

9.3.3 合并文档

上面的操作就是从一个文档读取某些页面，然后将这些页面保存为一个新的文档，这种做法完全可以满足合并或者分割文档的需求。要合并或者分割哪些页面，就读取哪些页面，逻辑清晰操作简单，读者可以自己试一下。

如果要按照顺序合并几个 PDF 文档的全部页面而不是部分页面，这里再补充一个合并 PDF 文档的方式，那就是使用 pypdf2 提供的 PdfMerger 对象，它有一个 append() 方法，参数是要合并的 PDF 的路径，然后该对象还提供了一个 write() 方法用于保存合并后的文档，代码如下：

```
from PyPDF2 import PdfMerger

merger = PdfMerger()

merger.append("./pdf_files/测试文档 1.pdf")
merger.append("./pdf_files/测试文档 2.pdf")
merger.append("./pdf_files/测试文档 3.pdf")
merger.write("./pdf_files/合并文档 .pdf")
merger.close()
```

上面的代码会把“测试文档 1.pdf”“测试文档 2.pdf”和“测试文档 3.pdf”这三个文档合并为一个“合并文档 .pdf”。要合并多少个文档就调用多少次 append() 方法，过程中不需要手动创建 PdfWriter 对象，也不需要分别读取和遍历每个文档，代码会变得非常简洁明了。最后别忘了手动调用 PdfMerger 对象的 close() 方法释放内存。

学习了上面的合并操作之后，别以为 PdfMerger 就真的这么不灵活，如果非要使用 PdfMerger 合并某些指定的页面，也是可以实现的。PdfMerger 对象的 append() 方法用于合并整个 PDF 文档，而它的 merge() 方法用于指定合并哪个文档的哪个页面，并且可以指定插入位置。merge() 方法有好几个参数：position 表示要插入的位置（下标从 0 开始）；fileobj 表示要合并哪个文档，我们给它传入一个文件操作符即可；pages 表示要合并哪些页面，我们给它传入一个表示页面索引的元组即可，代码演示如下：

```
from PyPDF2 import PdfMerger

merger = PdfMerger()

pdf2 = open("./pdf_files/ 测试文档 2.pdf", "rb")
pdf3 = open("./pdf_files/ 测试文档 3.pdf", "rb")

merger.append("./pdf_files/ 测试文档 1.pdf")

merger.merge(position=0, fileobj=pdf2, pages=(0, 3))
merger.merge(position=1, fileobj=pdf3, pages=(1, 2))

merger.write("./pdf_files/ 合并文档 .pdf")
merger.close()
```

上面的代码中，首先实例化一个 PdfMerger 对象表示一个新的合并文档，然后使用 PdfMerger 对象的 append() 方法把“测试文档 1.pdf”整个文档添加到 PdfMerger 对象。接下来再把“测试文档 2.pdf”的第 0 页、第 1 页、第 2 页插入到合并文档的第 0 个位置，也就是合并文档的首页，最后再把“测试文档 3.pdf”的第 1 页插入到合并文档的第 1 个位置，即插入到“测试文档 2.pdf”的第 0 页和第 1 页之间，所以最后的顺序是，第二个文档的第 0 页 -> 第三个文档的第 1 页 -> 第二个文档的第 1 页 -> 第二个文档的第 2 页 -> 第一个文档的全部页。最终效果如图 9-1 所示。

图 9-1 PdfMerger 合并文档演示结果

9.4 修改 PDF

修改 PDF，主要包括旋转、缩放、裁剪页面，虽然这些操作需求并不是很常见，但还是学一下为好，多多益善嘛。

9.4.1 旋转页面

PageObject 对象有一个 rotate() 方法可以用于对自身进行旋转，旋转角度取值是 0、90、270、180 等，即 90 的倍数，正数是顺时针，负数是逆时针。现在有一个需求是要把一个 PDF 文件的奇数页逆时针旋转 90 度，偶数页顺时针旋转 90 度。我们可以使用 rotate() 方法旋转页面，所以这个问题的关键是怎么判断当前页面对应页数的奇偶呢？肯定是需要获取文档的总页数，之后遍历所有页面，把当前页数对 2 取余，结果为 0 则为偶数，否则是奇数。不过要注意，如果是使用 range() 方法生成下标，计算奇偶之前记得加上 1，因为 range() 默认是从 0 开始的，代码如下：

```
from PyPDF2 import PdfReader, PdfWriter

reader = PdfReader("./pdf_files/练习文档.pdf")
writer = PdfWriter()

for i in range(reader.getNumPages()):
    if (i + 1) % 2 == 0:
        page = reader.getPage(i).rotate(90)
```

```
    else:
        page = reader.getPage(i).rotate(-90)
    writer.addPage(page)

with open("./pdf_files/test.pdf", "wb") as f:
    writer.write(f)
```

既然讲到这里了，那就趁机再讲一下怎么知道某个 PageObject 对象对应的下标。PdfReader 对象有一个 get_page_number() 方法，调用时只要把一个 PageObject 对象传进去就会返回该 PageObject 是第几页了，所以上面的旋转需求我们也可以这样写：

```
from PyPDF2 import PdfReader, PdfWriter

reader = PdfReader("./pdf_files/ 练习文档 .pdf")
writer = PdfWriter()

for page in reader.pages:
    page_num = reader.get_page_number(page)
    page = page.rotate(90) if (page_num + 1) % 2 == 0 else page.
rotate(-90)
    writer.addPage(page)

with open("./pdf_files/test.pdf", "wb") as f:
    writer.write(f)
```

9.4.2　缩放页面

每一个 PDF 页面都有自己的尺寸，在 pypdf2 中，PageObject 对象的 mediabox 属性存储的是就是该页面的尺寸信息，对应的是一个 RectangleObject 对象。RectangleObject 对象的 left、bottom、right、top 四个属性分别代表左、下、右、上四边的距离，我们可以把一个 PDF 页面的左下角当成是坐标原点，而 RectangleObject 的四个属性分别是四条边到达坐标轴的距离。

我还是举一个例子看一下吧：

```
from PyPDF2 import PdfReader

reader = PdfReader("./pdf_files/ 练习文档 .pdf")

page = reader.getPage(0)
```

```
print(page.mediabox)  # 输出：RectangleObject([0, 0, 612, 792])
print(page.mediabox.left)  # 输出：0
print(page.mediabox.bottom)  # 输出：0
print(page.mediabox.right)  # 输出：612
print(page.mediabox.top)  # 输出：792
```

代码中读取了“练习文档 .pdf”的第一页的 mediabox 属性，该文档是信纸的尺寸，约等于 612 磅 ×792 磅，我们把它放到坐标图里看一下，如图 9-2 所示。

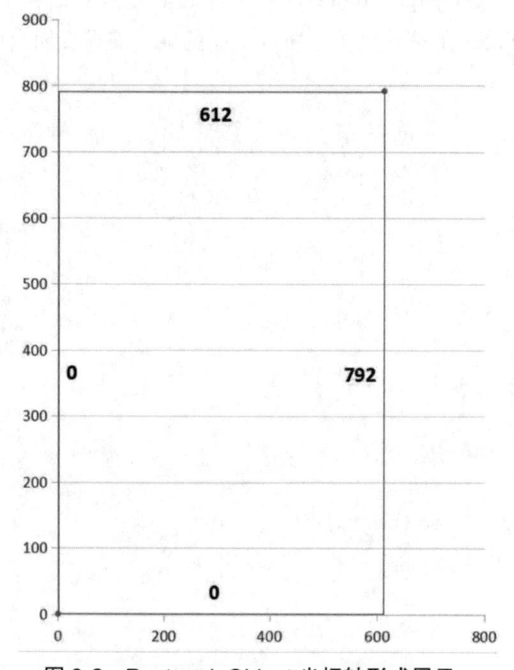

图 9-2 RectangleObject 坐标轴形式展示

现在通过坐标图我们可以更容易理解 RectangleObject 左、下、右、上四个属性所表示的含义了，所以修改这几个属性实际上就是修改页面的尺寸。比如说我们要把信纸的尺寸修改为 A4 纸的尺寸，只要把 PageObject 对象的 mediabox 重新赋值为一个指定四边距离的 RectangleObject 对象即可，注意这四边距离是一个元组，代码如下：

```
from PyPDF2 import PdfReader, PdfWriter
from PyPDF2.generic import RectangleObject

reader = PdfReader("./pdf_files/ 练习文档 .pdf")
writer = PdfWriter()

for page in reader.pages:
    page.mediabox = RectangleObject((0, 0, 595.28, 841.89))
```

```
    writer.addPage(page)

with open("./pdf_files/test.pdf", "wb") as f:
    writer.write(f)
```

如果不想自己实例化 RectangleObject 对象也是可以的，PageObject 对象有提供一些缩放方法，比如说 scaleTo() 方法可以直接指定宽高，代码如下：

```
from PyPDF2 import PdfReader, PdfWriter

reader = PdfReader("./pdf_files/练习文档.pdf")
writer = PdfWriter()

for page in reader.pages:
    page.scaleTo(595.28, 841.89)
    writer.addPage(page)

with open("./pdf_files/test.pdf", "wb") as f:
    writer.write(f)
```

PageObject 对象的 scaleBy() 方法可以按某个比例因子对页面进行等比缩放，比例因子就是指缩放的倍数，比如说把所有页面的宽高都缩小为原来的 50%，代码如下：

```
from PyPDF2 import PdfReader, PdfWriter

reader = PdfReader("./pdf_files/练习文档.pdf")
writer = PdfWriter()

for page in reader.pages:
    page.scaleBy(0.5)
    writer.addPage(page)

with open("./pdf_files/test.pdf", "wb") as f:
    writer.write(f)
```

9.4.3　裁剪页面

如果理解了上一小节的 RectangleObject 坐标图，那么也是很容易理解这一小节的，RectangleObject 对象有四个属性表示该页面的四个角的坐标位置，分别是 lowerLeft（左下）、lowerRight（右下）、upperRight（右上）、upperLeft（左上），这四个点围成的区域就是最终展示的页面，区域之外的就会被裁减掉，所以我们只要重新改变这四个属性的值就可以达到裁剪的效果了。

现在举一个例子，我们要裁剪页面中间的一个区域，尺寸是 400 磅 ×500 磅，为了防方便理解，先在坐标图上把裁剪示意图画出来，如图 9-3 所示。

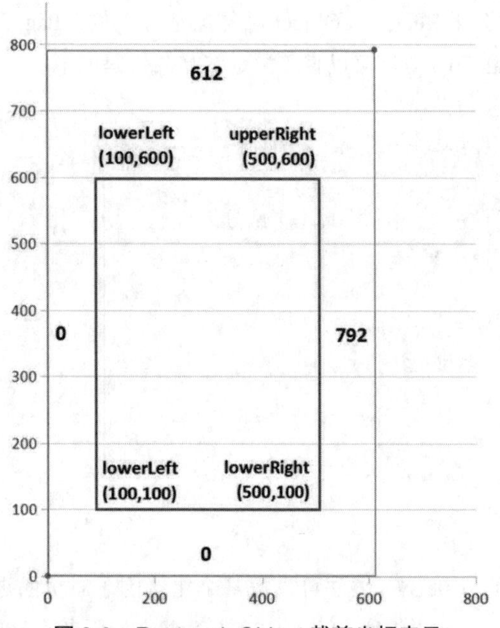

图 9-3　RectangleObject 裁剪坐标表示

只要确定了要裁剪的区域的四个角的坐标我们就可以写代码了：

```
from PyPDF2 import PdfReader, PdfWriter

reader = PdfReader("./pdf_files/练习文档.pdf")
writer = PdfWriter()

for page in reader.pages:
    page.mediabox.lowerLeft = (100, 100)
    page.mediabox.lowerRight = (500, 100)
    page.mediabox.upperRight = (500, 600)
    page.mediabox.upperLeft = (100, 600)
    writer.addPage(page)

with open("./pdf_files/test.pdf", "wb") as f:
    writer.write(f)
```

9.5 提取内容

来看一下如何提取页面中的内容。

9.5.1 提取文本

每个文档页面一般都有一些文本内容，如果需要获取这些文本，可以试一下 PageObject 对象的 extract_text() 方法，代码如下：

```
from PyPDF2 import PdfReader

reader = PdfReader("./pdf_files/ 练习文档 .pdf")
page_text_dict = dict()
for index, page in enumerate(reader.pages):
    print(f" 当前是第 {index} 页的内容 ")
    page_text = page.extract_text()
    # print(page_text)
    page_text_dict.update({index: page_text})

print(page_text_dict)
# 输出：{0:'Python 由荷兰 ......', 1:' 证明 \n 兹证明 ......'}
```

从 PDF 练习文档的内容来看，提取的文本并没有什么问题，主要是因为这个文档的内容比较简单。如果文档结构比较复杂，比如说存在各种公式图表，使用了多国语言符号等情况，又或者使用了 pypdf2 不支持的 PDF 生成器，那么提取出来的内容就不一定正确了。这也没办法，如果遇到复杂的文档，就算使用专业的 PDF 编辑软件也不一定能正确提取。还要注意的是，如果文档复杂，则提取出来的文本的顺序也不一定是正确的。

如果对使用 pypdf2 提取出来的文本不太满意，可以考虑使用其他库试一下，比如说可以使用 pymupdf 库。pymupdf 库的处理速度非常快，而且支持的文档格式很多，比如说 PDF、XPS、OpenXPS、CBZ（漫画书）、EPUB（电子书）等。当然，功能强大也意味着要学的东西就多，如果你学又有余力的话可以找一下相关的资料认真享受一番，我这里只演示如何用它提取文本。

首先我们要安装 pymupdf，所有第三方的库都要安装才能使用，代码如下：

```
pip install pymupdf
```

安装 pymupdf 库的时候，实际上会安装很多其他的依赖库，但提取文本只用 fitz 就够了，看一下怎么提取 PDF 的文本内容，代码如下：

```
import fitz

pdf = fitz.open("./pdf_files/练习文档.pdf")
page_text_dict = dict()
for index, page in enumerate(pdf.pages()):
    print(f"当前是第{index}页的内容")
    # print(page_text)
    page_text = page.get_text()
    page_text_dict.update({index: page_text})
print(page_text_dict)
# 输出：{0:'Python 由荷兰......', 1:'证明\n兹证明......'}
```

虽然你会感觉pymupdf很陌生，但看了上面的代码就会发现其实也并不难，首先是用fitz.open()打开一个PDF文档，然后访问它的pages()方法获取到所有页面，再遍历这些页面，调用页面的get_text()方法就提取到所有文本了，本身并没有太大的难度。

不管是pypdf2还是pymupdf，又或者是我们之前学过的处理Office文档的各种库，都是通过访问对象的属性或方法获取我们想要的数据，这就是面向对象编程思维的特点。以后遇到了其他没有学过的库也不要担心，先看一下文档或源码，搞清楚它有哪些对象，这些对象又有什么属性和方法，那么这个库就基本上难不住你了。

9.5.2 提取图片

很遗憾，pypdf2库主要是用来处理PDF文档页面的，对于文档内容它却基本上不涉及，所以也没有提供提取图片的相关方法，想要提取图片，又只能另辟蹊径了。巧了，上一小节使用到的pymupdf库就有提取图片的功能，那么还是用它来处理吧，如果想学习更多的库，可以尝试找一下还有哪些库也可以提取PDF文件的图片，自己动手尝试，实现提取图片的需求。

使用pymupdf提取一个PDF文档的全部图片的参考代码如下：

```
import os

import fitz

pdf = fitz.open("./pdf_files/练习文档.pdf")
save_path = "./pdf_images"

for index, page in enumerate(pdf.pages()):
    print(f"正确提取第{index}页")
    for image in page.get_images():
        xref = image[0]
```

```
        pix = fitz.Pixmap(pdf, xref)
        if not os.path.exists(save_path):
            os.mkdir(save_path)
        path = os.path.join(save_path, f"page{index}_{xref}.png")
        pix.save(path)
```

提取图片的过程也很清晰，首先打开一个 PDF 文档，遍历它的所有页面，页面对象有一个 get_images() 方法可以获取到所有图片的信息，返回的是一个元组套元组，即一个元组代表一张图片的信息。图片信息里最主要的是图片的 xref，其实 xref 就是一个数字，表示图片的编号，我们可以根据文档对象和 xref 调用 fitz.Pixmap() 获取到一个 Pixmap 对象，即一张图片，最后调用 Pixmap 对象的 save() 方法把它保存到指定路径即可。Pixmap 的 save() 方法的第一个参数是路径，第二个参数是图片格式，支持的格式有 png（默认）、pnm、tga、psd、ps 等，不过我们一般采用默认的 png 格式就行了。

9.6　添加水印

PageObject 对象提供 merge_page() 方法用于合并页面。注意，这个合并并不是前文中的那种将多个页面按顺序排在一起的合并，而是把多个页面叠加为一个页面，所以我们可以通过这种方法达到为页面添加水印的目的。首先要自己准备一个 PDF 页面当成是水印，可以使用 Acrobat 等软件制作，或者使用 Word 做好水印之后将其导出为 PDF 文档，当然也可以使用本书提供的素材，有了水印页面之后把它合并到需要添加水印的 PDF 文档的每一页即可，代码如下：

```
from PyPDF2 import PdfReader, PdfWriter

watermark_reader = PdfReader("./pdf_files/水印.pdf")
watermark_page = watermark_reader.getPage(0)

reader = PdfReader("./pdf_files/练习文档.pdf")
writer = PdfWriter()

for page in reader.pages:
    page.merge_page(watermark_page)
    writer.add_page(page)

with open("./pdf_files/test.pdf", "wb") as f:
    writer.write(f)
```

9.7　读写元数据

本节对读写元数据进行讲解。

9.7.1　查看元数据

一个文件往往会有一些用来描述自身属性的数据信息，比如说作者、创建时间、标题、版权声明等，我们把这些数据称为元数据。我们可以访问 PdfReader 对象的 metadata 属性或者调用它的 getDocumentInfo() 方法获取支持读写的元数据，代码如下：

```
# 查看元数据
from PyPDF2 import PdfReader

reader = PdfReader("./pdf_files/ 练习文档 .pdf")

meta = reader.metadata
# meta = reader.getDocumentInfo()
print(type(meta), len(meta), meta.keys())
# 作者
print(meta.author)
# 创建者
print(meta.creator)
# 制作者
print(meta.producer)
# 标题
print(meta.title)
# 子标题
print(meta.subject)
# 获取其他键值
print(meta.getText("/Company"))
```

这些元数据存储在一个 DocumentInformation 对象里，这个对象是继承于字典的，所以你可以把它当字典使用，比如说可以调用它的 keys() 方法查看所有元数据的键名。

9.7.2　更新元数据

如果想声明一些自己的信息，或者就是单纯想改掉原文件的元数据，比如说有些从网上下载的文档元数据里会带有一些推广信息，那么可以直接修改 PdfReader 对象的 metadata 属性。把它当字典去更新就好，想去掉某个信息的话，就把它设置为空字符串就行，代码如下：

```
from PyPDF2 import PdfReader, PdfWriter

reader = PdfReader("./pdf_files/练习文档.pdf")
meta = reader.metadata

meta.update({
    "/Author": "icy",
    "/Keywords": "Python办公",
    "/Title": "演示文档",
    "/Company": "",
})
writer = PdfWriter()
for page in reader.pages:
    writer.add_page(page)

writer.add_metadata(meta)   # 该参数也可以直接是字典类型
with open("./pdf_files/test.pdf", "wb") as f:
    writer.write(f)
```

9.8 加密解密

本节对文档的加密、解密进行讲解。

9.8.1 加密文档

文档安全永远是值得留意的，如果不想让别人查看你的PDF文档内容，那么就给文档加密吧。加密这个词看起来挺高大上的，但给pdf文档加密却简单得不得了，只要调用PdfWriter对象的encrypt()方法，把密码传进去就可以了，代码如下：

```
from PyPDF2 import PdfWriter

writer = PdfWriter()
writer.addBlankPage(595.28, 841.89)

secret = "fLa5fpao%3paH"

writer.encrypt(secret)

with open("./pdf_files/test.pdf", "wb") as f:
    writer.write(f)
```

9.8.2 解密文档

如果要读取一份已加密的文档，你必须要使用正确的密码对文档解密才能访问，否则程序会报“PyPDF2.errors.PdfReadError: File has not been decrypted”的错误。调用 PdfReader 对象的 decrypt() 方法可以解密，把正确的密码传进去就可以了。又有一个问题，如果一个文档没有被加密，但你又调用了 decrypt() 方法，程序也会报错，那么我们怎么知道一个文档有没有被加密？可以访问 PdfReader 对象的 isEncrypted 属性，如果文档被加密则它会返回 True，所以使用 pypdf2 解密文档的正确写法如下：

```
from PyPDF2 import PdfReader

secret = "fLa5fpao%3paH"

reader = PdfReader("./pdf_files/合并文档 .pdf")

if reader.isEncrypted:
    reader.decrypt(secret)

print(reader.getPage(0))
```

9.9 转换 PDF

在办公环境中，我们用到的文档类型那么多，文档之间互转格式的需求肯定也不少，这里主要介绍 Word、Excel、PowerPoint 类型的文件与 PDF 之间的转换。

9.9.1 Word 转 PDF

将 Word 的文件类型转 PDF，如果是要在 Windows 平台上转换，你有没有想到转换思路？之前我们不是有试过将旧版的 Office 文档转成新版的 Office 文档吗？比如说将 xls 格式文件转成 xlsx 格式文件，过程就是使用 win32com 打开一个 xls 文档然后再将其保存为 xlsx 文档。用 Word 软件也可以将文件保存为 PDF 文件，那么就应该想到使用 win32com 也一样可以办到这种转换，虽然不知道在 Word 中 PDF 格式的编号，但思路还是要有的。

当然这种思路别人肯定都已经想到了，并且已经做成一个库，叫作 docx2pdf。docx2pdf 库不仅支持在 Windows 系统运行，还支持在 macOS 系统运行。咦？之前不是说 win32com 只能在 Windows 平台运行吗？没错，但 docx2pdf 库会对操作系统进行判断，如果是在 Windows 系统中运行，它调用的是 win32com，如果是在 macOS 系统中运行，它会使用 jxa 技术实现转换。

首先，老样子，要使用第三方库那就必须先安装，代码如下：

```
pip install docx2pdf
```

安装完成之后，我们看一下怎么转换 Word 文档为 PDF 文档，代码如下：

```
from docx2pdf import convert

docx_path = "./convert_files/ 转换测试文档 .docx"
save_path = "./convert_files/ 转换测试文档 .pdf"
convert(docx_path, save_path)
```

这代码似乎简洁得不得了了。实际上我们只用到了一个 convert() 函数，把要转换的原文档路径和保存后的文档路径传进去就可以完成转换了，是不是非常简单？如果你想再简单点，只要传进原文档路径文档格式，不传入保存后的路径也可以，它会将转换后得到的 PDF 文档保存到原文档路径。

如果想批量转换文档格式的话，可以读取一个文件夹里的所有 Word 文档，然后再写一个循环调用 convert() 函数即可。但其实这些步骤人家也写好了，在调用 convert() 函数的时候传入的路径是一个文件夹而不是文件，那么它会自动读取并过滤出该文件夹里的所有 Word 文档，这样就可以完成批量转换了，代码如下：

```
from docx2pdf import convert

docx_path = "./convert_files/"
convert(docx_path)
```

虽然 docx2pdf 库已经帮我们写好了批量读取 Word 文档的功能，但你自己还是要学会如何写这个功能，毕竟都学到这里了，（不会又是直接跳到这里的吧？）若还是不会的话，建议你再去看看以前讲过的知识点和案例，一定要会基础操作，稳扎稳打才能走得更快更远。

9.9.2 Excel 转 PDF

针对 Excel 文档要转换成 PDF 文档的需求，目前并未找到类似 docx2pdf 这种简洁的库，不过没关系，我们自己使用 win32com 转一下，代码如下：

```
import os.path

from win32com.client import DispatchEx
```

```
app = DispatchEx("Excel.Application")
app.Visible = False
app.DisplayAlerts = 0

abs_path = os.path.abspath(__file__)
base_dir = os.path.dirname(abs_path)
file_path = os.path.join(base_dir, "convert_files", "转换测试文档.xlsx")
save_path = os.path.join(base_dir, "convert_files", "test.pdf")

wb = app.Workbooks.Open(file_path)
wb.ExportAsFixedFormat(0, save_path)

wb.Close()
app.Quit()
```

使用win32com转换文档格式的过程是先用一个Excel应用打开一个Excel文档，然后调用文档的ExportAsFixedFormat()方法将其保存为PDF文件。需要注意的是，win32com库的传入路径都必须是绝对路径，在代码中我们将打开和保存的文件都保存在当前代码文件所在文件夹里的convert_files文件夹里，不能使用相对路径的话只能自己拼接路径了。不知道你现在对路径操作是否已经熟悉，反正操作很简单，首先使用os.path.abspath(__file__)获取当前代码文件的绝对路径（包含文件名），再调用os.path.dirname()获得代码文件上级的文件路径（不包含文件名），再通过os.path.join()拼接convert_files文件夹和目标文件名，这样就能得到文件的绝对路径了。哦对了，操作完之后还是不要忘了关闭应用和文档。

9.9.3 PPT转PDF

针对将PPT文档转换成PDF文档还是使用win32com，思路也是一样的，打开一个文档然后保存为一个PDF文档，保存的时候PDF的格式编号是32。再强调一下，在上文的Excel转PDF的代码中，我们想要在运行代码的时候不显示程序窗口，可以将应用对象的Visible属性设置为False。但这种方式在PowerPoint这里是行不通的，想要隐藏窗口的话可以在Open()文档时候指定参数WithWindow为False，代码如下：

```
import os.path

from win32com.client import DispatchEx

app = DispatchEx("PowerPoint.Application")
app.DisplayAlerts = 0
```

```
abs_path = os.path.abspath(__file__)
base_dir = os.path.dirname(abs_path)
file_path = os.path.join(base_dir, "convert_files", "转换测试文
档 .pptx")
save_path = os.path.join(base_dir, "convert_files", "test.pdf")

ppt = app.Presentations.Open(file_path, WithWindow=False)

ppt.SaveAs(save_path, 32)

ppt.Close()
app.Quit()
```

9.9.4　PDF 转 Word

可能你正在心里默想，终于讲到将 PDF 文档转换为 Word 文档了。是的，从 PDF 转成 Word 文档的需求更大，而目前市面上很多的转换工具都是收费的，或者只免费转换几页，根本无法满足我们的转换需求。现在学了 PDF 的操作了，如果只是想要提取 PDF 文档里的文本，那么 pypdf2 和 pymupdf 都能满足，但麻烦的是，如果是一个图文并茂的 PDF 文档，以我们现在学的知识点根本无法完成。不要紧张，只要存在这种大需求就肯定会有大佬去解决，我们就是站在他们的肩膀上的人。

网上确实有一些能把 PDF 文档转换成 Word 文档的免费开源的库，笔者觉得目前最好用的是 pdf2docx，它能创建解析文档布局、图片、表格等，会尽可能保证样式不错乱。但注意，它是不可能生成一个与转换前的 PDF 文档一模一样的 Word 文档的，即使是当前市场上非常优秀的转换软件也不可能做到，这取决于文档排版的复杂程度，但相对来说，pdf2docx 库已经是很不错的了。pdf2docx 库名与 docx2pdf 倒是挺像的，但 pdf2docx 要比 docx2pdf 复杂多了，毕竟这两者要实现的功能难度根本不是同一个量级。pdf2docx 库是基于 pymupdf 和 python-docx 的，很明显，它是用 pymupdf 来提取 PDF 元素和样式布局，然后再用 python-docx 构建 Word 文档，如果对具体的实现步骤感兴趣的话可以看一下它的源码。

既然是第三方库，第一件事就是安装，因为这个库会安装很多其他关联的库，而且那些库都不小，所以建议安装的时候使用国内的源，比如说清华源，代码如下：

```
pip install pdf2docx -i https://pypi.tuna.tsinghua.edu.cn/simple/
```

这里演示一下 pdf2docx 的使用方法，代码如下：

```
from pdf2docx import Converter

converter = Converter("./convert_files/ 转换测试文档 .pdf")
converter.convert("./convert_files/test.docx")
converter.close()
```

使用方法是先实例化一个 Converter 对象，实例化的时候就指定 PDF 文档的路径，然后再调用它的 convert() 方法，把保存 Word 文档的路径传进去就好了，最后记得调用一下它的 close() 方法把它关掉。

如果文档有密码的话，实例化 Converter 的时候的第二个参数可以指定密码，如果只想转换其中几页的话，可以在 convert() 方法中指定 start 和 end 参数，比如说只要转换前 2 页，代码如下：

```
from pdf2docx import Converter

converter = Converter("./convert_files/ 转换测试文档 .pdf",
 password=" 你的密码 ")
converter.convert("./convert_files/test.docx", start=0, end=2)
converter.close()
```

转换之后得到的文档，其实样式还是会有些许错乱，这时候需要手动调整，毕竟程序已经帮我们做了大部分工作了。

第三部分　进阶内容

第 10 章　其他操作

如果你真的坚持看到这里了，不如先去发个朋友圈再给自己点个赞吧。至此，我们已经把 Office 三件套以及 PDF 都学完了，应该可以实现不少操作这些软件的需求了，如果这些需求都是一些简单却重复的操作，就完全可以释放你的双手了，如果这些需求是某些软件的付费操作，没准还能帮你省下一个月会员的钱。但是，在办公过程中，打交道的肯定不只有 Office 文档和 PDF。Python 如此强大，不多学点辅助技能岂不可惜了，所以本章会介绍一些其他比较实用的知识点，如果你还想进一步提升自己，那就跟着我继续前行吧。

10.1　自动点击

可能有些同学听说过“按键精灵”这个软件，它的作用就是可以自动单击鼠标，很多人都用它做游戏辅助，这样即使 24 小时挂机都相当于在玩游戏了。我自己也有遇到过一个情景，就是在使用某个软件的时候要删除两百多条记录，但是它没有提供批量删除的功能。如果一个一个单击它提供的“删除”按钮再单击“确认”按钮，假设在理想条件下，3 秒钟删除一条记录，那么删除 250 条需要 12.5 分钟，手会不会很酸啊？更何况实际情况下花费的时间肯定更长，因为不一定每次都能快速把鼠标移动到需要单击的位置。但是如果使用 Python 实现定位和点击，事情就变得容易了，因为程序每次都能精确定位，而且操作速度不会随着时间变慢，谁叫程序不会累呢。

10.1.1　pyautogui

要实现自动单击，我们最常用的库是 pyautogui，它可以控制鼠标、键盘、截图、弹窗、定位等，基本上我们能手动在界面环境完成的操作都能用它替代。

因为 pyautogui 是第三方库，所以我们需要进行安装，注意，这个库有点特别，不同系统要安装的软件不同，代码如下：

```
# Windows
pip install pyautogui -i https://pypi.tuna.tsinghua.edu.cn/simple

# macOS
pip install pyobjc-core
pip install pyobjc
pip install pyautogui
```

```
# Linux
# sudo apt-get install scrot python3-tk python3-dev
pip install python3-xlib
pip install pyautogui
```

10.1.2 屏幕信息

既然pyautogui是在界面环境下工作的，那么我们首先要熟悉环境，也就是电脑屏幕。我们通过显示屏可以看到各种窗口，那么怎么描述窗口在哪个位置以及它的尺寸是多大呢？肯定需要有一个长度单位的，这个单位就是像素（px），屏幕就是一个像素矩阵，每一个像素都有不同的颜色，这些像素组成了图像，像素点越多，画面能显示的细节就越多，也就是分辨率越高。比如说一个1080P的屏幕的分辨率是1920×1080像素，即屏幕的宽有1920像素点，高有1080像素点，一共2 073 600像素。

当然，系统界面的分辨率不一定就等于显示屏的物理分辨率，因为我们可以打开系统的设置界面修改系统界面分辨率，但修改的值只能小于或等于物理分辨率。如果要想知道自己的系统界面的分辨率是多少，可以调用一下pyautogui的size()函数，它会返回屏幕高度和宽度的像素值，代码如下：

```
import pyautogui

screen_size = pyautogui.size()
print(screen_size)  # 输出：Size(width=1920, height=1080)
print(screen_size.width)   # 输出：1920
print(screen_size.height)  # 输出：1080
```

既然屏幕分辨率是一个像素矩阵，那么它本身就是一个天然的坐标系，pyautogui是以屏幕左上角为坐标原点，向右为x轴正向，向下为y轴正向，一个距离单位就是1像素，有了这个坐标系之后，我们在后面的各种操作中就能快速定位了。

10.1.3 鼠标操作

鼠标的操作主要是移动、单击、拖拽、滑动滚轮，完成这些操作之前应该先看一下当前的鼠标位置在哪，所以先调用一下position()函数获取当前鼠标的位置信息，也就是x、y的值。还有一个函数，onScreen()，可以判断某个坐标是否在屏幕范围内，因为，如果一个坐标都不在屏幕内，那么这个操作是没有意义的，pyautogui也会报错，代码如下：

```
import pyautogui
```

```
# 获取鼠标的 x、y 坐标值
x, y = pyautogui.position()
print(x, y)
# 判断坐标是否在屏幕内
print(pyautogui.onScreen(x, y))  # 输出：True
print(pyautogui.onScreen(x + 888888, y + 999999))  # 输出：False
```

移动鼠标，只要告诉它要移动到哪就行，但是移动也分两种，moveTo() 和 move()，前者是移动到绝对位置，即指定某个坐标，后者是移动到相对位置，就是以当前位置为基准，分别向 x、y 轴移动了多少个像素，代码如下：

```
import pyautogui

# 绝对位置，把鼠标移动到 (1200,500) 这个位置
pyautogui.moveTo(1200, 500)

# 相对位置，把鼠标从当前位置开始向右移动 50、向上移动 100
pyautogui.move(50, -100)
```

当你把鼠标定位到某个位置之后，可以调用 click() 函数单击鼠标。该函数的参数有点多，比较常用的是前面几个：第一个和第二个参数是 x、y，就是你要单击的位置，如果不传入该参数就单击鼠标当前的位置；第三个参数是 clicks，表示单击的次数，默认是 1 次；第四个参数是 interval，表示每次单击的间隔是多少秒，默认是 0.0 即连续点击；第五个参数是 button，表示要单击鼠标的哪个键，默认是主键（一般主键是鼠标左键），可选的有 left（左键）、middle（中键）、right（右键）、primary（主键）、secondary（次键）。

当然除了 click() 函数，还有 rightClick()、doubleClick()、middleClick() 这几个函数用来单击不同的键，从这些名字就可以大概猜到，实际上这几个函数都是基于 click() 函数的，只是指定了 click() 函数的 button 参数而已，代码如下：

```
import pyautogui

# 单击鼠标左键，可以传入位置、点击次数、间隔等参数
pyautogui.click(x=581, y=407, clicks=2)
# 单击鼠标右键
# pyautogui.rightClick()
# # 双击鼠标左键
# pyautogui.doubleClick()
# # 单击鼠标中键
# pyautogui.middleClick()
```

上文提到的那几个 click() 函数，都是按下鼠标按键然后再抬起就算完成了一次单击操作，如果想分开控制按下、抬起这两个动作也是可以的，分别调用 mouseDown() 和 mouseUp() 这两个函数就行。这两个函数的参数与 click() 函数的参数差不多，只是少了 clicks 这个参数，因为不存在单击几次的问题。如果把按下、抬起这两个操作分开，说明想要在这两个动作之间再做点其他的操作，比如说拖拽，拖拽有 dragTo() 和 drag() 这两个函数，前者是指定绝对位置后者是指定相对位置，它们的参数与 click() 差不多，但也是没有 clicks 参数，代码如下：

```
import pyautogui

# 按下鼠标主键
pyautogui.mouseDown(504, 405)

# 拖动到 (630,405) 这个位置（绝对）
pyautogui.dragTo(630, 405, button='left')
# 从当前位置开始向左移动 60,、向下移动 100
# pyautogui.drag(-60, 100)

# 鼠标抬起
pyautogui.mouseUp()
```

10.1.4 键盘操作

只是控制鼠标可能还不够，我们在操作电脑的时候往往还需要配合键盘，用键盘最主要的操作是输入文本和按快捷键，但这些操作本质上都是按下和抬起键盘的按键，那么我们怎么告诉 pyautogui 库我们要按下哪个按键呢？

首先要知道操作的按键名是什么，你访问一下 pyautogui 模块的 KEYBOARD_KEYS 变量就能获取到 pyautogui 支持的全部按键的名字，这些键名基本上与键盘上标写的键名保持一致，然后再调用 press() 方法就能按下并抬起按键了。press() 函数有三个比较常用的参数：第一个是 keys，表示要按下的键名，可以是单个键也可以是一个列表；参数 presses 表示要按多少次，默认是 1 次；参数 interval 表示要间隔多少秒才按一次。如果想把按下和抬起按键的操作分开，那么就分别调用 keyDown() 和 keyUp() 这两个函数，代码如下：

```
import pyautogui

# 查看所有支持的键
print(pyautogui.KEYBOARD_KEYS)
# 按下并抬起回车键，重复两次，每次间隔 1 秒
pyautogui.press(keys="enter", presses=2, interval=1)
```

```
# 按下 j 键
pyautogui.keyDown("j")
# 松开 j 键
pyautogui.keyUp("j")
```

虽然我们知道了如何操作按键，但如果想输入文本，对于已经在 Python 变量中存储了的待输入字符串，还要去控制按键一个一个去输入好像效率不是很高啊。如果是英文字符还好，按下对应按键就输入了，但如果输入的是中文字符，好像有点难度，因为在输入中文字符的时候要先按下英文键再按空格键或数字键才能完成输入操作。pyautogui 肯定也想到了这点需求，所以它提供了一个 write() 方法，你只要把字符串传进去，它就会在激活光标的地方输入字符串，代码如下：

```
import pyautogui

# 输入字符，不支持中文
pyautogui.write("hello pyton")
pyautogui.write(" 你好 ")
```

write() 方法确实方便，但有一个很大的问题，它并不支持中文，所以对于输入中文字符或者其他字符，我们要另辟蹊径，一个比较好的解决方法是先把字符串复制到系统的剪切板，然后再粘贴一下。不同系统的粘贴快捷键不同，比如说 Windows 系统是 Ctrl+V，苹果系统是 command+V，具体情况要具体分析。pyautogui 有提供 hotkey() 方法用于操作快捷键，但复制字符串，我们得要用到第三方的库了，推荐的一个库叫作 pyperclip，可以使用 pip 安装一下，之后我们调用 pyperclip 的 copy() 方法把字符串传进去就完成复制了，代码如下：

```
import pyautogui
import pyperclip

# 复制内容
pyperclip.copy("Office 遇上了 Python")
# 按下快捷
pyautogui.hotkey('ctrl', 'v')
```

10.1.5　信息弹窗

弹窗的主要作用是完成一些交互动作，比如说弹个窗口展示一些警告信息或者让你输入一些信息。弹窗操作是阻塞的，它会等待你处理之后才会继续往下执行。pyautogui 支持的弹窗有好几种，警告框、确认框、明文输入框和暗文输入框，可以根据自己的实际情况选择创建哪种弹窗，代码如下：

```
import pyautogui

# 警告框，只有一个确定按钮
pyautogui.alert(text='这个点不在屏幕内啦', title='警告框',
button='OK')

# 确认框，可以有多个按钮
btn = pyautogui.confirm(text='请选择', title='确认框', buttons=['确定',
 'Cancel'])
print(f"你选择的是:{btn}")

# 可以输入内容的提示框
content = pyautogui.prompt(text='请输入明文', title='请输入',
default='')
print(f"你输入的是:{content}")

# 可以输入文本，以密文符号替代显示
content = pyautogui.password(text='请输入密码', title='请输入',
default='')
print(f"你输入的是:{content}")
```

10.1.6　图片定位

有时候要单击的位置不是固定的，不能直接输入要单击的位置坐标，这时候我们可以把要单击的东西截图下来，比如说你要单击的是一个按钮，那就把这个按钮截图下来保存好，尽可能不要截多余部分，否则可能造成定位不准。这里举一个例子，就是单击桌面上的文件夹，那么就把文件夹的图标截图保存好，然后调用 pyautogui 的 locateOnScreen() 方法，把文件夹截图的路径传进去，那么它就会在当前屏幕范围内查找文件夹了，如果没找到，方法会返回 None，如果找到了就会返回一个包含位置和长宽的 Box 对象。但我们需要的是中心点的坐标，所以需要使用 pyautogui 的 center() 方法转换一下，代码如下：

```
import pyautogui

# 使用快捷键返回到桌面
# pyautogui.hotkey("win", "d")

# 屏幕内搜索图片出现的位置
```

```
box = pyautogui.locateOnScreen("./images/folder_logo.png",
confidence=0.6)
if box:
    print(type(box), box)
    # 输出：Box(left=14, top=210, width=47, height=40)
    x, y = pyautogui.center(box)
    print(x, y)
    # 输出：37 230
else:
    print("未找到图片")
```

如果目标图片确实在屏幕范围内出现而调用 locateOnScreen() 又查找不到，可以尝试降低参数 confidence 的值，因为值越高它要求的相似度就越高，降低的话可能只要与目标图片有点像它就给你返回了，但也不要降太低了，不然识别错误也不好。

值得注意的是，由于库版本和系统差异，有些情况下调用 hotkey() 方法按下 Win 键会失效，这种情况下想返回桌面那就单击一下软件的最小化按钮吧。还有一个需要注意的地方，我电脑上文件夹图标可能与你的电脑上的不一样，所以在使用素材练习的时候要根据实际情况判断是否需要自己动手截个图。

10.1.7　记事本案例

学会了 pyautogui 之后我们就可以尝试做一些自动单击的案例了，这里以 Windows 系统为例，要做的就是打开系统自带的记事本，然后写入文字，最后保存到硬盘上。说实在的，需求并不难，如果使用 Python 操作的话其实就是调用一下 open() 函数就保存好了，但这里主要是让你熟悉一下 pyautogui 的相关函数，可以自己试着写一下代码，因为这个需求的操作步骤很简单，如果写不出来那可能是你对一些系统快捷键还不够熟悉，可以参考一下我的代码：

```
import pyautogui
import pyperclip
import os
import time


# 复制粘贴文本
def write_word(texts=""):
    pyperclip.copy(texts)
    pyautogui.hotkey("ctrl", "v")
```

```
def main():
    # 调用系统命令打开记事本
    res = os.system("start notepad")
    if res != 0:
        print("打开记事本失败")
        return
    # 先暂停一下等待打开记事本
    time.sleep(2)
    # 先把记事本主界面截图保存为 notepad.png
    img_path = "./images/notepad_ui.png"
    # 进行图片定位，把 confidence 降低点提高成功率
    box = pyautogui.locateOnScreen(img_path, confidence=0.6)
    if not box:
        print("定位记事本失败")
        return
    x, y = pyautogui.center(box)
    # 点击记事本，目的是激活输入框
    pyautogui.click(x, y)
    # 在记事本粘贴文本内容
    write_word("Office 遇上了 Python")
    # 按快捷键保存文档
    pyautogui.hotkey("ctrl", "s")
    # 粘贴要保存的文件名
    write_word("自动文档.txt")
    # 按下保存按钮
    pyautogui.press("enter")
    # 如果文件名已存在则覆盖
    pyautogui.press("y")
    # 按快捷键关闭记事本
    pyautogui.hotkey("alt", "f4")


if __name__ == '__main__':
    main()
```

10.2 发送邮件

如果你经常需要收发邮件。批量发邮件，或者想让程序执行完之后自动发送邮件，使用强大的 Python 也是可以轻松办到的。

10.2.1　开启 SMTP

想要发电子邮件，前提是要有一个邮箱。邮箱的类型有很多，比如说国内的 QQ 邮箱、163 邮箱、新浪邮箱、139 邮箱，国外的 Gmail、Outlook 等，它们功能都差不多，最主要的是收发邮件。但如果想要使用 Python 发送邮件，那么必须要先打开 SMTP 设置，什么是 SMTP？

SMTP 的全称是 Simple Mail Transfer Protocol，翻译成中文就是“简单邮件传输协议”。这个名字听起来很简单，传输协议就是指传输规则，一封来自 QQ 邮箱的邮件之所以能传输到 163 的邮箱，是因为它们都遵循了这种传输协议。我们不用深究这种协议具体长什么样，只需要知道开启它就可以在第三方客户端使用邮箱，那么对于邮箱服务器来说，Python 也属于第三方客户端，所以我们首先开启 SMTP。

不同邮箱开启 SMTP 的方式不同，一般在邮箱的设置界面里就能找到开启方式，这里以 QQ 邮箱为例，如果找不到其他邮箱开启的方法的话，可以在搜索引擎搜一下。

登录 QQ 邮箱之后，单击页面上方的“设置”按钮，下拉找到“POP3/SMTP 服务”，它的右边有一个“开启”按钮，单击该按钮之后，会要求你使用手机号发送一条短信，根据提示发送成功之后可以得到一个授权码。这个授权码可以代替邮箱登录密码，所以不要泄露了，先把它保存好，等会儿我们使用 Python 发邮件的时候就是用它登录邮箱的。开启 SMTP 之后原来的“开启”按钮会变成灰色“已开启”文本，如图 10-1 所示。

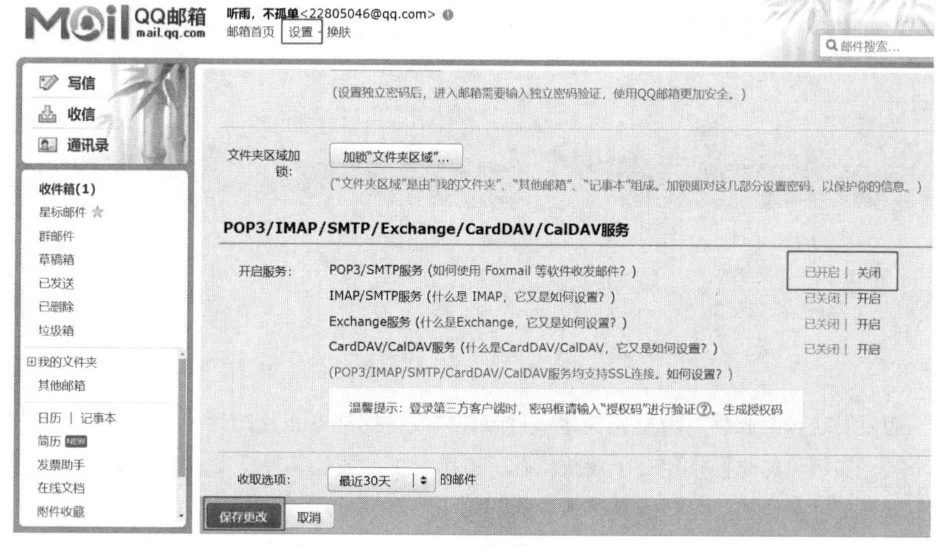

图 10-1　开启 QQ 邮箱 SMTP 服务

10.2.2　发送纯文本邮件

使用 Python 发送邮件需要用到 smtplib 和 email 这两个库，但这两个库都是 Python 内置的，所以这次终于不需要自己安装了。先看一下发送纯文本邮件的代码吧，代码不多，看完了之后再讲一下要点：

```
import smtplib
from email.header import Header
from email.mime.text import MIMEText

# 邮件内容
content = 'Python 想要见到 Office'
message = MIMEText(content, 'plain', 'utf-8')
# 邮件发送者姓名
message['From'] = Header("Python", 'utf-8')
# 邮件接收者姓名
message['To'] = Header("Office", 'utf-8')
# 邮件主题
message['Subject'] = Header(" 使用 Python 发送邮件 ", 'utf-8')
try:
    # 建立 smtp 连接
    smtpObj = smtplib.SMTP_SSL(host="smtp.qq.com", port=465)
    # 登陆邮箱
    user = "2280504604@qq.com"
    password = "vruyzbiaqsieecae"
    smtpObj.login(user, password)
    # 发送邮件
    sender = "2280504604@qq.com"
    receiver_list = ["993226447@qq.com"]
    smtpObj.sendmail(sender, receiver_list, message.as_string())
    # 释放资源
    smtpObj.quit()
    print(' 发送成功 ')
except smtplib.SMTPException as e:
    print(' 发送失败 ')
```

想要发送一封邮件，就要先构建一封邮件。发送纯文本正文的话可以使用 MIMEText 这个类，实例化的时候指定三个参数就行了：第一个参数是邮件正文，必须要传入；第二个参数是邮件正文的类型，本例传入“plain”，表示纯文本，如果正文是 HTML 代码的话也可以指定为“html”；第三个参数是字符编码，为了避免在某些情况下出现乱码，最好指定为“utf-8”编码。可以把 MIMEText 对象当成字典使用，我们还需要指定 From、To、Subject 这三个键，它们分别是发送者、接收者和邮件主题。注意，这里的发送者和接收者并不是指邮件地址，而且在查看邮件的时候显示的是用户的昵称。

有了邮件对象之后，我们就可以发送邮件了，但前提是要先登录邮箱，那么从哪登录？肯定是邮箱的服务器啊，我们通过 smtplib.SMTP_SSL() 连接上腾讯的服务器，这里需要传入主机（host）和端口号（port），这两个参数可以在 qq 邮件的帮助中心里找到，其他邮箱的主机端口也可以使用相同方式找一下或者在网上搜一下。连接上 QQ 邮箱的服务器之后就要登录邮箱了，登录账号就是邮箱地址，登录密码就是在开启 SMTP 服务的时候它给你的那个授权码。登录成功之后我们调用一下 smtpObj.sendmail() 就能把邮件发出去了，这里又要指定三个参数，分别是发送者地址、接收者地址、邮件内容。发送者自然是自己，所以就写当前登录的邮箱地址就行，但接收者可能会有多个，即可以把一封邮件同时发送给多个人，所以接收者可以是一个列表，至于那个 MIMEText 邮件对象，需要调用一下它的 as_string() 方法把对象转换成字符串才能发出去。如果不出意外，我们登录收件账号就能看到刚刚发出去的那封邮件了，如图 10-2 所示。

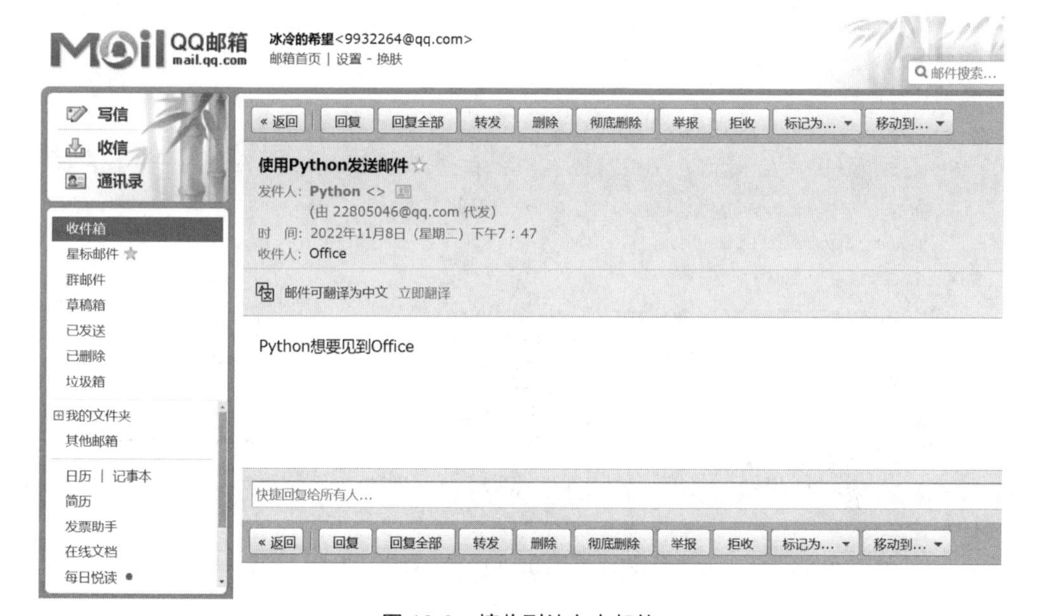

图 10-2　接收到纯文本邮件

10.2.3　发送邮件附件

发送纯文本邮件很简单，但在平时的工作场景中，很有可能需要在发送邮件的时候顺手带上几个附件，比如说文档、图片。在这种情况中，只靠 MIMEText 肯定是不行的，因为它就是文本类型的邮件，如果想要既有正文又有附件，就需要用到 MIMEMultipart 对象了，这种类型的邮件是多元的，它就像是一个容器，可以包含各种文件类型，当然也可以包含 MIMEText。MIMEMultipart 的用法与 MIMEText 差不多，因为它们都是直接或者间接继承了 Message 类，Message 类有一个 attach() 方法可以把各种类型的邮件添加进去。我们在之前发送纯文本邮件的基础上改动一下代码，让邮件带上附件：

```
import os.path
import smtplib
from email.header import Header
from email.mime.application import MIMEApplication
from email.mime.multipart import MIMEMultipart
from email.mime.text import MIMEText

# 创建一封邮件
message = MIMEMultipart()

# 添加附件——邮件正文
text_msg = MIMEText('Python想要见到Office', 'plain', 'utf-8')
message.attach(text_msg)

# 添加附件——各种文件
for path in ["./images/test.jpg", "./test_files/test.pptx"]:
    mime_app = MIMEApplication(open(path, 'rb').read())
    file_name = os.path.split(path)[-1]
    mime_app.add_header('Content-Disposition', 'attachment',
filename=file_name)
    message.attach(mime_app)

# 邮件发送者姓名
message['From'] = Header("Python", 'utf-8')
# 邮件接收者姓名
message['To'] = Header("Office", 'utf-8')
# 邮件主题
message['Subject'] = Header("使用Python发送邮件", 'utf-8')

try:
    # 建立smtp连接
    smtpObj = smtplib.SMTP_SSL(host="smtp.qq.com", port=465)
    # 登录邮箱
    user = "2280504604@qq.com"
    password = "vruyzbiaqsieecae"
    smtpObj.login(user, password)
    # 发送邮件
    sender = "2280504604@qq.com"
    receiver_list = ["993226447@qq.com"]
    smtpObj.sendmail(sender, receiver_list, message.as_string())
    # 释放资源
    smtpObj.quit()
```

```
    print('发送成功')
except smtplib.SMTPException as e:
    print('发送失败')
```

通过前面的代码学会了发送邮件之后，发送附件的过程就很简单了，把前面的 MIMEText 对象改成 MIMEMultipart 对象，然后再调用它的 attach() 方法把想要发送的附件添加进去，之后按照前面学过的方法把邮件发出去就行了。将邮件正文部分也当成是附件，跟之前一样，还是使用 MIMEText。至于其他各种类型的附件，因为它们是二进制数据，所以我们要以"rb"的模式读取 MIMEApplication 对象。只有二进制数据还不够，我们还需要再调用一下它的 add_header() 方法声明一下附件信息和文件名，目的是为了方便接收方查看和下载附件，最后再调用 MIMEApplication 对象的 attach() 方法把附件都添加进去，然后就可以把这封邮件发出去了。

为了方便自己调用，我们可以把上面的代码封装成一个函数，代码如下：

```
import os.path
import smtplib
from email.header import Header
from email.mime.application import MIMEApplication
from email.mime.multipart import MIMEMultipart
from email.mime.text import MIMEText


def send_qq_email(info_dict: dict):
    message = MIMEMultipart()
    if info_dict.get("plain_text"):
        text_msg = MIMEText(info_dict.get("plain_text"), 'plain',
 'utf-8')
        message.attach(text_msg)
    if info_dict.get("file_path_list"):
        for path in info_dict.get("file_path_list"):
            mime_app = MIMEApplication(open(path, 'rb').read())
            file_name = os.path.split(path)[-1]
            mime_app.add_header('Content-Disposition',
'attachment', filename=file_name)
            message.attach(mime_app)

    message['From'] = Header(info_dict.get("from_name"), 'utf-8')
    message['To'] = Header(info_dict.get("to_name"), 'utf-8')
    message['Subject'] = Header(info_dict.get("subject"), 'utf-8')
```

```
    try:
        smtp_obj = smtplib.SMTP_SSL(host="smtp.qq.com", port=465)
        smtp_obj.login(info_dict.get("user"), info_dict.
get("password"))
        sender = info_dict.get("user")
        receiver_list = info_dict.get("receiver_list")
        smtp_obj.sendmail(sender, receiver_list, message.as_
string())
        smtp_obj.quit()
        print('发送成功')
        return True
    except smtplib.SMTPException as e:
        print(f'发送失败:{e}')
        return False


if __name__ == '__main__':
    send_info = {
        "from_name": "小明",
        "to_name": "小雨",
        "subject": "会议提醒",
        "user": "2280504604@qq.com",
        "password": "vruyzbiaqsieecae",
        "receiver_list": ["993226447@qq.com"],
        "plain_text": "hello，明天有个会议需要参加，不要忘记哦",
        "file_path_list": ["./images/test.jpg"],
    }
    is_ok = send_qq_email(send_info)
    if not is_ok:
        print("邮件发送失败，请及时处理")
```

10.3 网络请求

我们的生活早就离不开互联网了，对于网络带给我们的便利大家早已习以为常了，十几年前出个门要准备钱包、身份证等各种东西，现在，只要一个手机就能到处跑了。互联网之所以方便，是因为我们的数据可以通过互联网高速互传，所以我想还是有必要学一下网络请求的，本节我们不用深究网络结构，只要学习怎么发起和接收网络请求就行了。

10.3.1 Web 相关概念

Web 就是互联网，要想知道互联网的传输过程，有些概念我们需要提前了解一下：

（1）URL

URL 是 Uniform Resource Locator 的缩写，翻译成中文是“统一资源定位符”。不管中文还是英文都显得它很高大上吧？其实它就是我们常说的“网址”，或者“网络连接”，对于学过编程的我们来说，它就是一个普通的字符串，当然它是一个有规则的字符串。它的结构大概是“协议 // 域名 / 路径和参数”（当然还可以细分），比如说我们在百度上搜一下“python”，得到的网址是“https://www.baidu.com/s?wd=python”，这里就包含了这几个部分。

（2）网络协议

前面说了，协议就是指某种规则，只有规则相同双方才能互相理解。网络请求的协议有很多种，但最常见到的是 http 和 https 这两种，这两种协议的区别是，https 是 http 的加密版，所以更安全。如果是通过 http 协议传输的数据在传输过程中被拦截了，那么数据就会被泄露，所以 http 正逐渐被 https 替代。如果在浏览器的地址栏看 URL，它可能会把协议部分隐藏掉，但它是存在的，当复制链接的时候它就会自动帮你把隐藏的协议带上了。

（3）域名

有了协议之后就可以传输数据了，但怎么确定要请求哪台设备的数据呢？你应该有听过 ip 地址，我们为每一台联网的设备都分配一个 ip 地址，通过 ip 地址确定与哪台设备传输数据。但还不够，因为一个设备里可能运行了多个程序，但你只与某一个程序交互，所以我们给每一个程序都编了号码，用号码确定具体要与哪个程序通信，这个号码称为端口号。所以要确定通信对象，只要确定 ip 和端口就行，ip 和端口之间用半角冒号分隔，比如说“39.156.66.10:80”。但是，没有人想要记住这串数据，所以又出现了域名，请求一个域名的时候计算机会自动查询该域名对应的是哪个 ip，所以我们只要记住域名就行，比如说“baidu.com”。但你可能又会发现，“https://www.baidu.com”中即使把域名替换成 ip 地址，但也缺少了端口号啊，那是因为它采用了 web 服务的默认端口号，http 和 https 协议的默认端口号分别是 80 和 443。换句话说，你访问“https://www.baidu.com”和访问“https://www.baidu.com:443”是一样的效果。

（4）路径

一个 URL 的协议和 ip 端口（或者域名）是必需的，但路径和参数可以没有，如果有，先写路径再写参数。这里先介绍一下路径，路径指要访问的资源的路径，相当于把设备上的资源放在了不同的文件夹里，每一级文件夹用“/”分隔，所以路径也是以“/”开头。比如说“https://www.baidu.com/s?wd=python”这个 URL 的路径就是“/s”，类似于要访问百度服务器的根目录下的“s”文件夹，但实际上现在的 URL 的路径与物理磁盘的文件路径并没有什么关系，如果一样，那就意味着服务器的文件数据泄露了。

（5）参数

学过函数之后我们已经知道参数的概念了，只是 URL 传参与函数传参不一样罢了，比如说“https://www.baidu.com/s?wd=python”中，路径后面的“?”跟着的就是参数，形式是 key=value，比如 wd=python，“wd” 是参数名，“python” 是参数值。如果要传入多个参数，每个参数之间用“&”隔开。这种传参方式叫作“查询字符串传参”，它的缺点很明显，它就显示在 URL 里，如果传输的是密码，岂不是被人一眼看光？所以我们肯定要使用一种不把密码显示出来的传参方式，这个就与网络的请求方式有关了。

（6）请求方式

其实我们发起一个网络请求，实际上就是对网络资源进行增删改查操作，这些不同的操作一般对应不同请求方式。如果在浏览器地址栏输入一个 URL 然后按下回车键，服务器就会把请求的资源返回给你，这种请求网络资源的方式叫作 GET，常用于从网络获取数据，类似于“查”操作。如果填写一个表单并且提交给服务器，比如说注册账户，你需要填写好相关信息并传给服务器，这种请求方式叫作 POST，常用于提交数据，类似于“增”操作。相比 GET，通过 POST 方式提交的数据不会出现在 URL 里，所以显得更安全。如果要修改网络资源，比如说要修改用户的头像，往往使用 PUT 或者 PATCH 请求方式，如果想要删除网络资源，那么就使用 DELETE 的请求方式。上面的提到的几个请求方式都是 HTTP 协议比较常见的请求方式，但这不是全部，其他不怎么常用的请求方式这里就不提了。还要说明的是，对网络资源的不同操作使用不同的请求方式只是规范，并不是规则，因为把数据传输到服务器之后，具体的代码怎么写完全取决于网站开发者的开发文档以及他的心情。

（7）请求头

发起一个网络请求需要带上一个请求头，请求头的主要作用是带上一些与服务器交互的信息，比如说希望返回的数据格式、数据长度、编码方式、从哪个页面过来、用的是哪个型号的浏览器等。请求头具体的形式我们不用管，大概知道它是 key-value 的形式就行，所以我们在 Python 中使用的请求头往往定义为一个字典，由发起请求的库自动把字典改成实际的请求头。

（8）请求体

请求体的主要作用就是传输数据，GET 方式可以把参数写在 URL 上，但其他方式就要用到请求体了，我们通过 Python 发起请求的请求体也用字典存储即可。

10.3.2 请求网络资源

我们曾提到一个发起网络请求的库，不知道你还有没有印象，这个库的名字是“requests”，在讲 pip 的时候就是用它演示的。如果你还没有安装 requests 库，那么就使用 pip 安装一下吧，代码如下：

```
pip install requests
```

这个库的使用方式很简单，调用一下该模块里的 request() 函数就行，这个方法的参数非常多，但我们只要告诉它使用什么方式请求哪个 URL 就行，比如说我们使用 GET 方式访问一下百度，代码如下：

```
from requests import request

res = request(method="get", url="https://www.baidu.com")
if res.status_code == 200:
    res.encoding = "utf-8"
    text = res.text
    print(text)
```

请求成功之后它会返回一个 Response 对象，该对象存储的是服务器返回给我们的数据，它的 status_code 属性存储的是响应状态码，200 表示请求成功。然后我们通过访问它的 text 属性可以得到服务器返回给我们的数据，也就是我们在浏览器上看到的数据，当然，你看到的是一堆 html 文档。浏览器会根据一定的规则把这些 html 文档进行排版，这样我们才能看到一个比较舒服的网页，当然我们这里只能看到原始的 html 字符串。为了避免中文字符出现编码错误，我还修改了 Response 对象的 encoding 属性为“utf-8”，即让它采用 utf-8 的编码方式对返回的数据进行解码，如果不指定编码方式，那么它会自己猜测要采用哪种编码，幸运的是，大多数时候它都猜对了。

其实我们不用每次指定 method 参数，因为 requests 已经把常用的请求方式都封装成函数了，所以我们可以这样发起一个 GET 请求：

```
import requests

url = "https://www.baidu.com"

res = requests.get(url)
# res = requests.post(url)
# res = requests.put(url)
# res = requests.patch(url)
# res = requests.delete(url)
```

10.3.3　第三方 API

API 是英文“Application Program Interface”的缩写，翻译成中文是“应用程序编程接口”，我们常简称为“API 接口”或“接口”，这又是一个看起来很厉害的词，其实它就是指开放给其他程序调用的函数。举个例子，我们发起请求的 URL 就是一个 API，因为我们可以通过 URL 与服务器的应用程序进行交互。

这一小节的重点是学会如何发起网络请求，需要一些接口练习，所以我们需要找一个第三方的接口平台，我这里推荐聚合数据，这个平台有一些免费的接口。首先我们在聚合数据的官网（https://juhe.cn）注册一个账户，然后根据提示完成认证。认证通过之后我们在聚合数据的官网上面找到“API”按钮，单击一下该按钮可以进入到查看所有接口的页面，然后再筛选一下免费的接口，可以看到免费的接口还是挺多的，如图 10-3 所示。不用跟我客气，你喜欢哪个就选哪个，这里以查询天气的接口进行演示。

图 10-3 聚合数据免费 API 接口页面

单击要使用的 API，进入详情页之后会发现这些接口并不是完全免费的，它限制了一天免费调用的次数，目前是每天免费调用 50 次，如图 10-4 所示。不过没关系，我们又不是商用，一天 50 次够自己用了，所以我们毫不犹豫地单击“免费获取”按钮，先获得使用权再说。

图 10-4 查看 API 接口详情页

既然是免费的接口，换句话说，每个人都能通过它提供的接口发起请求，那么它怎么区分是不是你发起的请求或者请求次数是否达到免费请求的次数上限呢？所以它肯定要在处理请求之前就确认你的身份，即通过一个秘钥来确认请求者的身份信息，这个秘钥可以在个人中心找到。登录聚合数据的网站之后可以在右上角找到“个人中心”按钮，单击该按钮，选择左边菜单栏的“数据中心”选项，子菜单里可以找到“我的 API”选项，选择该选项就能看到你申请的全部 API 了，如图 10-5 所示。每一个 API 都有一个 Key，也就是秘钥，先把要使用的 API 的 Key 复制下来，等会儿我们需要用到。如果你看本教程的时候该网站的页面已经发生变化，那你就自己在菜单栏那里尝试，应该很容易找到 API 列表的。

图 10-5　查看 API 接口的 Key

获取了 Key 之后我们就可以使用 Python 发起网络请求了，在查看 Key 的页面单击一下对应的接口名就能跳转到该接口的详情页，我们选择页面下方的“API 文档”选项，可以看到接口的使用说明，如图 10-6 所示。

图 10-6　接口详情页查看 API 文档

10.3.4　发起网络请求

准备工作我们已经做得差不多了，现在可以发起网络请求了。这里以天气预报接口为例发起请求，请求的相关信息在接口文档里写得很清楚了，包括 URL（接口地址）、请求方式、请求头、请求参数、返回参数等，如图 10-7 所示。

产品功能　API文档　错误码参照　示例代码

- 根据城市查询天气
- 根据城市查询生活指数
- 天气种类列表
- 支持城市列表

离线文档： 下载文档
接口地址： http://apis.juhe.cn/simpleWeather/query
返回格式： json
请求方式： http get/post
请求示例： http://apis.juhe.cn/simpleWeather/query?city=%E8%8B%8F%E5%B7%9E&key=
接口备注： 通过城市名称或城市ID查询天气预报情况

API测试工具

请求Header：

名称	值
Content-Type	application/x-www-form-urlencoded

请求参数说明：

名称	必填	类型	说明
city	是	string	要查询的城市名称/id，城市名称如：温州、上海、北京，需要utf8 urlencode
key	是	string	在个人中心->我的数据,接口名称上方查看

返回参数说明：

图 10-7　天气预报接口使用文档

根据 API 文档，我们可以使用 GET 方式发起请求，GET 方式的特点是会把参数放在 URL 里，所以我们要把参数拼接到 URL 中。天气预报的接口只要两个参数，city 和 key，city 就是要查询的城市，key 就是在个人中心那里看到的 Key，你可以看着 API 文档，然后再对比一下代码，应该是很容易对上的：

```
import requests

city = "深圳"
key = "ddcd15xxxxxx5a6fe3"

# URL（接口地址）
url = f"http://apis.juhe.cn/simpleWeather/query?city={city}&key={key}"
# 请求头
headers = {"Content-Type": "application/x-www-form-urlencoded"}

res = requests.get(url=url, headers=headers)
print(res.text)
```

如果不想自己拼接参数，也可以交给 requests 库拼接。我们可以把参数放入一个字典中，在调用 request() 方法的时候，指定 params 参数就行，代码如下：

```
import requests

# URL（接口地址）
url = "http://apis.juhe.cn/simpleWeather/query"
# 请求头
header = {"Content-Type": "application/x-www-form-urlencoded"}
# 请求参数
data = {"city": "深圳", "key": "ddcd15xxxxxx5a6fe3"}

res = requests.get(url, params=data)
print(res.text)
```

但又说回来，我可不想把 Key 暴露在 URL 里，别人看到了岂不是可以随便调用。API 文档里也支持 POST 方式，所以我们还是尽量使用 POST 吧，代码如下：

```
import requests

# URL（接口地址）
url = "http://apis.juhe.cn/simpleWeather/query"
# 请求头
header = {"Content-Type": "application/x-www-form-urlencoded"}
# 请求参数
data = {"city": "深圳", "key": "ddcd15xxxxxx5a6fe3"}

res = requests.post(url, data=data)
print(res.text)
```

对比一下 GET 和 POST 这两种请求方式，有两个不同点：一个是函数名变了，由 requests.get() 改成 requests.post()，另一个是形参名变了，GET 方式的参数对应的形参是 params，而 POST 方式的参数对应的形参是 data，其他的都没变。

10.3.5　处理 JSON

请求成功之后，天气预报接口返回的数据不是 HTML 代码而是一个 JSON，还记得什么是 JSON 吗？ JSON 就是一个字符串，只不过它的内容是 key-value 的形式，所以它跟 Python 里的字典很像，之前我们也曾使用 json 模块的 dumps() 函数把一个字典变成一个 JSON 字符串。现在我们拿到一个 JSON 字符串，可以把它变成一个字典对象，这样方便我们读取数据，这要用到 json 模块里的 loads() 函数，代码如下：

```
import requests
import json

url = "http://apis.juhe.cn/simpleWeather/query"
header = {"Content-Type": "application/x-www-form-urlencoded"}
data = {"city": "深圳", "key": "ddcd15xxxxxx5a6fe3"}

res = requests.post(url, data=data)
# 获取返回的字符串数据
json_text = res.text
print(type(json_text))  # 输出：<class 'str'>
print(json_text)
# 输出：{"reason":"查询成功！","result":{"city":"深圳", … },"error_
code":0}

# JSON 字符串加载为字典
data_dict = json.loads(json_text)
print(type(data_dict))  # 输出：<class 'dict'>
print(data_dict)
# 输出：{'reason':'查询成功！','result':{'city':'深圳', … },'error_
code':0}
```

我们使用 type() 函数查看转换前后的数据类型，可以看到确实从 str 转换成 dict 了，即从字符串转换成字典，直接打印也可以大概看出，因为 JSON 使用的是双引号，dict 对象使用的是单引号。

将数据转换成字典之后我们就可以很容易对它取值了，天气的信息存储在它返回的数据里的 result 字典里，里面又有 realtime 和 future 这两个字典，分别储存当前的实时天气信息和未来几天的天气信息，每一条天气信息里又包含时间、温度、云、风等信息，就是很多字典和列表的组合，大概是下面这样：

```
{
    "reason": "查询成功！",
    "result": {
        "city": "深圳",
        "realtime": {
            "temperature": "26",
            "humidity": "75",
            "info": "晴",
            "wid": "00",
            "direct": "北风",
            "power": "2级",
```

```
            "aqi": "36"
        },
        "future": [
            {
                "date": "2022-11-12",
                "temperature": "22/29℃ ",
                "weather": " 多云 ",
                "wid": {
                    "day": "01",
                    "night": "01"
                },
                "direct": " 持续无风向 "
            },
            …
        ]
    },
    "error_code": 0
}
```

至于我们拿到的这些 key 和 value 代表什么信息，聚合数据的 API 文档里有说明。将字符串转换成一个字典之后我们可以很方便地拿到我们要的数据，比如说这里要提取今天的温度，就访问 result 字典里的 future 列表里的第一个字典的 temperature，代码如下：

```
import requests
import json

url = "http://apis.juhe.cn/simpleWeather/query"
header = {"Content-Type": "application/x-www-form-urlencoded"}
data = {"city": " 深圳 ", "key": "ddcd15xxxxxx5a6fe3"}

res = requests.post(url, data=data)
data_dict = json.loads(res.text)
today_temperature = data_dict["result"]["future"][0]
["temperature"]
print(today_temperature)  # 输出：22/29℃

today_temperature = str(today_temperature).replace("℃ ", "")
lowest, highest = today_temperature.split("/")
print(int(lowest), int(highest))  # 输出：22 29
```

它返回的天气温度信息是一个值为“22/29℃”的字符串，所以如果想拿到最高和最低温度的话，调用一下 str 的 replace() 方法把“℃”替换成空字符，然后再用 split() 方法分割该字符串，最后再将字符类型强转成 int 类型就好了，这些都是 Python 的基础操作。

为了方便我们后面调用，现在就把请求天气的代码封装成一个函数，只加入自己需要的信息就行，代码如下：

```
import requests
import json


def get_today_weather(url, city, key):
    try:
        header = {"Content-Type": "application/x-www-form-
urlencoded"}
        data = {"city": city, "key": key}

        res = requests.post(url, data=data, headers=header)
        data_dict = json.loads(res.text)

        if data_dict["error_code"] != 0:
            return False, data_dict["reason"]

        today_temperature = data_dict["result"]["future"][0]
["temperature"]
        today_temperature = str(today_temperature).replace("℃",
"")
        lowest, highest = today_temperature.split("/")

        temperature = data_dict["result"]["realtime"]
["temperature"]
        humidity = data_dict["result"]["realtime"]["humidity"]
        date = data_dict["result"]["future"][0]["date"]
        weather = data_dict["result"]["future"][0]["weather"]
        today_info = {
            "realtime": {
                "temperature": temperature,
                "humidity": humidity
            },
            "today": {
                "date": date,
                "lowest": int(lowest),
                "highest": int(highest),
```

```
                "weather": weather
            }
        }
        return True, today_info
    except Exception as e:
        return False, f"请求天气信息出错：{e}"


if __name__ == '__main__':
    url = "http://apis.juhe.cn/simpleWeather/query"
    key = "ddcd15xxxxxx5a6fe3"
    is_ok, weather_info = get_today_weather(url, "深圳", key)
    if is_ok:
        print("获取天气信息成功：", weather_info)
    else:
        print("获取天气信息失败，请检查")
```

10.4　定时任务

如果你希望程序能够在某个时间点自己调用某个函数，或者希望能它能每间隔一段时间就调用一次，比如说每天早上 7 点查询一下天气，这也是很容易做到的，谁叫 Python 库多呢。我这里推荐 apshedule 库，用它做定时任务很适合，因为它很强大且很灵活。

10.4.1　安装 apshedule

老样子，我们使用 pip 语句安装就行，代码如下：

```
pip install apscheduler
```

10.4.2　简单使用

为了消除你对 apscheduler 这种新鲜事物的恐惧感，我决定先给你看看它是怎么用的，代码如下：

```
from apscheduler.schedulers.background import BlockingScheduler


# 定义一个定时执行的任务函数
def my_job(param1, param2):
```

```
    print(param1, param2)


# 创建调度器对象
scheduler = BlockingScheduler()
# 添加任务
scheduler.add_job(
    my_job, 'interval', seconds=5, args=[100, 'python']
)
# 开始任务
scheduler.start()
```

上面代码的执行效果是每隔 5 秒调用一次 my_job() 函数。创建定时任务一共分三步，分别是创建调度器对象、添加任务、开始任务。首先调度器对象就是用来管理任务的，这里是实例化一个 BlockingScheduler 对象，然后调用它的 add_job() 方法，把要执行的函数名、定时方式、函数参数等信息传进去，最后调用调度器对象的 start() 方法即可启动任务。特别注意，add_job() 方法的第一个参数是要调用的函数名（不要加上括号），如果被调用的函数还需要传入参数，那么就给 add_job() 方法指定 args 参数，注意 args 的实参是一个列表。

10.4.3 调度器

我们上面用到的调度器是 BlockingScheduler 对象，它的特点是一旦执行了就会阻塞主进程，就是说，运行程序之后，当执行到调用 start() 方法的时候，程序会就卡在那一行了，然后按照指定的触发规则开始调用函数，start() 方法后面的其他代码也不会被执行了。如果想继续往下执行程序，可以把调度器改成 BackgroundScheduler 对象，但是要注意，等后面的代码执行完了整个程序就结束了，即定时任务也会结束，所以具体要用哪种调度器要看实际情况。BackgroundScheduler 与 BlockingScheduler 的用法是一样的，只不过一个阻塞主进程一个不阻塞主进程，其实这涉及线程和进程的知识点了，本书在前面没有讲过相关的知识点，如果你感兴趣的话可以自行学习一下，我们这里只要会使用调度器就行。

10.4.4 触发器

在调用调度器对象的 add_job() 方法的时候，就要告诉它触发执行函数的规则，我们把这个定义规则的对象叫作触发器，它决定了是在特定时间执行、每隔一段时间执行还是每天哪个时间点执行，这些触发方式不同，即触发器不同。我们可以把触发器大概分为三种，如下：

（1）date：在特定的日期或时间点执行。指定 run_date 参数，传入要执行的日期或时间点，不指定 run_date 就会立即执行，代码如下：

```
from apscheduler.schedulers.background import BlockingScheduler
from datetime import date, datetime

scheduler = BlockingScheduler()


def my_job():
    print(" 已执行 my_job 函数 ")


# 在 2022 年 11 月 12 日 00:00:00 执行
scheduler.add_job(my_job, 'date', run_date=date(2022, 11, 12))

# 在 2022 年 11 月 12 日 18:03:05
scheduler.add_job(my_job, 'date', run_date=datetime(2022, 11,
 12, 18, 3, 5))
scheduler.add_job(my_job, 'date', run_date='2022-11-12 18:03:05')

# 不指定时间就立即执行
scheduler.add_job(my_job, 'date')

scheduler.start()
```

（2）interval：按指定的时间间隔执行，即每隔一段时间执行一次。间隔时间的单位可以选择 seconds（秒）、minutes（分）、hours（时）、days（天）、weeks（周），如果希望在某个时间段内才被触发，可以指定 start_date 和 end_date 参数，代码如下：

```
from apscheduler.schedulers.background import BlockingScheduler

scheduler = BlockingScheduler()


def my_job():
    print(" 已执行 my_job 函数 ")


# 每隔 2 秒钟执行一次
scheduler.add_job(my_job, "interval", seconds=2)

# 在指定时间段内，每隔 2 小时执行一次
start = "2022-11-01 00:00:00"
```

```
end = "2023-03-15 11:00:00"
scheduler.add_job(
    my_job, 'interval', hours=2, start_date=start, end_date=end
)

scheduler.start()
```

（3）cron：按指定的周期执行，这个就比较强大了，它可以指定在哪几个月的哪几天的哪个时间点执行。我们可以使用 year 参数指定年份，month 参数指定月份，day_of_week 参数指定一周的哪几天（英文缩写表示），当然也可以指定 hour（时）、minute（分）、second（秒）、start_date（开始时间）、end_date（结束时间）等，下面举了两个例子作为参考：

```
from apscheduler.schedulers.background import BlockingScheduler

scheduler = BlockingScheduler()


def my_job():
    print("已执行 my_job 函数")


# 在 2023 年 5 月 30 日前，周一到周五的 5:30 执行
scheduler.add_job(
    my_job, 'cron', day_of_week='mon-fri', hour=5, minute=30,
    end_date='2023-05-30'
)

# 在 6、7、8、11、12 月的第三个周五的 00:00, 01:00, 02:00 和 03:00 执行
scheduler.add_job(
    my_job, 'cron', month='6-8,11-12', day='3rd fri', hour='0-3'
)

scheduler.start()
```

10.4.5 管理定时任务

添加任务并且调用 start() 方法之后定时任务就默默地执行了，但有时候可能要根据你的业务去管一下它，比如说让它暂停执行或者把它移除掉。主要有两种方法，第一种方法是使用调度器对象的 add_job() 方法会返回的 Job 对象，它自己能管理自己，分别调用 Job 对象的 pause()、resume()、remove() 方法实现暂停、恢复、移除操作。为了能看到效果，

这次我们要使用 BackgroundScheduler 对象，这样程序不阻塞，才能有调用那些方法的机会，代码如下：

```
from apscheduler.schedulers.background import BackgroundScheduler


def my_job():
    print(" 已执行 my_job 函数 ")


scheduler = BackgroundScheduler()

job = scheduler.add_job(my_job, 'interval', seconds=1)
scheduler.start()

time.sleep(5)
print(" 准备暂停任务 ")
job.pause()   # 暂停任务
time.sleep(5)
print(" 准备恢复任务 ")
job.resume()   # 恢复任务
time.sleep(5)
print(" 准备移除任务 ")
job.remove()   # 移除任务
print(" 任务已移除 ")

# 停止任务
scheduler.shutdown()
```

使用 Job 对象提供的管理方法有一个缺点，那就是只能自己管理自己，有点不太方便。第二种方法是使用调度器对象管理任务，你只要给它指定要管理的任务 id 即可，我们可以在调用 add_job() 方法的时候指定 id，这样这个 id 就会和 Job 对象绑定在一起了。

```
from apscheduler.schedulers.background import BackgroundScheduler


def my_job():
    print(" 已执行 my_job 函数 ")


scheduler = BackgroundScheduler()
```

```
job_id = "test_job_1"
scheduler.add_job(my_job, 'interval', seconds=1, id=job_id)
scheduler.start()

time.sleep(5)
print("准备暂停任务")
scheduler.pause_job(job_id)  # 暂停任务
time.sleep(5)
print("准备恢复任务")
scheduler.resume_job(job_id)  # 恢复任务
time.sleep(5)
print("准备移除任务")
scheduler.remove_job(job_id)  # 移除任务
print("任务已移除")

# 停止任务
scheduler.shutdown()
```

这两种管理任务的方式执行效果是一致的，可以自己运行对比一下。

10.4.6 修改定时任务

如果在执行任务的过程中需要修改任务，比如说把时间间隔从 1 秒改成 2 秒，也有两种方法：第一种是 Job 对象提供 modify() 方法，但是它需要实例化一个触发器对象，也就是说我们还得要去学一下怎么实例化那几种触发器对象，有点麻烦。所以我们还是采用第二种方法，也就是调度器提供的 reschedule_job() 方法，它也需要触发器，但与之前一样，只要传给它一个字符串类型的触发器名就行，代码如下：

```
from apscheduler.schedulers.background import BackgroundScheduler


def my_job():
    print("已执行my_job函数")


scheduler = BackgroundScheduler()

job_id = "test_job_1"
scheduler.add_job(my_job, 'interval', seconds=1, id=job_id)
scheduler.start()
```

```
time.sleep(5)
print("准备修改任务")
# 修改任务
scheduler.reschedule_job(job_id, trigger='interval', seconds=2)
time.sleep(5)
print("准备移除任务")
scheduler.remove_job(job_id)  # 移除任务
print("任务已移除")

# 停止任务
scheduler.shutdown()
```

10.4.7　定时任务案例

这里使用定时任务的方式，每天早上七点把天气信息发到我的邮箱中，之前我们已经把发送 QQ 邮件和获取天气信息的代码都封装成函数了，现在我们可以直接调用，代码如下：

```
import json
import os.path
import smtplib
from email.header import Header
from email.mime.application import MIMEApplication
from email.mime.multipart import MIMEMultipart
from email.mime.text import MIMEText

import requests
from apscheduler.schedulers.blocking import BlockingScheduler


def send_qq_email(info_dict: dict):
    …

def get_today_weather(url, city, key):
    …

def remind_weather():
    url = "http://apis.juhe.cn/simpleWeather/query"
    key = "ddcd15xxxxxx5a6fe3"
    is_ok, weather = get_today_weather(url, "深圳", key)
    if not is_ok:
```

```
        print(f"获取天气信息失败：{weather}")
    weather_text = "早上好，今天是{}，天气{}，最低{}度，最高{}，当前温
度是{}度，
湿度是{}。".format(
        weather["today"]["date"], weather["today"]["weather"],
        weather["today"]["lowest"], weather["today"]["highest"],
        weather["realtime"]["temperature"],
        weather["realtime"]["humidity"],
    )
    lowest = weather["today"]["lowest"]
    if lowest < 15:
        weather_text += f'今天最低温度是{lowest}，记得多穿点衣服哦'

    send_info = {
        "from_name": "自动报天气",
        "to_name": "自己",
        "subject": "天气提示",
        "user": "2280504604@qq.com",
        "password": "vruyzbiaqsieecae",
        "receiver_list": ["993226447@qq.com"],
        "plain_text": weather_text,
    }
    is_ok = send_qq_email(send_info)
    if is_ok:
        print("发送邮件成功")
    else:
        print("发送邮件失败")


def run_job():
    scheduler = BlockingScheduler()
    scheduler.add_job(remind_weather, "cron", hour=7)
    scheduler.start()


if __name__ == '__main__':
    run_job()
```

10.5 图形用户界面

到目前为止，我们的程序都是在命令行进行交互的，但常见的程序都是有图形化界

面的，即打开程序会出现一个窗口，窗口上面会有各种文本、按钮、选择框等元素，使得整个程序变得直观又好看。而 Python 作为一门强大且成熟的编程语言，自然也是可以做出图形界面的。图形化界面也叫图形用户接口，英文是“Graphical User Interface”，简称“GUI”，以后别人提到 GUI 你可别说你不知道是什么。

10.5.1 PySimpleGUI

Python 的库非常多，有关 GUI 的库也不少，比如说 Python 自带的 Tkinter 库就是用来做图形界面的，还有大名鼎鼎的 PyQt、WxPython 等都是非常优秀的 GUI 库。但思来想去，我还是选了一个叫作 PySimpleGUI 的库，这个库的特点是整合了其他库，把 GUI 的代码简化了，非常适合新手入手。

PySimpleGUI 是第三方库，所以首先需要安装，代码如下：

```
pip install pysimplegui
```

10.5.2 第一个 GUI

窗口的概念应该不用过多解释了吧，窗口就是能看得到的一个图形化的程序界面。在 PySimpleGUI 中，一个窗口就是一个 Window 对象，实例化一个 Window 对象之后要在一个死循环里调用它的 read() 方法监听各种事件，退出循环表示想要关闭界面程序，这时要调用一下它的 close() 方法释放资源。你现在可能似懂非懂，就先不要管那么多，先跟着我的代码走一遍吧：

```
import PySimpleGUI as sg

layout = [
    [sg.Text("我的第一个 GUI")]
]

window = sg.Window('图形化界面', layout, size=(500, 200))

while True:
    event, values = window.read()

    if event == sg.WIN_CLOSED:
        break

window.close()
```

运行上面的代码之后就能看到你的第一个 GUI 界面了，如图 10-8 所示。

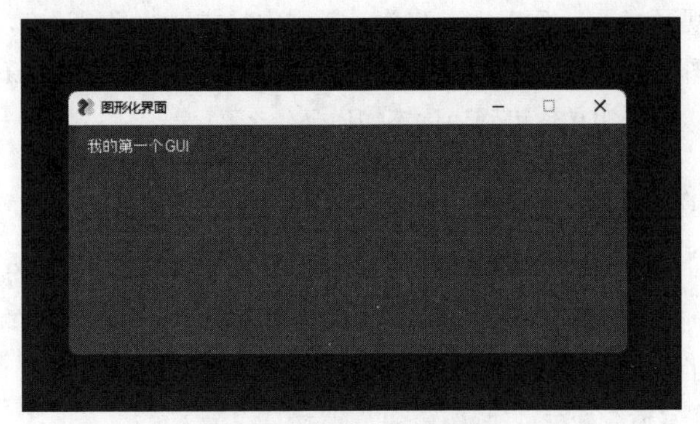

图 10-8 简单的 GUI 界面

10.5.3 Window 对象

一个 Window 对象就是一个窗口，我们在实例化 Window 对象的时候可以传入很多参数，这些参数控制着窗口的样式和功能，大概一共有五十多个参数吧，这估计是你目前为止见过最多参数的初始化方法了，不过也不要紧张，只有第一个参数是必传的，其他的参数都是有默认值的。第一个参数是 title，就也是窗口的标题，对于其他参数，我会挑选几个比较常见的放入表 10-1 中，在代码中设置一下就知道这些参数是什么作用了。

表 10-1 Window 对象初始化方法常用参数

形参	类型	说明
title	字符串	窗口标题，必传参数
layout	列表套列表	窗口布局，可以是列表套列表或元组套元组
size	元组	窗口大小，控制窗口的宽度和高度
location	元组	控制距离屏幕左边和上边的距离，默认在屏幕中间
font	元组	窗口内元素的默认字体和字号
icon	字符串	窗口图标，可以填写 ico 格式的文件路径或者对图片进行 base64 编码得到的字符串
no_titlebar	布尔	是否允许最小化窗口
resizable	布尔	是否允许调整窗口大小
auto_size_text	布尔	是否允许窗口内元素根据文本长度自动调整大小
keep_on_top	布尔	是否置顶窗口
button_color	字符串	按钮的默认颜色，16 进制 RBG 字符串
background_color	字符串	背景颜色，16 进制 RBG 字符串
text_justification	字符串	窗口内文本对齐方式，可选 left、right、center

我自己也举了一个例子，可以参考一下代码：

```
import PySimpleGUI as sg
```

```
layout = [
    [sg.Text("Window 常用参数 ", size=(200, 2))]
]

window = sg.Window(
    '图形化界面',  # 标题
    layout,  # 布局，列表套列表或元组套元组
    size=(500, 200),  # 大小，单位是像素
    location=(300, 200),  # 位置，距离屏幕左边和上边的像素值
    font=("黑体", 20),  # 窗口内元素的默认字体及字号
    icon="./images/test.ico",  # 图标，ico 格式的文件
    # no_titlebar=True,  # 是否隐藏标题栏
    resizable=True,  # 是否允许拖动窗口改变大小
    auto_size_text=True,  # 是否允许窗口内元素根据文本长度调整大小
    text_justification="center",  # 窗框内元素文文本对齐方式
    background_color="#aaaaff",  # 窗口背景色
    keep_on_top=True,  # 是否置顶窗口
)

while True:
    event, values = window.read()

    if event == sg.WIN_CLOSED:
        break

window.close()
```

运行之后就得到一个自定义的窗口了，如图 10-9 所示。

图 10-9　自定义的窗口界面

我们主要是学习怎样控制 Window 对象的样式，至于它的方法，我们目前只要接触一

个 read() 方法就行了，它的作用是监听事件。再解释一下“事件”的概念吧，当程序窗口运行起来之后，我们会与窗口上的控件进行交互，比如说单击了一个按钮、双击了一行文本、点击了一下输入框或者输入了文本等，这些交互动作都是一个事件。做了这些动作就是触发了事件，而监听事件就是把这些动作都捕获到，就像捕获异常一样，只有获取到事件，我们才可以根据不同业务做出不同的处理。Window 对象的 read() 方法就是用来监听这些事件的，一旦监听到事件它就会返回事件名和对应的值，如果我们单击了窗口右上角的关闭按钮，就会触发一个名为 None 的事件，在上文的代码中会执行 break 语句，这样程序就会跳出循环继续往下执行，最后结束。代码中判断是否要结束循环的表达式是“event == sg.WIN_CLOSED”，实际上 WIN_CLOSED 这个变量的值就是 None，所以单写成“event == None”也是可以的。如果你还不是很理解的话，后面我们会接触到按钮的单击事件，到时候你再感受一下用法。

10.5.4 布局

一个窗口运行起来之后总得有点东西才能有意义吧，比如说上面的代码中就放了一个文本元素，当然还有更多元素，比如说按钮、输入框、弹窗、选择框等。后面我会挑选几个常用的元素进行演示，现在的任务是学习一下给这些元素布局，也就是摆放好它们在窗口上的位置。

在实例化 Window 对象的时候，第一个参数是窗口标题，第二个参数就是布局了，布局的形参是 layout，实参类型是嵌套类型，比如说列表套列表，或者元组套元组，外层的每一个元素都在不同行，内层的元素都在同一行，举一个例子吧：

```
import PySimpleGUI as sg

layouts = [
    [sg.Text("请填写信息")],
    [sg.Text("姓名"), sg.InputText()],
    [sg.Text("年龄"), sg.InputText()],
    [sg.Button("提交"), sg.Button("清空"), sg.Button("退出")],
]

window = sg.Window(title="个人信息采集", layout=layouts, size=(400, 200))
while 1:
    event, values = window.read()
    if event is None:
        break

window.close()
```

上面的代码可以实现一个简单的布局，如图 10-10 所示。这个案例里使用了 Text、InputText、Button 这几个类，它们分别是普通文本、文本输入框、按钮，你可以对比一下 layouts 列表和窗口的最终效果。layouts 列表最外层的列表里的每一个元素都是一个列表，比如说文本“请填写信息”就在一个单独的列表里，所以它独占一行，而下面的文本“姓名”和输入框在同一个列表里，所以它们在同一行，并且与“请填写信息”不在同一行，最下面的三个按钮在同一个内层列表里，所以它们在同一行，相信你已经掌握这个规律了。

图 10-10　使用 PySimpleGUI 实现简单的布局

10.5.5　单击事件

有了按钮之后，我们再继续讲一下事件，每当点击一个元素，Window 对象的 read() 方法都会返回监听到的事件名以及值。比如说我们现在要实现一个功能，当用户单击“提交”按钮的时候返回姓名和年龄的输入框的值，如果单击“退出”按钮，则关闭窗口，代码如下：

```
import PySimpleGUI as sg

layouts = [
    [sg.Text("请填写信息")],
    [sg.Text("姓名"), sg.InputText(key="input_name")],
    [sg.Text("年龄"), sg.InputText(key="input_age")],
    [sg.Button("提交"), sg.Button("清空"), sg.Button("退出")],
]

window = sg.Window(title="个人信息采集", layout=layouts, size=(400, 200))
while 1:
    event, values = window.read()
    print(event, values)
    if event is None:
```

```
        break
    elif event == "提交":
        print(f"你单击了提交")
        print(f"你输入了 : {values['input_name']}, {values['input_
age']}")
    elif event == "退出":
        print("你单击了退出")
        break

window.close()
# 输出：
# 提交 {'input_name': 'pan', 'input_age': '18'}
# 你点击了提交
# 你输入了 : pan, 18
# 清空 {'input_name': 'pan', 'input_age': '18'}
# 退出 {'input_name': 'pan', 'input_age': '18'}
# 你点击了退出
```

运行上面的代码之后，我们在两个输入框分别输入“pan”和“18”，如图 10-11 所示，然后再依次单击“提交”“清空”“退出”三个按钮。每次单击按钮都会触发一个事件，把事件名和事件值打印出来就可以发现，其实事件名就是按钮的文本值，事件的值是一个字典，这个字典包含了所有输入框的值，这个字典的键是在实例化输入框元素的时候指定的 key 参数（不指定的话会以下标作为 key），字典的值则是输入框里的文本。

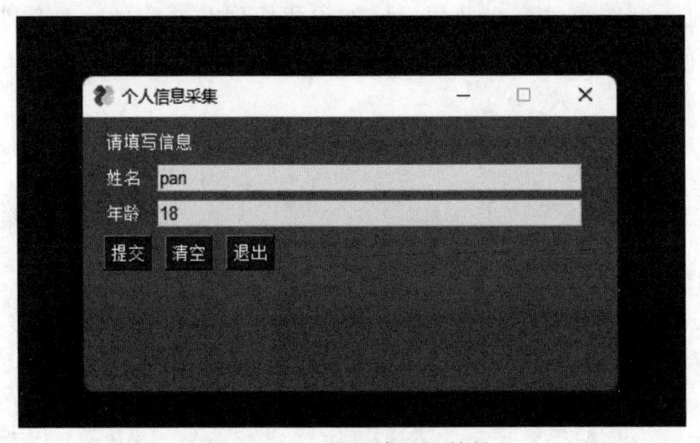

图 10-11 获取输入框的值

用户单击按钮的事件已经监听到了，而且输入框的值也拿到了，至于之后要执行什么代码就看你心情吧。

10.5.6 文本元素

PySimpleGUI 支持的元素很多，不同的元素有不同的作用，那么对于不同元素的设置也应该是不同的，但也确实有一些共同点，因为它们都是GUI元素。从代码的角度来说，它们都继承了同一个类，即Element。这里以文本元素为例进行讲解，先写几个文本元素比较常见的参数，代码如下：

```
import PySimpleGUI as sg

layouts = [
    [sg.Text(
        text="请填写信息" * 10,  # 文本
        font=("黑体", 18),
        size=(200, 5),  # 元素尺寸，两个整数分别是字体的宽高倍数
        background_color="#123456",  # 背景颜色，16进制字符串
        text_color="#ffffff",  # 字体颜色
        auto_size_text=True,  # 是否允许改变自身宽高以适配文本长度
        border_width=10,  # 边框宽度
        justification="center",  # 对齐方式，left、center、right
        key="text_key",  # 指定key，即给该元素取值名
        enable_events=False,  # 是否开启单击事件
    )],
]

window = sg.Window(title="个人信息采集", layout=layouts, size=(400, 200))
while 1:
    event, values = window.read()
    if event is None:
        break

window.close()
```

看一下文本元素的初始化方法的参数，是不是感觉似曾相识，没错，很多参数我们都已经在Window对象的初始化方法那里见过了，这样可以大大减少我们要记的东西了。不过这两个对象虽然参数相似，但它们之间并没有直接的关系，因为很多GUI元素都继承了Element类，但Window并没有继承该类。上面代码中的Text对象的初始化参数中只有Text是它自己的，其他参数Element对象也有，所以如果以后要给按钮、输入框等元素设置大小和颜色，你可别说不会啊。

上面的代码中用到的参数后面都写了注释，应该不难看懂，但key和enable_events这两个继承自Element类的参数要提一下。key这个参数我们已经接触过了，就是给元素起个名，如果没有指定key，就以元素序号为key，比如说某个输入框在窗口中是第5个元素，那么它的key就是5。还有一个参数是enable_events，表示是否开启单击事件，不知道你有没有发现，如果单击了一个按钮元素会触发事件，但如果单击了一个文本元

素却不会触发事件，因为文本元素的 enable_events 参数的默认值是 False 而按钮元素的 enable_events 的默认值是 True。其实大部分元素的 enable_events 的默认值都是 False，比如说输入框、选择框等，如果你希望单击它们也能触发事件那么就把它们的 enable_events 参数改成 True。

10.5.7 更新元素

虽然我们在实例化界面元素的时候就指定了元素的样式或属性，但如果后期想要修改也是可以的，因为大部分元素都提供了一个 update() 方法。比如说我们这里有一个“清空”的按钮，单击该按钮之后把两个输入框的值都清空，代码如下：

```
import PySimpleGUI as sg

layouts = [
    [sg.Text("请填写信息")],
    [sg.Text("姓名"), sg.InputText(key="input_name")],
    [sg.Text("年龄"), sg.InputText(key="input_age")],
    [sg.Button("提交"), sg.Button("清空"), sg.Button("退出")],
]

window = sg.Window(title="个人信息采集", layout=layouts, size=(400, 200))
while 1:
    event, values = window.read()
    if event is None:
        break
    elif event == "提交":
        pass
    elif event == "清空":
        input_name = window["input_name"]
        input_name.update(
            value="假设已清空",  # 文本值
            disabled=False,  # 是否禁用元素，即禁止输入
            select=False,  # 是否选中全部文本
            visible=True,  # 是否可见，False 即隐藏元素
            text_color="#ff6655",  # 文本颜色
            background_color="#ffffff",  # 背景颜色
            move_cursor_to=2,  # 光标的偏移量，默认在最末尾
            password_char="*"  # 将文本显示为密码字符，比如说星号
        )
        input_age = window["input_age"]
        input_age.update(value="")
    elif event == "退出":
```

```
        break

window.close()
```

单击一下“清空”按钮会触发一个事件，事件名就是“清空”，然后我们分别根据两个输入框的 key 获取到两个 InputText 对象，这时候再分别调用它们的 update() 方法把它们的 value 属性赋值为空字符串，就相当于清空原有的内容了。当然，除了 value 属性可以修改，其他的属性，比如说是否可见、是否禁用、颜色等，都可以进行修改，自己试一下吧。

10.5.8　输入框元素

虽然前面我们已经用过输入框了，但还是要花点时间再深入认识一下它的其他属性。先看一下代码：

```
import PySimpleGUI as sg

layouts = [
    [
        sg.InputText(
            default_text="请输入文本信息",  # 默认文本
            focus=False,  # 是否自动激活输入框
            disabled=False,  # 是否禁用
            font=("黑体", 18),  # 字体字号
            size=(200, 5),  # 元素尺寸，两个整数分别是字体的宽高倍数
            background_color="#123456",  # 背景颜色，16 进制字符串
            text_color="#ffffff",  # 字体颜色
            border_width=10,  # 边框宽度
            justification="center",  # 对齐方式，left、center、right
            key="text_key",  # 指定 key，即给该元素取值名
            enable_events=False,  # 是否开启单击事件
        )
    ],
    [
        sg.InputText(focus=True)
    ]
]

window = sg.Window(title="个人信息采集", layout=layouts, size=(400, 200))
while 1:
    event, values = window.read()
```

```
    if event is None:
        break

window.close()
```

InputText 的初始化方法的参数也很多，但乍一看，发现与前面的文本元素的初始化参数真的很像，可能是因为它们都是文本类型吧。第一个参数 default_text 表示输入框默认存在的文本，默认是一个空字符，相当于没有输入过文本；focus 参数如果设置为 True，则在有多个输入框的时候优先激活该输入框，这样就不需要用鼠标单击一下该输入框才能进行输入了，其他参数都是我们已经接触过多次的，就不多讲了，根据我多年的经验，自己亲自动手试一下比什么都强。

10.5.9 按钮元素

在实践中，按钮元素用得挺多的，常用属性如下：

```
import PySimpleGUI as sg

layouts = [
    [
        sg.Button(
            button_text="单击",  # 默认文本
            target="input",  # 目标元素
            image_filename="images/test_ico.png",  # 使用按钮图片
            image_size=(50, 50),  # 按钮图片的尺寸，单位是像素
            disabled=False,  # 是否禁用
            font=("黑体", 18),  # 字体字号
            size=(10, 2),  # 元素尺寸，两个整数分别是字体的宽高倍数
            button_color="#ff3388",  # 背景颜色，16 进制字符串
            mouseover_colors="#0000aa",  # 鼠标按下时的颜色
            border_width=5,  # 边框宽度
            key="text_key",  # 指定 key，即给该元素取值名
            enable_events=True,  # 是否开启单击事件
        )
    ],
    [
        sg.InputText(key="input")
    ]
]

window = sg.Window(title="个人信息采集", layout=layouts, size=(400, 200))
```

```
while 1:
    event, values = window.read()
    if event is None:
        break

window.close()
```

除了从 Element 继承的参数，按钮元素也有一些自己的参数：button_text 参数控制的是按钮上显示的文本，target 参数可以指定一个 key 值，这样就可以与其他元素进行联动了，后面讲到文件选择框的时候我再演示 target 参数的用法。按钮上也可以显示一张图片，image_filename 参数指定图片的路径，image_size 参数指定图片的大小。按钮的颜色分为普通颜色和被按下时的颜色，分别由 button_color 和 mouseover_colors 这两个参数控制，其他的继承自 Element 的参数就不多讲了，读者可以参考前文的知识自行练习。

10.5.10 文件选择框

选择文件的功能可是很方便的，比如说当程序需要指定某个文件路径或文件夹路径，以前我们都是手动输入一大长串的路径字符串，还可能会输错，但有了文件选择元素实现这一需求就变得简单了，我们只要动一下鼠标就能获取某个路径。PySimpleGUI 提供了四种选择文件的方式，分别是选择单个文件、选择多个文件、选择文件夹、另存为文件，它们分别对应 FileBrowse()、FilesBrowse()、FolderBrowse() 和 SaveAs() 这四个函数，这四个函数虽然功能不同，但参数和用法是一样的，它们的参数基本上与 Button（按钮元素）保持一致，因为它们最后都是返回一个 Button 对象。有了文件选择框之后我们就可以随意选择文件了，当选好文件或文件夹之后就能得到一个路径字符串，如果选择的是多个文件则每个文件路径会用分号分隔。先看一下我的代码，然后你自己运行代码看一下效果，我再接着讲一下参数：

```
import PySimpleGUI as sg

layout = [
    [
        # 选择单个文件
        sg.FileBrowse(
            button_text="请选择单个文件",  # 按钮文本
            target="single_path",  # 把选择后的路径保存到指定 key 的对象
            # file_types=(("All Files", "*.*"),),  # 默认筛选全部
文件类型
            file_types=(("All Files", "*.png"),),  # 筛选 png 类型
            initial_folder=r"C:\Users\admin",  # 打开时的默认路径
        ),
```

```
        sg.InputText(key="single_path"),
    ],
    [
        # 选择多个文件
        sg.FilesBrowse(
            button_text=" 请选择多个文件 ",
            target="multy_path"
        ),
        sg.InputText(key="multy_path")
    ],
    [
        # 选择文件夹
        sg.FolderBrowse(
            button_text=" 请选择文件夹 ",
            target="folder_path"
        ),
        sg.InputText(key="folder_path")
    ],
    [
        # 另存为
        sg.SaveAs(
            button_text=" 另存为 ",
            target="save_as_path"
        ),
        sg.InputText(key="save_as_path")
    ],
    [
        sg.Button(" 确定 ")
    ]
]

window = sg.Window('Demo', layout, size=(500, 200))

while True:
    event, values = window.read()

    if event == sg.WIN_CLOSED:
        break
    elif event == " 确定 ":
        print("single_path:", values["single_path"])
        print("multy_path:", values["multy_path"])
        print("folder_path:", values["folder_path"])
```

```
        print("save_as_path:", values["save_as_path"])

window.close()
```

除了前面学过的 Button 元素的参数以及继承自 Element 的参数，还有比较重要的几个参数需要讲一下。file_types 这个参数是一个元组套元组，它控制的是过滤的文件类型，默认是 ((“ALL Files”,“*.* *”),)，星号表示显示全部文件类型，如果你要过滤某些文件类型，那就照葫芦画瓢，把内层元组的第二个参数修改一下，比如说只要 png 和 jpg 类型的文件，那么就写成 ((“ALL Files”,“*.png”),(“ALL Files”,“*.jpg”))，但是要注意，这个参数在 macOS 可能会不起作用。参数 initial_folder 表示打开选择框的时候默认的路径，如果没有指定路径或者指定的路径不存在，则默认打开当前用户的桌面。还有一个参数，target，之前在讲 Button 的时候没有演示它的作用，现在就用到了，当指定了 target 为一个 InputText 的 key 之后，在选好了路径之后它会自动把路径填写到对应的输入框里，这样我们就不需要用代码手动更新 InputText 的 value 属性了，确实很方便。

10.5.11　弹窗

弹窗的主要作用是给用户发出提醒，显示弹窗的函数有多个，基本上都是弹出一个窗口，然后上面显示确认或取消按钮，单击相应按钮之后弹窗消失，或者一定时间后弹窗自动消失。单击按钮之后会返回被单击的按钮文本，比如说“Ok”“Cancelled”等，这样可以根据不同返回值判断用户单击了哪个按钮。这里列举一些比较常用的弹窗函数，可以运行一下看看具体效果，代码如下：

```
import PySimpleGUI as sg

sg.popup('Popup')  # 显示 Ok 按钮
sg.popup_ok('PopupOk')  # 显示 Ok 按钮
sg.popup_yes_no('PopupYesNo')  # 显示 Yes 和 No 按钮
sg.popup_cancel('PopupCancel')  # 显示 Cancelled 按钮
sg.popup_ok_cancel('PopupOKCancel')  # 显示 OK 和 Cancel 按钮
sg.popup_error('PopupError')  # 显示红色 Error 按钮
sg.popup_timed('PopupTimed')  # 显示 OK 按钮并在一定时间后自动关闭
sg.popup_auto_close('PopupAutoClose')  # 与 popup_timed() 一样
sg.popup_notify("PopupNotify")  # 通知文本，无按钮且自动消失
```

别看有那么多个弹窗函数，其实最主要的是 popup() 函数，其他的弹窗函数都是调用 popup() 函数的，所以参数都差不多，而 popup() 函数最后返回的是一个 Button 对象，所以你可以把它当成一个 Button 对象去设置它们的样式。一般弹窗会等待用户单击按钮之后才能消失，但如果你想让它自动消失的话，可以使用 popup_timed() 或 popup_auto_ close() 这两个函数，这样弹窗会在几秒之后自动消失。

还有几个比较实用的弹窗函数，它们的特点是可以在弹窗页面选择路径或日期，选好之后会返回选择的结果，非常方便，代码如下：

```
import PySimpleGUI as sg

print(sg.popup_get_date())  # 弹窗式日期选择框
print(sg.popup_get_text("请输入文本"))  # 弹窗式文本输入框
print(sg.popup_get_file("请选择文件"))  # 弹窗式文件选择框
print(sg.popup_get_folder("请选择文件夹"))  # 弹窗式文件夹选择框
```

10.5.12 GUI 版 ppt 转 pptx

虽然还有很多 PySimpleGUI 的元素没有讲到，但目前讲的几个也够用了，因为我们的程序本身就不复杂，基本上都是显示文本、单击按钮或者选择路径等比较简单的操作，重点还是在业务逻辑，界面只是辅助。为了学以致用，我们可以配合我们学过的知识点做一个简单的界面，比如说 ppt 转 pptx 这个功能，每次都在控制台进行交互感觉不太方便，还是给它做个界面吧。首先是 ppt 转 pptx 的代码，不知道你掌握了没有，但我肯定是教过了，现在把它封装成一个函数：

```
import os.path
import PySimpleGUI as sg
from win32com import client


def ppt_to_pptx(source_path, save_path):
    app = client.Dispatch('PowerPoint.Application')
    app.DisplayAlerts = False
    ppt = app.Presentations.Open(source_path, WithWindow=False)
    ppt.SaveAs(save_path)
    ppt.Close()
    app.Quit()
```

接下来是界面的布局，这里设置得简单一点，只要让用户选择要转换的 ppt 文件以及转换后要保存的文件夹就行了，我使用 FilesBrowse() 函数实现文件选择框，这样用户可以一次选择多个文件，保存文件夹就使用 FolderBrowse() 函数，对了，还需要一个确认按钮，这个按钮就叫“转换”吧，代码如下：

```
layout = [
```

```
    [
        sg.Text("ppt 转 pptx（支持多选文件）")
    ],
    [
        sg.FilesBrowse(
            button_text="请选择文件",
            file_types=(("All Files", "*.ppt"),),
            target="multy_path"
        ),
        sg.InputText(key="multy_path")
    ],
    [
        sg.FolderBrowse(
            button_text="保存文件夹",
            target="target_path"
        ),
        sg.InputText(key="target_path")
    ],
    [
        sg.Button("转换", font=("黑体", 15))
    ]
]
```

最后是监听事件，如果用户单击了“转换”按钮，首先要校验一下有没有选好路径，如果都没有选择路径，那么程序也没必要运行了。选好路径后，因为用户可能会同时选择多个 ppt 文件，每个文件路径是以分号分隔的，所以我们要把路径字符按分号分割成一个列表，然后再循环调用封装好的转换函数 ppt_to_pptx() 就行了，代码如下：

```
window = sg.Window('文件转换', layout, size=(500, 200), icon="./
images/test_ico.ico")

while True:
    event, values = window.read()

    if event == sg.WIN_CLOSED:
        break
    elif event == "转换":
        select_path = values["multy_path"]
        target_folder = values["target_path"]
        if not select_path:
            sg.popup_error("请至少选择一个文件")
```

```
            continue
        if not target_folder:
            sg.popup_error("请选择保存路径")
            continue
        select_path_list = select_path.split(";")
        for file_path in select_path_list:
            path, name = os.path.split(file_path)
            name = name.replace(".ppt", ".pptx")
            save_path = os.path.join(target_folder, name)
            ppt_to_pptx(file_path, save_path)
        sg.popup("处理结束")

window.close()
```

上面的代码并不是很难，只是一个简单演示而已，你可以根据自己的设计思路做出属于自己的小工具，毕竟学了东西就应该为自己所用嘛。还需要特别提醒的是，当程序在遇到耗时操作的时候，你会感觉 GUI 界面卡死了，这时候不要动它，等它处理完之后就恢复了，这是由于程序使用的是单线程，如果改成多线程可以解决这个问题。关于多线程的知识点本书没有提及，但不是很难，如果你学有余力的话可以找一下相关的资料。

10.6 打包程序

我们都写好一个好用的程序了，甚至还可能给它做了一个好看的 GUI 界面，这种情况下不打算分享给同事或者各种亲戚使用一下吗？好像分享给别人使用还挺麻烦的，因为他们的电脑上没有安装 Python，而且也没有安装各种库，但我们平时使用的软件明明不需要编译器，直接在电脑上运行就行了，为什么 Python 就这么麻烦呢？其实这不是因为 Python 麻烦，而是因为你平时使用的那些软件都已经由代码编译成可执行文件了，当然 Python 代码也可以打包成一个可执行文件。将代码变成可执行文件的两大好处：一个是不需要依赖 Python 环境就可以运行代码，方便使用和分享；另一个好处是隐藏了代码，别人不能直接看到已编译的代码，加强了安全性，但其实还是可以反编译的，所以不会绝对安全。

10.6.1 pyinstaller

把 Python 代码打包成可执行文件的工具还挺多的，比如说 py2exe、pyinstaller、cx_Freeze、nuitka 等，比较好用的有 pyinstaller 和 nuitka，但我们这里只学一个，以 pyinstaller 为例。

首先我们需要安装一下 pyinstaller 库，使用 pip 语句安装，代码如下：

```
pip install pyinstaller
```

安装好之后，打开 cmd 窗口或者终端，输入“pyinstaller”，回车看一下是不是会出现一些帮助命令，如图 10-12 所示，如果有帮助命令就说明安装成功了，如果没有，请确认你的 Python 环境是否在环境变量里。

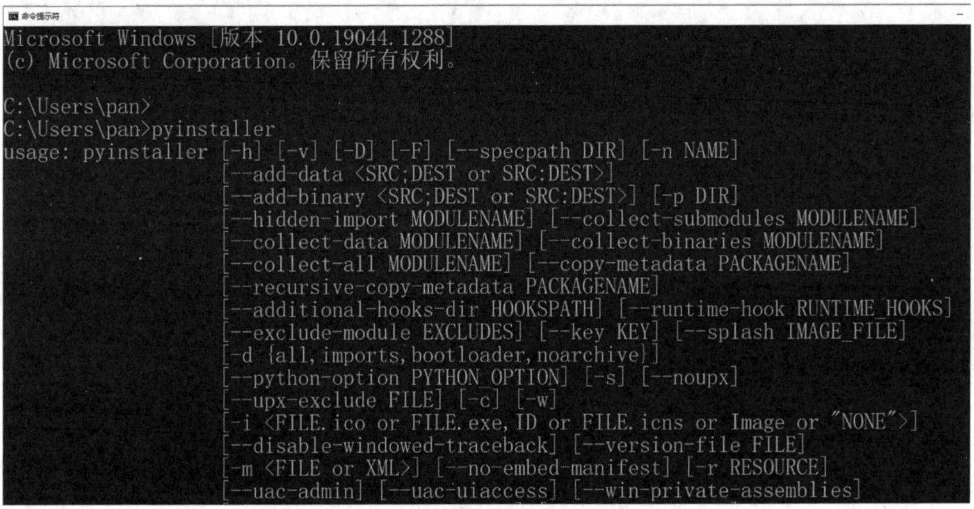

```
命令提示符
Microsoft Windows [版本 10.0.19044.1288]
(c) Microsoft Corporation。保留所有权利。

C:\Users\pan>
C:\Users\pan>pyinstaller
usage: pyinstaller [-h] [-v] [-D] [-F] [--specpath DIR] [-n NAME]
                   [--add-data <SRC;DEST or SRC:DEST>]
                   [--add-binary <SRC;DEST or SRC:DEST>] [-p DIR]
                   [--hidden-import MODULENAME] [--collect-submodules MODULENAME]
                   [--collect-data MODULENAME] [--collect-binaries MODULENAME]
                   [--collect-all MODULENAME] [--copy-metadata PACKAGENAME]
                   [--recursive-copy-metadata PACKAGENAME]
                   [--additional-hooks-dir HOOKSPATH] [--runtime-hook RUNTIME_HOOKS]
                   [--exclude-module EXCLUDES] [--key KEY] [--splash IMAGE_FILE]
                   [-d {all,imports,bootloader,noarchive}]
                   [--python-option PYTHON_OPTION] [-s] [--noupx]
                   [--upx-exclude FILE] [-c] [-w]
                   [-i <FILE.ico or FILE.exe,ID or FILE.icns or Image or "NONE">]
                   [--disable-windowed-traceback] [--version-file FILE]
                   [-m <FILE or XML>] [--no-embed-manifest] [-r RESOURCE]
                   [--uac-admin] [--uac-uiaccess] [--win-private-assemblies]
```

图 10-12　测试 pyinstaller 是否可用

现在我们可以使用 pyinstaller 进行打包操作了，打包的命令如下：

```
pyinstaller -F -w -i 图标路径 Python 文件路径
```

打包命令有几个参数需要说明一下：-F 参数的意思是打包成一个单独可执行程序，如果指定为 -D 则会生成很多文件，个人觉得只生成一个文件更方便分享；-w 参数的作用是不显示命令行窗口，如果你的程序本身就是命令行形式那么就不要指定了这个参数了，如果你的程序用 GUI 界面替代了控制台窗口，那么就可以指定这个参数，另外注意这个参数可能只对 Windows 系统起作用；-i 参数是指定可执行程序的图标，后面跟上一个 ico 格式的图片路径就行了，如果不指定这个参数则默认以 Python 的图标作为程序图标。参数都指定完了之后，最后写上要打包的 .py 文件路径和文件名，文件路径可以使用绝对路径或者相对路径。比如说这里把上一小节写好的 ppt 转 pptx 的 GUI 程序打包一下，文件名叫作“GUI 版 ppt 转 pptx.py”，命令如下：

```
pyinstaller -F -w -i E:\python_test_project\images\test_ico.ico
E:\python_test_project\GUI 版
ppt 转 pptx.py
```

命令执行完之后，会在命令行的当前工作路径生成两个文件夹（dist、build）和一个 spec 类型的文件，我们进入 dist 文件夹就能看到打包好的可执行文件了，这里是在 Windows 系统打包的，那么就会生成一个 exe 可执行文件，如图 10-13 所示。

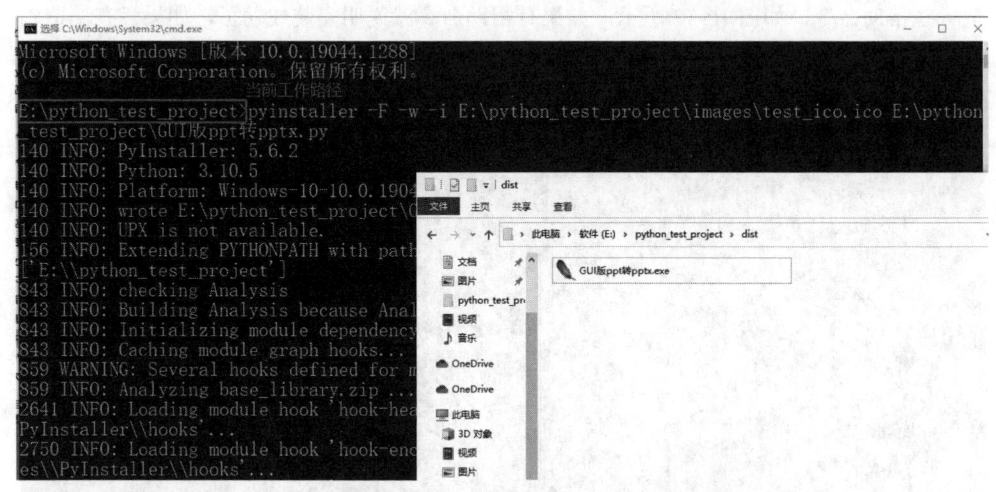

图 10-13 打包好的可执行文件

如果不出意外的话，现在可以双击运行刚刚打包生成的可执行文件了，而且这个可执行文件不再依赖 Python 环境。如果觉得自己做得比较满意的话就快点分享给别人使用吧。

10.6.2 虚拟环境

打包之后，也许会发现一个几十行 Python 代码的可执行文件大小居然高达好几百 MB，但是就算把整个 Python 解释器都打包进去也应该只有十几 MB，就算再加上一些比较常用的库也不至于变得那么大。这种现象常见于使用 Anaconda 开发的程序，使用 Pycharm 开发的程序打包后应该是不会变得那么大的，主要是因为 Anaconda 自带了很多库，尤其是有关机器学习的库，这些库又大又多，pyinstaller 在打包的时候有时候会把某些用不到的库也一起打包进去，所以很容易导致生成的可执行文件很大，需要瘦身的话，就尽量不要把用不到的库导进项目里。为了防止 pyinstaller 把不需要的库也打包进去，最好的办法就是，你的项目需要哪些库就安装哪些库，用不着的库就不要安装了。但我们目前用到的 Python 解释器是全局的，已经安装了很多库了，总不能每次开发新项目都删掉重装一下 Python 环境吧？不需要太麻烦，每次开发新项目我们都创建一个虚拟环境就行了。

所谓的虚拟环境，就是就把已安装好的 Python 环境复制一份，但不会复制已下载的库，所以新建一个虚拟环境就能得到一个比较干净的解释器，这样新项目要安装的库就不会影响其他的项目了。比如说项目 A 需要很多机器学习相关的库，而项目 B 却完全用不到这些库，而是用到很多 Web 开发的库，让它们使用不同的虚拟环境会更方便。又比如说，如果两个项目分别需要使用同一个库的不同版本，而一个解释器环境不能同时存在两个不同版本的库，虚拟环境就可以解决这个问题。

用来创建和管理虚拟环境的库也有好几个，比如说 virtualenv、pipenv、venv 等，这里使用 venv 进行演示，因为 venv 是 Python 自带的模块，使用起来更方便。之前没有讲过使用 Python 直接执行自带模块的方法，现在补充一下，命令是“python -m 模块名”，比如说要使用 venv 模块，那么命令就是“python -m venv”，这个命令需要在命令行窗口或者终端执行。现在我们使用这个命令创建一个虚拟环境，模块名后面指定虚拟环境的位置，这里把它放到 E:\python_env，完整的命令就是：

```
python -m venv E:\python_env
```

执行上面的命令后不报错就是好消息，打开指定的虚拟环境路径就会发现里面多了一些文件，这些文件就是新建的 Python 解释器了，如图 10-14 所示。

图 10-14　使用 venv 新建虚拟环境

新建的虚拟环境里面有一个 Lib 文件夹，这个文件夹是存放我们安装的第三方库的，打开看一下，里面只有一些必要的文件，说明这个环境相对来说是比较干净的。还有一个 Scripts 文件夹，里面有各种脚本文件，包括 pip 程序、激活虚拟环境的脚本以及 Python 的启动程序，如图 10-15 所示，等会儿我们会用到它们。

图 10-15　虚拟环境 Scripts 文件夹里的文件

有了虚拟环境之后我们要怎么使用它呢？先来说一下如何给项目指定虚拟环境，我们在 pycharm 新建项目的时候选择已存在的环境，然后再选中我们新建的虚拟环境里的 Python 启动程序，也就是 Scripts 文件夹里的 python.exe 就行了，如图 10-16 所示。

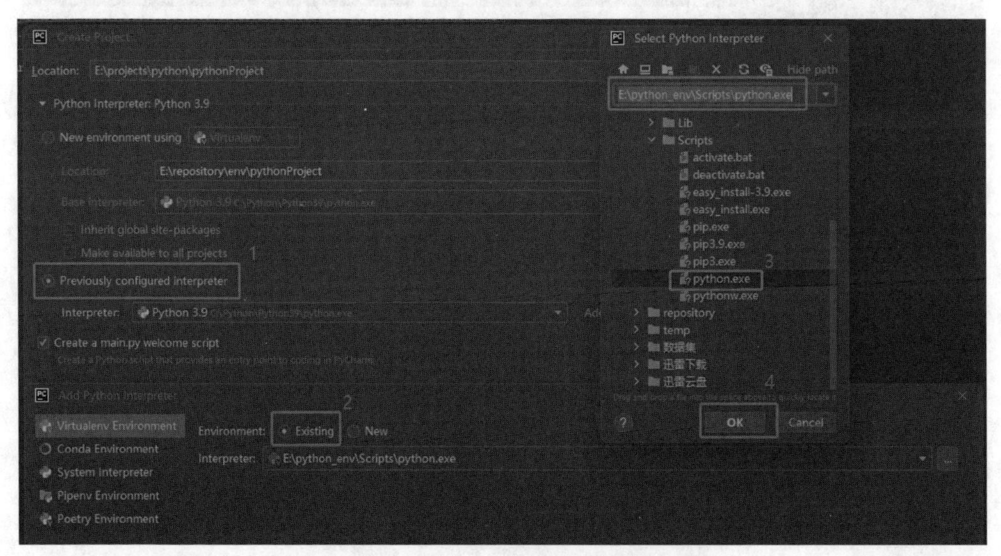

图 10-16　pycharm 选择已存在的虚拟环境

有了虚拟环境之后我们就可以在这个环境里安装一些项目需要用到的库了，首先，我们要激活这个虚拟环境，因为我们在命令行窗口或终端使用的 python 或者 pip 命令是在默认的全局环境中，并不是在我们新建的虚拟环境中。激活虚拟环境的方式也不难，在虚拟环境的 Scripts 文件夹里面有一个没有扩展名的“activate”文件，用它就可以激活虚拟环境。我们打开 cmd 或者终端，指定该脚本的绝对路径（使用相对路径也行），比如说这里是 E:\python_env\Scripts\activate，按一下回车键，会发现命令的最前面会出现虚拟环境的名字，这就说明已经激活这个虚拟环境了。这时候查看一下 pip 的版本，就会发现当前的 pip 已经指向了虚拟环境的 Python 解释器，如图 10-17 所示。

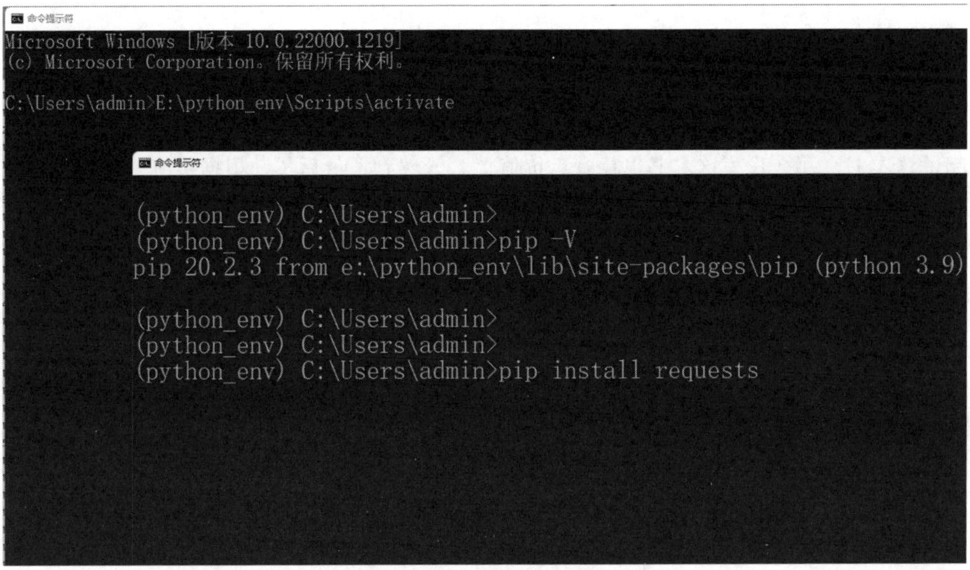

```
命令提示符
Microsoft Windows [版本 10.0.22000.1219]
(c) Microsoft Corporation。保留所有权利。

C:\Users\admin>E:\python_env\Scripts\activate

命令提示符
(python_env) C:\Users\admin>
(python_env) C:\Users\admin>pip -V
pip 20.2.3 from e:\python_env\lib\site-packages\pip (python 3.9)

(python_env) C:\Users\admin>
(python_env) C:\Users\admin>
(python_env) C:\Users\admin>pip install requests
```

图 10-17　激活虚拟环境

趁此机会，把当前项目需要用到的所有的库都安装在这个虚拟环境里，包括 pyinstaller，然后在这个已激活的虚拟环境里打包一下你的项目，看一下生成的可执行文件的大小是不是变小了。当然，打包好的文件的大小还是取决于在项目中引用的库的多少以及每个库的大小，根据我的经验，一般都不会超过 30MB 的。

结束语

讲了那么多现在终于到了告别的时候了，如果你真的坚持学到了最后，不管掌握了多少你都是棒棒哒，如果你是跳着跳着一不小心就蹦到了这里，那也恭喜你，至少你真的拿起了这本书，那么我写这本书也算有点价值了。既然到了最后了，根据传统习惯，我还是要简单总结一下知识点的。

认真回想一下，Python 部分的知识点和办公应用的知识点大概各占一半吧，我没有故意把重心放在办公部分，因为我知道看这本书的很大一部分同学都是没有 Python 基础的，所以我选择从头开始讲起，让你能够从零基础入门，虽然在各种编程语言中 Python 算比较简单的，但我知道对于新手来说还是很难。Python 部分的知识点好像也不是很多，刚开始的时候是学习 Python 的六大数据类型，这六种数据类型都有各自的用法，掌握之后才有继续往下学习的资格。接下来我们需要控制代码的执行过程，三大流程结构里的循环结构是重点和难点，后期也用得很多，相信你现在已经深有体会了，只要有遍历需求，就得写循环。再往后就是代码的封装，为了让代码的复用性更好，我们开始封装函数，但函数是面向过程的，我们为了方便管理数据，需要面向对象，所以就要学习类与对象，我相信你在学习了办公部分的知识点之后，肯定对面向对象的编程思想有了很深的印象，因为学习办公知识的时候应该会感觉就是在学习各种对象的属性和方法。办公部分的重点是 Office 三件套再加上 PDF，虽然使用 Python 可以控制文档做很多事情，包括改值、设置样式等，但我知道在平时办公的过程中没有人会选择完全使用 Python 代替软件，除非你感觉你写代码的能力已经超神了，但如果需要做一些重复的操作，肯定首选 Python 而不是软件。再往后就是拓展部分了，主要讲了自动单击、发送邮件、网络请求、定时任务、GUI 界面开发以及打包程序，这些知识点就当是拓展一下边缘业务吧，其实我觉得这些知识点都挺实用的。

Python 真的是一门很棒的语言，简单、优雅、易学，关键是还有各种各样强大的库，这当然要感谢 Python 社区的开发者们，因为他们，我们都受益于 Python。从 Python2 开始一直到现在的 Python3.11，我接触 Python 也有很多年了，在以后很长的一段岁月中，我都将会与 Python 携手共进，你要和我一起吗？